国家级职业教育规划教材
人力资源和社会保障部职业能力建设司推荐
高等职业技术院校数控维修专业任务驱动型教材

数控机床故障诊断与维修

主　编　刘加勇

中国劳动社会保障出版社

图书在版编目(CIP)数据

数控机床故障诊断与维修/刘加勇主编. —北京：中国劳动社会保障出版社，2011
高等职业技术院校数控维修专业任务驱动型教材
ISBN 978-7-5045-8842-5

Ⅰ. ①数… Ⅱ. ①刘… Ⅲ. ①数控机床-故障诊断②数控机床-维修 Ⅳ. ①TG659

中国版本图书馆 CIP 数据核字(2011)第 029684 号

中国劳动社会保障出版社出版发行
（北京市惠新东街 1 号 邮政编码：100029）
出 版 人：张梦欣

*

北京谊兴印刷有限公司印刷装订 新华书店经销
787 毫米×1092 毫米 16 开本 18.75 印张 430 千字
2011 年 3 月第 1 版 2023 年 5 月第 11 次印刷
定价：34.00 元

营销中心电话：400-606-6496
出版社网址：http://www.class.com.cn
http://jg.class.com.cn

高等职业技术院校数控维修专业教材
编写委员会

《数控机床故障诊断与维修》
编审人员

主　编　刘加勇

副主编　马春影　吴文斌

参　编　李春光　张振丰　娄艳芳　宋燕琴　陈晓丹

主　审　王　民　施冬旺

内 容 简 介

本书在数控机床众多故障中，精选了“返回参考点、主轴拉刀、主轴驱动、主轴传动、进给驱动、进给传动、回转刀架和刀库换刀”八大类典型故障，共20个典型企业案例进行了详细的诊断维修讲解。为了更好地使学生通过课程中有限的数控机床故障诊断与维修的学习，获得应对未遇故障的能力，还特别设计了52个故障任务拓展训练，供学生选学。在内容上并没有简单地将故障按照传统的分类方法进行安排，而是考虑到读者的心理认知顺序，由浅入深、由易到难、循序渐进，科学系统地分析维修案例，逐步培养学生的综合维修能力。

本书在编写过程中，得到了北京市工贸技师学院的大力支持，编者进行了广泛企业调研，参阅了大量资料，但时间仓促，水平有限，书中难免有不妥之处，请读者指正。

本书为国家级职业教育规划教材，适用于高等职业技术院校数控维修专业，也可作为成人高校、本科院校举办的二级职业技术学院和民办高校的相关专业教材，或作为自学用书。

前　言

随着数控加工设备的快速发展和日益普及，企业对数控维修人才的需求日益迫切。为满足高等职业技术院校培养高素质、高技能的实用型数控机床维修人才的需要，我办在充分调研的基础上，组织了一批学术水平高、教学经验丰富、实践能力强的教师与行业、企业一线专家，开发了高等职业院校数控维修专业系列教材，包括《数控维修识图与公差测量》《机械基础》《数控专业英语》《机床控制与 PLC》《数控机床机械装调》《数控机床电气装调（FANUC 系统）》《数控机床电气装调（广数系统）》《数控机床故障诊断与维修》共 8 种。

在教材的编写过程中，我们贯彻了以下编写原则：

第一，力求体现“以职业活动为导向，以职业能力为核心”的指导思想，根据企业的工作实际，从分析数控维修岗位的要求和工作内容入手，并依据国家职业标准《数控机床装调维修工》的要求，精选教材内容。

第二，充分考虑了各个学校教学条件和设备选型的差异，所选用数控设备、数控系统都是我国通用设备和主流系统，可较好地与国内现有数控维修实训平台和数控加工及维修仿真软件衔接，从而节约了教学成本，提高了教学可操作性。

第三，采用任务驱动的编写模式，以企业典型工作任务构建教材结构，有利于激发学生的学习积极性，变被动学习为主动学习，在掌握知识和技能的同时，获得学习的成就感。同时，使抽象的知识变得简单易懂，增强了教材的亲和力。

第四，根据数控加工设备和技术的发展趋势，尽可能多地在教材中充实数控机床维修方面的新知识、新技术、新设备和新工艺，体现教材的先进性。

第五，教材版面新颖，灵活采用图、文、表等各种呈现形式，尽量做到多图少文、图中嵌文、表中插图，方便学生阅读。

为了方便教学工作的开展，我们还配套开发了相关的习题册、教辅资源（教辅资源可通过出版社网站 http://www.class.com.cn 下载），力求为教师提供更好的教学服务。

在教材的编写过程中，得到了有关省市教育部门、人力资源和社会保障部门、高等职业技术院校和相关企业的大力支持，教材的编审人员做了大量的工作，在此我们表示衷心的感谢！同时，恳切希望广大读者对教材提出宝贵的意见和建议。

人力资源和社会保障部教材办公室

2010 年 3 月

目 录

《国家级职业教育规划教材》

CONTENTS

模块一

返回参考点故障的诊断与维修

任务1　加工中心返回时未找到参考点

教学导航

教学目标	掌握加工中心返回时未找到参考点故障的诊断思路及排除方法
知识要点	1. 数控机床返回参考点的工作原理 2. 数控机床返回参考点的工作方式 3. 加工中心返回参考点的工作过程 4. 加工中心返回参考点常见故障分析
技能要点	1. 加工中心故障现场的勘察及相关资料的查阅 2. 加工中心四种未找到参考点故障的综合诊断 3. 加工中心四种未找到参考点故障的维修与排除
教学准备	1. 设备：存在不同回参考点故障的 XH713/4 加工中心若干台 2. 资料：与设备对应的数控系统操作说明书，机床生产厂家提供的机械说明书、电气说明书、维修手册，机床使用单位提供的维修记录单等 3. 工具：机床维修工具箱、千分表或激光测量仪等
建议学时	18 学时

任务引入

XH713/4 加工中心在返回参考点时未找到参考点，出现超程报警（OVER TROVERL ＋X 或＋Y 或＋Z)，回参考点绿灯不亮，数控系统出现“NOT READY”状态。

试从机械系统、电气系统、数控系统三个方面对故障现象产生的原因进行全面分析，并排除这一故障。

任务分析

手动回参考点操作是建立机床坐标系的前提，绝大多数数控机床开机后的第一动作一般都是手动操作回参考点。若回参考点出现故障将无法进行程序加工，回参考点的位置不准确将影响加工精度，甚至出现撞车事故，因此，分析和排除回参考点故障是非常必要的。

数控机床操作过程中，回参考点故障主要表现在出现超程并报警、回不到参考点、回参考点的位置不稳定、回参考点整螺距偏移、回参考点时报警并有报警信息等几个方面，根据回参考点的工作原理，就可以按顺序分步骤地进行排查，找到关键所在，应用正确的方法排除故障。

相关知识

一、数控机床返回参考点的工作原理

数控机床按照控制理论可分为闭环、半闭环、开环系统。闭环数控系统装有检测最终直线位移的反馈装置，半闭环数控系统的位置测量装置安装在伺服电动机转动轴上或丝杠的端部，也就是说，反馈信号取自角位移，而开环数控系统不带位置检测反馈装置。对于闭环、半闭环数控系统，通常利用位移检测反馈装置脉冲编码器或光栅尺进行回参考点定位，即栅格法回参考点。而开环数控系统则需另外加装检测元件，通常利用磁感应开关回参考点定位，即磁开关法回参考点，此法目前已很少使用。

栅格法回参考点根据检测反馈元件计量方法的不同又可分为绝对栅格法和增量栅格法。

采用绝对脉冲编码器或光栅尺回参考点的方法称为绝对栅格法，在机床调试时，通过参数设置和机床回零操作确定参考点，只要检测反馈元件的后备电池有效，此后每次开机，均记录有参考点位置信息，因而不必再进行回参考点操作。

采用增量式编码器或光栅尺回参考点的方法称为增量栅格法，在机床断电后编码器或光栅尺就失去了对各坐标位置的记忆，因而在每次开机后都必须首先让各坐标轴回到机床的一个固定点上，这一固定点就是机床坐标系的原点或零点，也称机床参考点，使机床回到这一固定点的操作称为回参考点或回零操作。目前，数控机床多数采用带减速挡块的栅格信号返回参考点控制，XH713/4 加工中心就是采用增量脉冲编码器进行回参考点定位的，即采用增量栅格法回参考点。

数控机床返回参考点是非常有必要的，这是因为：

1. 系统通过参考点来确定机床的原点位置，以正确建立机床坐标系，便于编程和加工。

2. 通过参考点可以消除丝杠间隙的累计误差及丝杠螺距误差，补偿对加工的影响。

无论采用哪种回参考点操作，为保证准确定位，在到达参考点之前必须使数控机床的伺服系统自动减速，因此在多数数控机床上安装减速挡块及相应的检测元件。图 1—1—1 所示为某数控机床参考点与原点位置关系图。

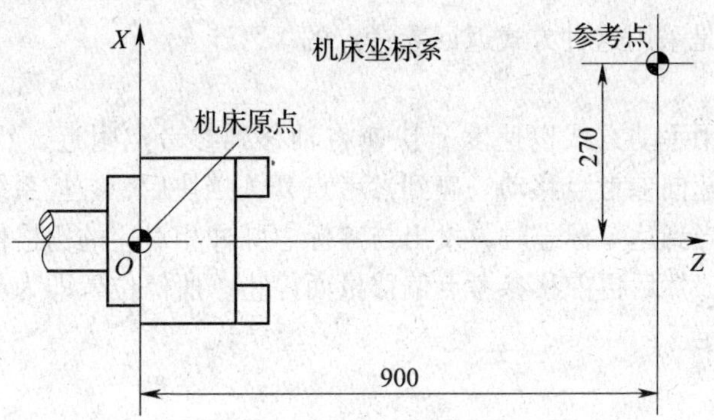

图 1—1—1　某数控机床参考点与原点位置关系图

二、数控机床返回参考点的工作方式

增量式检测装置的数控机床一般有四种回参考点方式，四种回参考点方式的比较如图 1—1—2 所示。

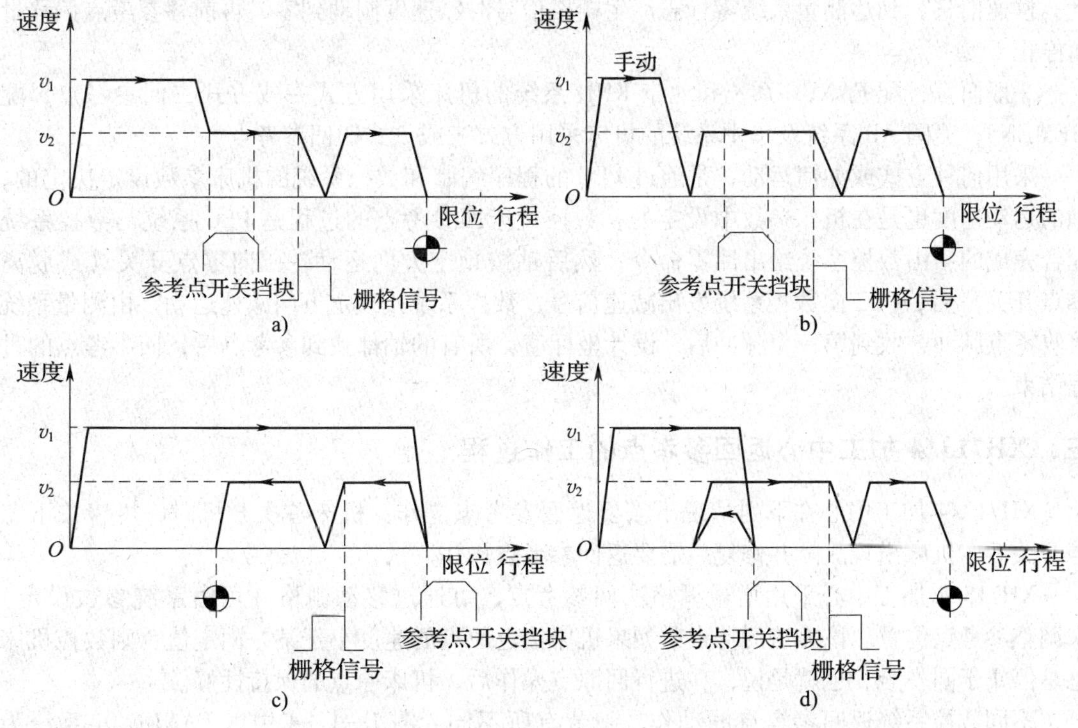

图 1—1—2　数控机床四种返回参考点方式比较

a）方式一　b）方式二　c）方式三　d）方式四

1．方式一

回参考点时，轴先以速度 v_1 向参考点快速移动，碰到参考点开关挡块后，在减速信号的控制下，减速到速度 v_2 并继续前移，脱开挡块后，再寻找零标志。当轴到达测量系统零标志发出栅格信号时，速度即制动到零，然后再以速度 v_2 前移参考点偏移量而停止于参考点。

XH713/4 加工中心就是采用这种方式返回参考点的。

2. 方式二

回参考点前，先用手动方式以速度 v_1 快速将轴移到参考点附近，然后启动回参考点操作，轴便以速度 v_2 慢速向参考点移动。碰到参考点开关挡块后，数控系统即开始寻找位置检测装置上的零标志。当到达零标志时，发出与零标志脉冲相对应的栅格信号，轴速度即在此信号作用下制动到零，然后再前移参考点偏移量而停止，所停位置即为参考点。偏移量的大小通过测量由参数设定。

3. 方式三

回参考点时，轴先以速度 v_1 快速向参考点移动，碰到参考点开关挡块后速度制动到零，然后反向以速度 v_2 慢速移动，到达测量系统零标志产生栅格信号时，速度即制动到零，再前移参考点偏移量而停止于参考点。

4. 方式四

回参考点时，轴先以速度 v_1 向参考点快速移动，碰到参考点开关挡块后速度制动到零，再反向微动直至脱离参考点开关挡块，然后又沿原方向微动撞上参考点开关挡块，并且以速度 v_2 慢速前移，到达测量系统零标志产生栅格信号时，速度制动到零，再前移参考点偏移量而停止于参考点。

一般而言，配 FANUC 系统和北京 KND 系统的机床采用方式一或方式二回参考点，配 SIEMENS、美国 AB 系统及华中系统的机床采用方式三或方式四回参考点。

采用何种方式或如何运动，是通过 PLC 的程序编制和数控系统的机床参数设定决定的，轴的运动速度也是在机床参数中设定的，数控机床回参考点的过程是 PLC 系统与数控系统配合完成的，由数控系统给出回零命令，然后轴按预定方向运动，压向零点开关（或脱离零点开关）后，PLC 向数控系统发出减速信号，数控系统按预定方向减速运动，由测量系统接收零点脉冲，收到第一个脉冲后，设计坐标值。所有的轴都找到参考点后，回参考点的过程结束。

三、XH713/4 加工中心返回参考点的工作过程

XH713/4 加工中心在下列情况下需要返回参考点操作：机床首次开机时，机床按下急停开关后，机床出现故障并修复后需要返回参考点操作一次。

XH713/4 加工中心采用增量栅格法回参考点，可通过移动栅格（可由系统参数设定）来调整参考点位置。该方法的特点是如果机床接近原点的速度小于某一固定值，则数控机床总是停止于同一点，也就是说，在进行回原点操作后，机床原点的保持性好。

不同数控系统返回参考点的动作、细节有所不同，图 1—1—3 中以 FANUC 0i 系统为例，简要叙述了 XH713/4 加工中心返回参考点的过程。在图 1—1—3 中，快速进给速度参数、慢速进给速度参数、加/减速时间常数、栅格偏移量等参数分别由数控系统的相应参数设定。

XH713/4 加工中心返回参考点的操作流程如图 1—1—4 所示。

第一步，将方式开关拨到“回参考点”挡，选择返回参考点的轴，按下该轴正向点动按钮，该轴以快速移动速度移向参考点。

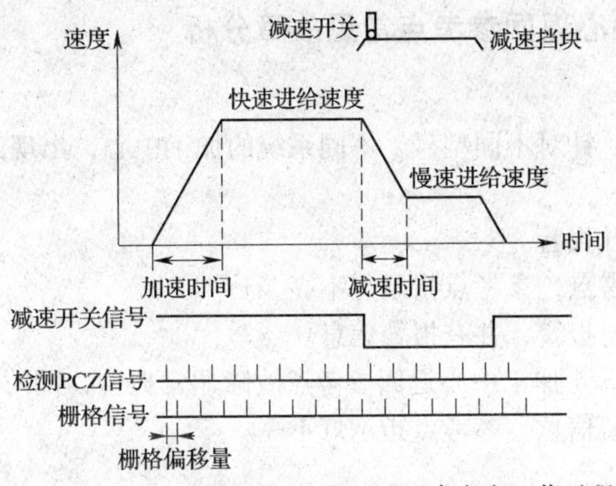

图 1—1—3　XH713/4 加工中心返回参考点工作过程

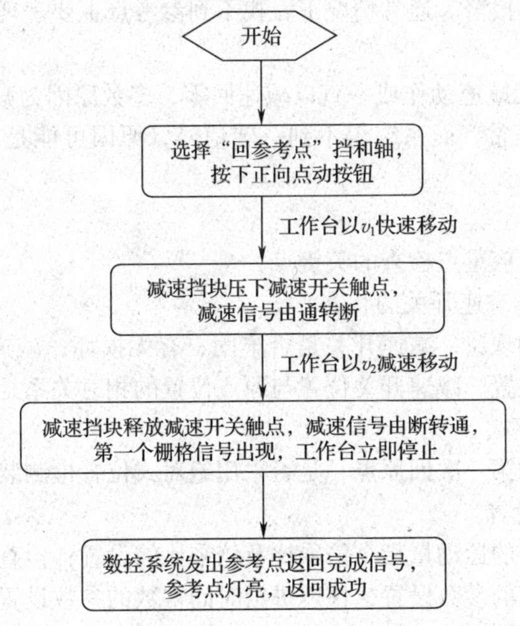

图 1—1—4　XH713/4 加工中心返回参考点的操作流程

第二步，当与工作台一起运动的减速挡块压下减速开关触点时，减速信号由通（ON）转断（OFF），工作台进给减速，按参数设定的慢速进给速度继续移动。减速可削弱运动部件的移动惯量，使零点停留位置准确。

第三步，栅格法是采用脉冲编码器上每转出现一次的栅格信号（又称一转信号 PCZ）来确定参考点的，当减速挡块释放减速开关触点，触点状态由断转为通后，FANUC 0i 数控系统将等待编码器上的第一个栅格信号出现。该信号一出现，工作台运动就立即停止，同时数控系统发出参考点返回完成信号，参考点灯亮，表明 XH713/4 加工中心该轴回参考点成功。

有的数控机床在减速信号由通（ON）转为断（OFF）后，减速向前继续运动。当脱开开关后，轴则向相反的进给方向运动，直到数控系统接收到第一个零点脉冲，轴停止运动。

四、XH713/4 加工中心返回参考点常见故障分析

1. 故障类型

根据企业维修经验，针对不同型号、不同系统的加工中心，出现此类回参考点故障主要有以下三种类型：

类型一：出现超程并报警。

类型二：回不到参考点，参考点指示灯不亮。

类型三：回参考点时报警，并有报警信息。

在本任务中，XH713/4 加工中心返回参考点故障非常典型，同时兼有三种类型的特征，即出现超程报警，有报警信息，参考点指示灯不亮。

2. 故障原因

三种故障类型可以统一归结为：找不到参考点。在本任务中，XH713/4 加工中心就是因为未找到参考点而出现报警。通常情况下，找不到参考点主要表现为机床超程报警，其主要原因是：

（1）机床回零过程无减速动作或一直以减速回零，多数原因为减速开关及线路故障。

（2）机床回零动作正常，而系统得不到一转信号，原因可能是电动机编码器及线路故障或系统线路板故障。

3. 故障分析点

返回参考点常见故障应重点检查的关键点：

（1）检查减速挡块和减速开关的状态

如减速挡块有无松动现象，减速开关是否牢固、有无损坏；减速挡块的长度是否合适；移动部件回原点的起始位置、减速开关位置与原点位置的相对关系是否适当。

（2）检查回原点的模式

检查是否为开机后的第一次回原点，是否采用绝对式位置检测装置。

（3）检查各种参数设置

检查伺服电动机每转的运动量指令倍乘比及倍乘比的设置；检查回原点快速进给速度的参数设置、接近原点速度的参数设置、快速进给时间常数的参数设置以及参考计数器的设置是否合适等。

4. 返回参考点故障诊断与维修一般流程

当数控机床回参考点出现故障时，首先应由简单到复杂进行全面检查。返回参考点动作涉及电气、机械及数控系统，系统中任何一个环节失效都会引起返回参考点动作故障。数控机床回参考点不稳定，不但会直接影响零件加工精度，对于加工中心机床，还会影响到自动换刀。根据经验，数控机床回参考点故障大多出现在机床侧，以硬件故障居多，但随着机床元器件的老化，软故障也时有发生。

由图 1—1—5 所示返回参考点故障诊断与维修一般流程图可知，诊断流程步骤如下：

第一步，在机床停止状态下，先检查原点减速挡块是否松动、减速开关固定是否牢固、开关是否损坏，如果减速挡块松动、减速开关固定不牢固，则拧紧即可；若开关损坏，则更换开关。

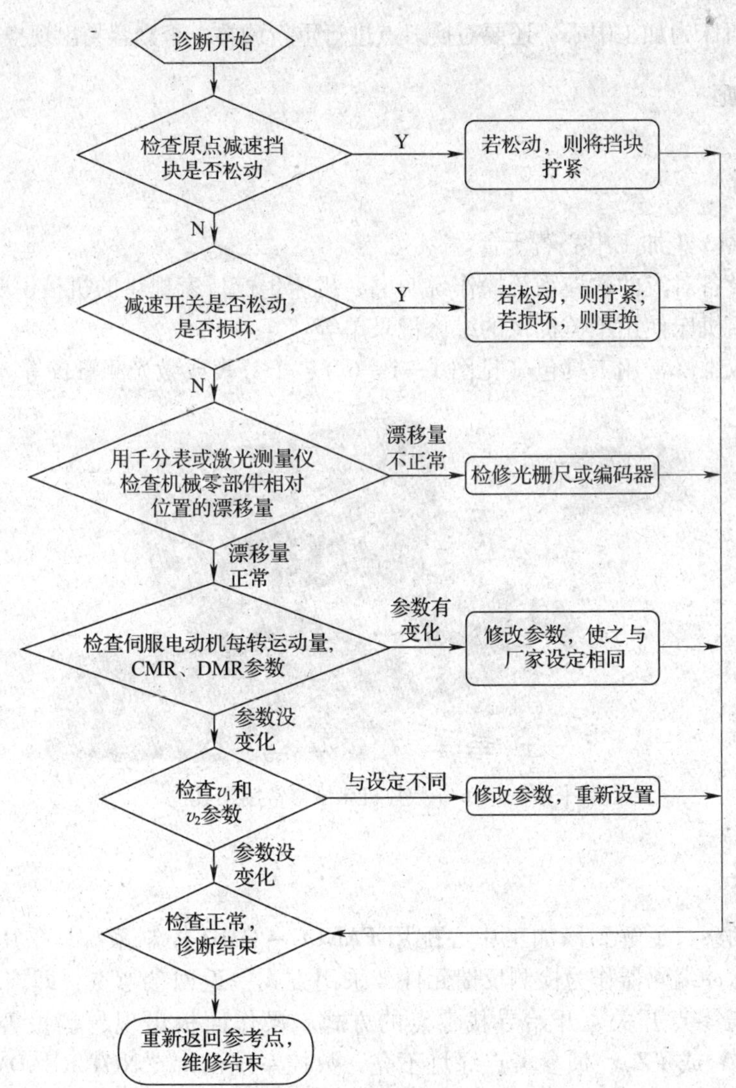

图 1—1—5　返回参考点故障诊断与维修一般流程图

第二步，如果第一步不存在问题，应进一步用千分表或激光测量仪检查机械零部件相对位置的漂移量，若多次检测漂移量不在允许范围内则需检修光栅尺或编码器。

第三步，如果第二步不存在问题，则检查伺服电动机每转的运动量、指令倍率比（CMR）及检测倍乘比（DMR）是否与厂家设定相同，若不同则需修改。

第四步，如果第三步不存在问题，则检查回原点快速进给速度的参数及接近原点的减速速度的参数是否与设定一致，若不同则需修改。

第五步，如果以上各步检查均正常，则诊断结束。

5. 数控机床返回参考点维修过程中的注意事项

（1）事先掌握数控机床实际出厂时的机床参考点的具体位置。

（2）如果机床参考点位置偏移或与出厂实际位置不符，调整后要重新进行机床螺距误差补偿和重新对刀进行刀具补偿。

（3）如果机床为加工中心，还要对换刀点进行重新调整，否则容易出现换刀时撞刀故障。

任务实施

一、任务准备

设备：XH713/4 加工中心若干台。

资料：与设备对应的数控系统操作说明书，机床生产厂家提供的机械说明书、电气说明书、维修手册，机床使用单位提供的维修记录单等。

工具：机床维修常用工具包（见图 1—1—6）、千分表或激光测量仪等。

图 1—1—6　数控机床维修常用工具包

二、故障勘察

经过现场勘察，了解到该加工中心配用 FANUC－OMD 控制系统，采用半闭环控制方式，使用增量脉冲编码器作为检测反馈元件，采用方式一返回参考点，即挡块压零点开关，减速前行，脱离零点开关，开始寻找零点的方式。操作面板出现超程报警（OVER TROVERL ＋X 或＋Y 或＋Z），回参考点绿灯不亮，数控系统出现“NOT READY”状态。出现故障后，操作工人没有再开动过机床，也没有断电。XH713 加工中心故障设备如图 1—1—7 所示。

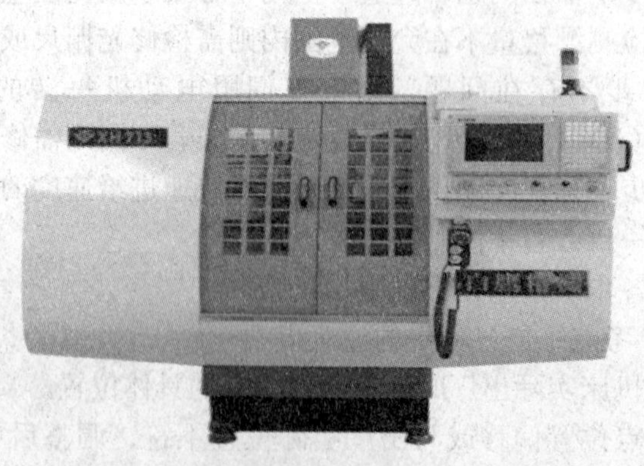

图 1—1—7　XH713 加工中心实物图

三、故障诊断与维修

对于回参考点时出现超程报警的故障，针对报警信息，应首先查看机床说明书，了解返回参考点控制原理，并作相应处理。信息提示可能内容为：编码器“零脉冲”不良及系统光栅尺不良、屏蔽线不良、系统参数设置错误等。对于硬件不良，需要维修或更换；对于参数设置错误，需要按备份参数重新设置。这类故障一般有四种情况：

第一种情况：机床回参考点时无减速动作，一直运动到触及限位开关超程而停机。

故障诊断：这种情况是因为返回参考点减速开关失效，接触开关压下后不能复位，或减速挡块松动而移位，机床回参考点时零点脉冲不起作用，致使减速信号没有输入到数控系统所致。

故障维修：首先悬挂“维修中，请勿靠近”警示牌。使用“超程解除”功能按钮，解除机床的坐标超程报警，并将机床坐标移回行程范围以内，然后检查减速挡块和回参考点减速开关是否松动及相应的行程开关减速信号线是否有短路或断路现象。经检查，发现该机床在回参考点时，当压下减速开关后，坐标轴无减速动作，由此判断故障原因应在减速检测信号上。通过系统的输入状态显示，发现该信号在回参考点减速挡块压下与松开情况下状态均无变化。对照原理图检查线路，确认该轴的回参考点减速开关由于切削液的侵入而损坏。更换开关后，机床恢复正常。诊断维修流程如图 1—1—8 所示。

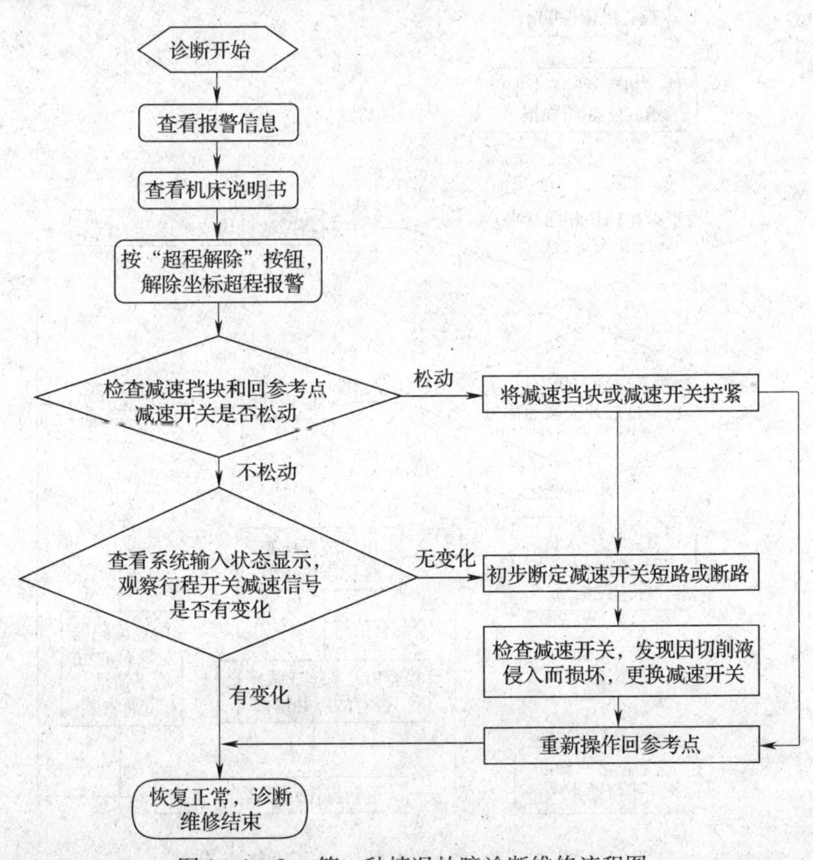

图 1—1—8　第一种情况故障诊断维修流程图

第二种情况：返回参考点过程有减速，但直到触及极限开关报警而停机，没有找到参考点，回参考点操作失败。

故障诊断：产生该故障可能是由于减速后参考点的零标志位信号未出现，这有 4 种可能：

◆ 编码器（或光栅尺）在回参考点操作中没有发出已经回参考点的零标志位信号。

◆ 回参考点零标志位置失效。

◆ 回参考点的零标志位信号在传输或处理过程中丢失。

◆ 测量系统硬件故障，不识别回参考点的零标志位信号。

故障维修：首先悬挂“维修中，请勿靠近”警示牌。轴能减速运动，说明零点开关没有问题，主要是回参考点减速开关产生的信号或零标志位脉冲信号失效（包括信号未产生或在传输处理中丢失），使得数控系统接收不到信号。如采用脉冲编码器作为位置检测装置，则表现为脉冲编码器每转的基准信号（零标志位信号）没有输入到主印制电路板，其原因常常是因为脉冲编码器断线或脉冲编码器的连接电缆、抽头断线。诊断维修流程如图 1—1—9 所示。

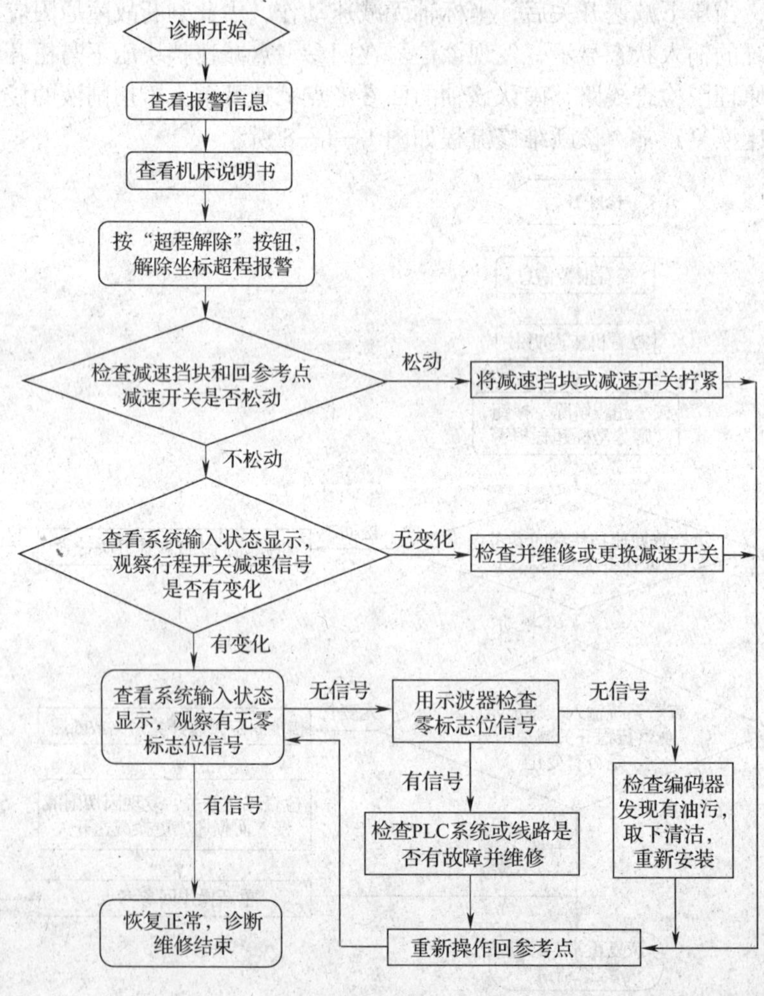

图 1—1—9　第二种情况故障诊断维修流程图

故障排除方法：可通过先外后内的方式和接口的 I/O 状态指示直接观察信号的有无。所谓“内”，是指脉冲编码器中的零标志位或光信号跟踪法；所谓“外”，是指安装在机床上的减速挡块和回参考点减速开关。可以用 CNC 系统 PLC 栅尺上的零标志位，采用示波器检测零标志位脉冲信号。使用信号跟踪法，是指用示波器检查编码器回参考点的零标志位信号。若没发现信号，经检查发现编码器内有油污，使零标志位信号不能输出，则将编码器取下清洗并重新安装，故障即可排除。如果故障仍未排除，则可能是编码器出现故障，应考虑维修或更换编码器。

第三种情况：回参考点过程有减速，且有回参考点的零标志位信号出现，也有制动到零的过程，但参考点的位置不准确，即返回参考点操作失败。

故障诊断：经分析，产生回参考点位置不准确（或找不到参考点）故障有 4 种可能：

◆ 减速挡块离参考点位置太近，坐标轴未移动到指定距离就接触到极限开关而停机。

◆ 回参考点的零标志位信号已被错过，只能等待脉冲编码器再转 1 周后，测量系统才能找到该信号而停机，使工作台停在距参考点 1 个选定间距的位置（相当于编码器 1 转的机床的位移量）。

◆ 由于信号干扰、减速挡块松动、回参考点零标志位信号电压过低等因素致使工作台停止的位置不准确，且无规律性。

◆ CNC 的后备电池失效，造成参数丢失，重新将备份参数装入后，再回参考点时出现各轴在行程范围中间位置处发生软限位超程报警，此时用手动方式移动各轴，即使其机械位置在行程范围内，CRT 也显示各轴位置坐标软限位超程报警，这是因为重装电池开机时 CNC 把此时的机械位置当做参考点的位置了。

故障维修：首先悬挂“维修中，请勿靠近”警示牌。对于此类故障，多数情况是由减速挡块安装位置不正确或减速挡块太短所致。

对于第一种可能的维修方法是：先调整减速挡块的位置或减速开关的位置，或适当增加减速挡块长度即可解决此故障。若重试结果不正常，则减小快速进给速度或快速进给时间常数的设置值，重回参考点。减速挡块调整步骤一般为：

①用手动方式回参考点，记录停在参考点时的位置显示值。

②以低速反向移动轴，直到碰上减速挡块，记下此时的位置显示值。

③求出上述两个位置显示值之差。

④调整减速挡块位置使该差值约为半个丝杠螺距。

如上述办法用过后仍有偏离，则应检查参考计数器设置的值是否有效，修正参数设置。

对于第二、第三种可能的维修方法主要是检查排除外界干扰。如屏蔽线接地不良、检测反馈元件的通信电缆与电源电缆靠得太近、脉冲编码器的电源电压过低、脉冲编码器损坏、数控系统的主印制电路板接触不良、伺服电动机与工作台联轴器连接松动、伺服轴电路板或伺服放大器板接触不良等，在排除此类故障时，应有开阔的思路和足够的耐心，逐个原因进行检查、排除，直到排除故障。前三种可能故障的诊断维修流程如图 1—1—10 所示。

对于第四种可能的维修方法是：应先将各个轴正向软限位值设成最大值，再将三轴回参考点，建立正确的机床零点，然后再将三轴软限位改为原值。具体操作步骤如下：

第一步，在 OFFSET 菜单下，设置 PWE = 1。

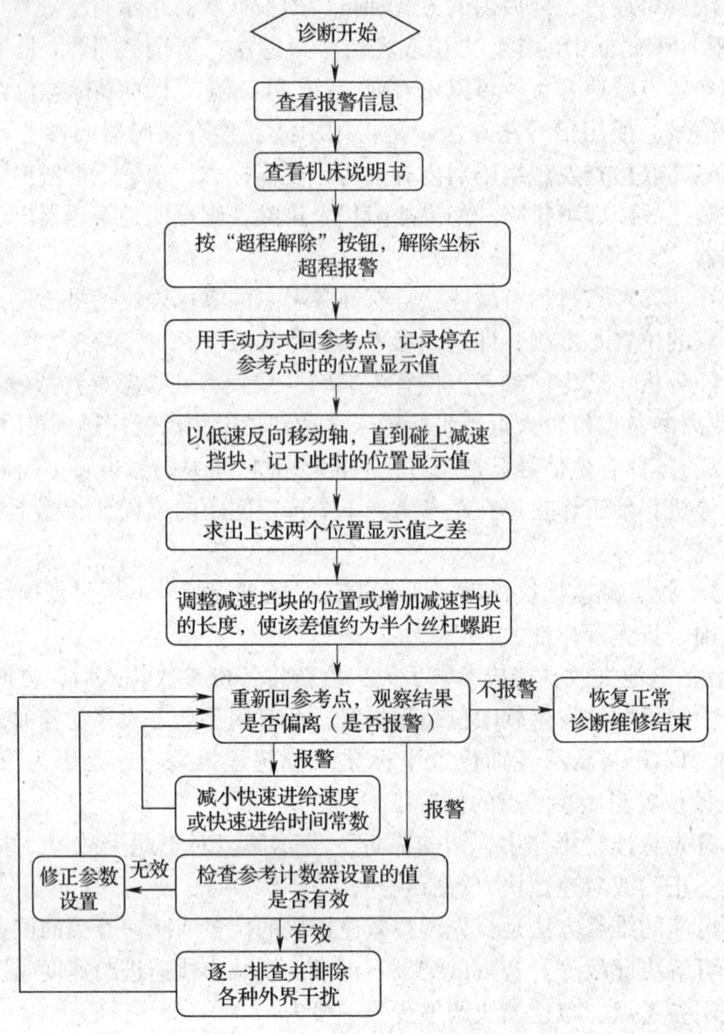

图 1—1—10　第三种情况前三种可能故障诊断维修流程图

第二步，将 CNC 参数 NO. 700、NO. 702、NO. 704（*X*、*Y*、*Z*）三轴分别设为最大值。

第三步，将 *X*、*Y*、*Z* 轴手动移开机械原点一定距离。

第四步，在参考点回零模式下，将各轴手动回参考点。

第五步，仔细观察各轴是否在回参考点位置上，特别是与 ATC 有关的 *Z* 轴。若位置不准确，重复第三、第四步直至准确。

第六步，将第二步中改过的参数重新改回来。

第七步，将 PWE 重新设置为零。

这样，回参考点出现超程报警的问题就解决了。

第四种情况：机床在返回参考点时，发出“未返回参考点”报警，不执行返回参考点动作。

故障诊断：其原因可能是因改变了设定参数所致。

故障维修：首先悬挂“维修中，请勿靠近”警示牌。出现这种情况应考虑检查数控机床的如下参数：

①指令倍率比（CMR）是否设为零。

②检测倍乘比（DMR）是否设为零。

③回参考点快速进给速度是否设为零。

④接近原点的减速速度是否设为零。

⑤机床操作面板快速倍率开关及进给倍率开关是否设置了 0 挡。

如果上述参数中有的设为零，则需按照原参数进行修改，重新执行返回参考点操作即可。

对于这四种情况，由于有报警存在，数控系统不会执行用户所编辑的任何加工程序，及时排除即可，从而避免了批量废品产生。

四、故障维修记录单填写

故障维修记录单见表 1—1—1。

表 1—1—1　　数控机床故障维修记录单

维修时间			维修人员		
设备名称	数控加工中心		设备型号	XH713/4	
故障现象					
诊断与维修	诊断系统	是否正常	故障部位	排除方法	维修用零配件
	电气系统				
	机械系统				
	液压系统				
	数控系统				
维修小结					
维修后重新返回参考点，确认维修结果					

 任务评价

任务实施完成后，由教师针对学生的综合表现进行考核、点评，并填写任务评价表，形成个人最终成绩。任务评价表见表 1—1—2。

表 1—1—2　　任务评价表

姓名			题目名称	XH713/4 加工中心返回时未找到参考点故障的诊断与维修		
序号	项目	考核内容及要求	配分	评分标准	扣分内容	评分
1	任务准备	检查工具、资料是否准备齐全	5	工具准备（3 分） 资料准备（2 分）		
2	故障现象勘察	观察返回参考点报警状态	5	能明确判断属于何种故障报警，描述故障现象		
		观察报警信息，查阅相关手册	10	能明确返回参考点控制原理和工作过程		
3	故障诊断	分别从四种不同故障类型诊断故障原因	30	正确应用故障的诊断维修流程图（15 分） 确定最终方案（15 分）		
4	故障维修	对故障部位进行维修	20	工具使用（5 分） 思路清晰（10 分） 工时控制合理（5 分）		
		对维修效果试车进行验证	5	返回参考点（2 分） 故障消失（3 分）		
5	安全文明生产	应符合国家安全文明生产的有关规定	5	违反安全文明生产有关规定不得分		
6	实操过程记录	填写清晰、准确	5	填写不准确不得分		
7	问题解答	回答清晰、准确（时间在 10 min内满分，其余情况酌情扣分）	15	每位同学回答三题（每题 5 分）		
实际用时：18 学时		每项任务都在规定时间内完成	每超时 1 h 扣 5 分，超时 4 h 此项目考核不得分			
指导教师建议					总得分	

任务拓展

任务拓展一：加工中心 *X* 轴回参考点反向移动

故障现象：XH714 加工中心开机回参考点，*X* 轴向回参考点的相反方向移动。该机配 SIEMENS 810D 数控系统，采用半闭环控制方式，使用增量脉冲编码器作为检测反馈元件。

故障诊断：该加工中心开机 *X* 轴回参考点的动作过程如下所述。*X* 轴先快速移动，当零点开关被挡块压下时，PLC 输入点信号由 1 变为 0，CNC 接收到该跳变信号后输出减速指令，使 *X* 轴制动后以低速向反方向移动，当挡块释放零点开关时，PLC 输入信号又由 0 跳变为 1，*X* 轴制动后改变方向，以回参考点速度向参考点移动，当零点开关再次被挡块压下时，信号由 1 变为 0，CNC 接收到增量脉冲编码器发出的零标志位脉冲时，*X* 轴继续运行到参数设定的距离后停止，参考点确立，回参考点的过程结束。

这种回参考点的方式可以避免在参考点位置回参考点这种不正常操作对加工中心造成的危害。当加工中心 *X* 轴本已在参考点位置而进行回参考点操作时，初始信号是零，CNC 检测到这种状态后，发出向回参考点方向相反的方向运动的指令，在零点开关被释放，*X* 轴制动后改变方向，以回参考点的速度向参考点移动，开始上述回参考点的过程。

根据故障现象，怀疑零点开关被压下后，虽然 *X* 轴已经离开了参考点，但开关不能复位。用 PLC 诊断检查，确认判断正确。询问操作人员，机床开机时各轴都在中间位置，排除了因在参考点位置停机减速，挡块持续压着零点开关，导致开关弹簧疲劳失效的故障原因。也说明该减速开关在关机前已经失效了。仔细观察加工过程，发现每一加工循环结束后，加工中心都停止在参考点位置上。这大大增加了零点开关失效的可能性，增加了故障几率。这可能是本次故障的真正原因。

故障维修：维修并重新调整减速开关的位置，机床回参考点恢复正常。

任务拓展二：数控铣床 *Y* 轴回参考点报警

故障现象：某台配备 FANUC－3T 系统的数控铣床，在开机回参考点时，*X*、*Z* 轴正常，但 *Y* 轴回参考点时，出现“*Y* 向伺服准备未就绪报警”。

故障诊断：根据故障现象进行针对性的检查，在检查到伺服驱动模块时，发现有伺服报警。此时查故障手册，有如下解释：

①滚珠丝杠运动阻力过大或滚珠丝杠本身有问题。通过手动移动检查未发现问题。

②伺服电动机损坏。通过测量其绕组也未发现伺服电动机有问题。

③伺服驱动模块带载能力不够或损坏，控制面板出现问题产生错误报警。检查伺服驱动模块，对换相同型号的 *X*、*Y* 轴伺服驱动模块后故障消除。

由此可见，此次故障为 *Y* 轴伺服驱动模块性能不稳定或接触不良。然而只对换 *X*、*Y* 轴伺服驱动模块，未进行处理维修，几天后又发生故障，当 *X* 轴回参考点时又出现“*X* 向伺服准备未就绪报警”。根据前面的经验，似乎很容易得出结论，即原 *Y* 轴（现已更换到 *X* 轴）的伺服驱动模块已彻底损坏。但为了进一步确认，又一次对换相同型号的 *X*、*Y* 轴伺服驱动模块后故障依然存在，说明此次故障与伺服驱动模块无关。经检查发现，*X* 轴正向限位开关的挡块已向减速开关的挡块方向移动，导致 *X* 轴回参考点时，回参考点动作还未完成就已挡到了硬限位开关，从而引起 CNC 产生以上报警。

故障维修：经重新调整硬限位开关的位置，并拧紧固定螺钉，机床回参考点恢复正常。

总之，明白了数控机床返回参考点的工作过程以及控制原理，不管是何种型号的数控车床、铣床或加工中心，也不管配置了何种系统，总能依据故障现象逐一分析控制回路的各个环节，由简及繁、由外到内找出故障点，排除各种故障。

任务2　数控车床 X 轴回参考点时发生漂移

教学导航

教学目标	掌握数控车床返回参考点发生漂移故障的诊断思路及排除方法
知识要点	1. 数控车床返回参考点建立坐标系的工作过程 2. 数控车床返回参考点的 PMC 控制原理 3. 数控车床返回参考点常见故障分析
技能要点	1. 数控车床故障现场的勘察及相关资料的查阅 2. 数控车床返回参考点两种故障的综合诊断 3. 数控车床返回参考点两种故障的维修与排除
教学准备	1. 设备：存在不同回参考点故障的 SSCK－20 数控车床若干台 2. 资料：与设备对应的数控系统操作说明书，机床生产厂家提供的机械说明书、电气说明书、维修手册，机床使用单位提供的维修记录单等 3. 工具：机床维修工具箱、千分表或激光测量仪等
建议学时	12 学时

任务引入

SSCK－20 数控车床在加工零件过程中，*X* 轴回参考点时常漂移，距离不等，且没有被及时发现，最后导致批量零件报废事件。

试从机械系统、电气系统、数控系统三个方面对故障现象产生原因进行全面分析，并排除这一故障。

任务分析

数控机床找不准参考点是比较常见的故障之一，这种故障一般是由挡块的松动、减速开关的失灵、参数的丢失、软限位设置不准等因素引起的。当然，编码器或光栅尺损坏以及编码器或光栅尺的零点脉冲出现问题等也会引起回不了参考点的故障，只不过编码器和光栅尺相对来说可靠性较高，出现故障的概率比较小。只要掌握数控机床回参考点的相关工作原理和设备的机械结构，了解其操作方法、动作顺序并对故障现象作充分调查和分析，就一定能找到故障的原因所在，进而检查修理，排除故障，最终使机床恢复正常。

相关知识

一、SSCK－20 数控车床返回参考点建立坐标系的工作过程

SSCK－20 数控车床返回参考点控制原理如图 1—2—1 所示。在系统返回参考点状态（REF）下，按下各轴点动按钮（＋J），机床以快移速度 v_1 向机床参考点方向移动，当减速开关（＋DEC）碰到减速挡块时，系统开始减速，以低速 v_2 向参考点方向移动。当减速开关离开减速挡块时，系统开始找栅格信号（编码器一转信号），系统接收到一转信号后，以低速移动一个栅格偏移量（如果系统参数设定了栅格偏移量），准确停在机床的参考点上。

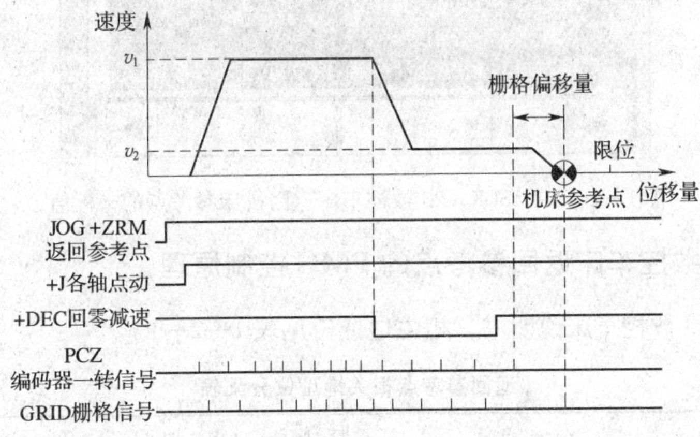

图 1—2—1　SSCK－20 数控车床返回参考点控制原理图

SSCK－20 数控车床返回参考点确定机床原点坐标的过程如图 1—2—2 所示，返回机床参考点的坐标值如图 1—2—3 所示。此时机床原点相对坐标值为：$U=-200.000$，$W=-100.000$；绝对坐标值为：$X=-200.000$，$Z=-100.000$；机械坐标值为：$X=400.000$，$Z=910.000$。

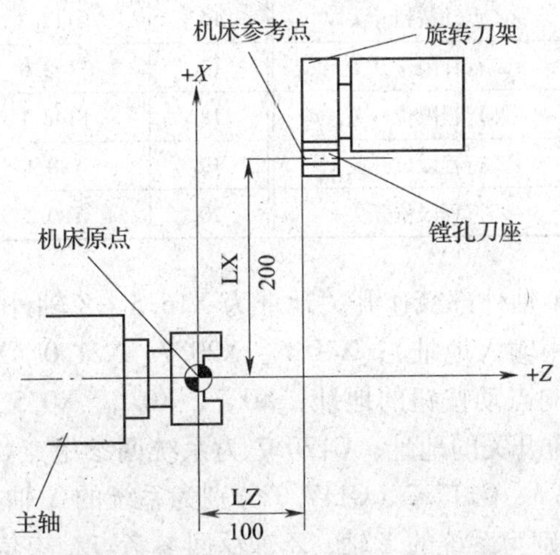

图 1—2—2　SSCK－20 数控车床返回参考点确定机床原点坐标的过程

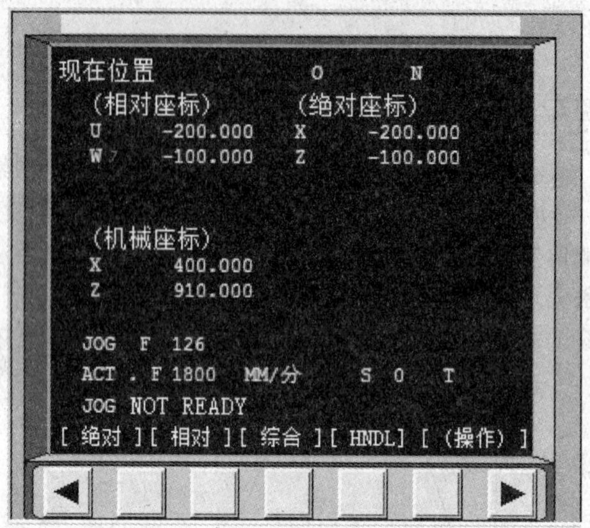

图 1—2—3 SSCK－20 数控车床返回机床参考点的坐标值

二、SSCK－20 数控车床返回参考点的 PMC 控制原理

查阅 SSCK－20 数控车床说明书，相关地址位见表 1—2—1。

表 1—2—1 **返回参考点相关地址位分配表**

序号	地址位	含义	序号	地址位	含义
1	X16. 5	*X* 轴外部减速开关	11	G120. 7	系统回参考点状态信号
2	X17. 5	*Z* 轴外部减速开关	12	F149. 1	系统复位信号
3	X20. 6	+ *X* 点动按钮开关	13	G116. 2	+ *X* 选择信号
4	X20. 7	－ *X* 点动按钮开关	14	G116. 3	－ *X* 选择信号
5	X21. 0	+ *Z* 点动按钮开关	15	G117. 2	+ *Z* 选择信号
6	X21. 1	－ *Z* 点动按钮开关	16	G117. 3	－ *Z* 选择信号
7	X0. 7	+ *X* 行程限位开关	17	F148. 0	*X* 轴返回参考点结束信号
8	X0. 6	－ *X* 行程限位开关	18	F148. 1	*Z* 轴返回参考点结束信号
9	X0. 5	+ *Z* 行程限位开关	19	Y80. 1	*X* 轴返回参考点结束指示灯
10	X0. 4	－ *Z* 行程限位开关	20	Y80. 2	*Z* 轴返回参考点结束指示灯

由表 1—2—1 可知：*X* 轴外部减速开关地址为 X16. 5，*Z* 轴外部减速开关地址为 X17. 5（FANUC－O－TD 系统专用输入地址）；X20. 6、X20. 7、X21. 0、X21. 1 分别为机床操作面板上的 *X* 轴、*Z* 轴正反方向点动按钮的地址；X0. 7、X0. 6、X0. 5、X0. 4 分别为机床 *X* 轴、*Z* 轴正反方向硬件行程限位开关的地址；G120. 7 为系统回参考点状态信号；F149. 1 为系统复位信号；G116. 2、G116. 3、G117. 2、G117. 3 分别为系统的 *X* 轴、*Z* 轴各进给轴方向选择信号；F148. 0、F148. 1 分别为系统的 *X* 轴、*Z* 轴返回参考点结束信号；Y80. 1、Y80. 2 分别为 *X* 轴、*Z* 轴的返回参考点结束指示灯。返回参考点的 PMC 控制梯形图如图 1—2—4 所示。

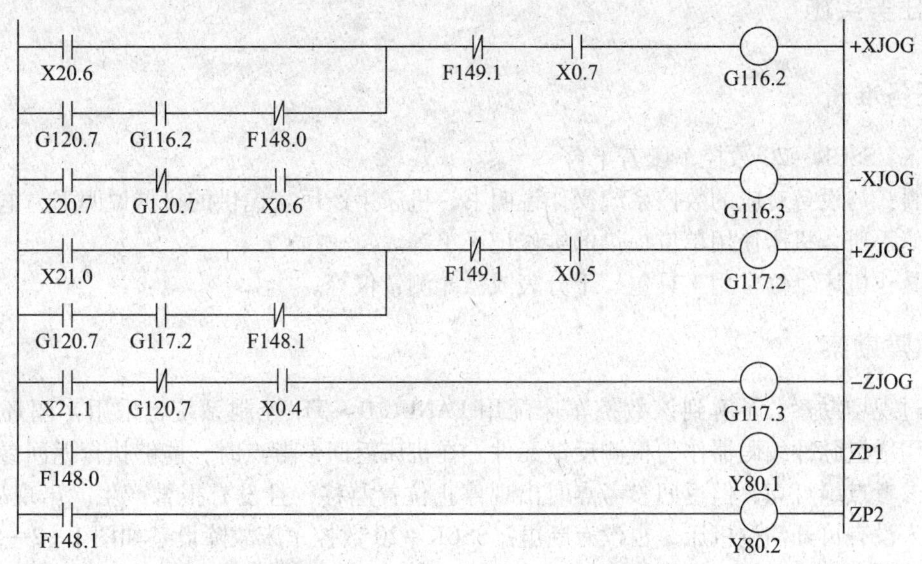

图 1—2—4　SSCK－20 数控车床返回参考点的 PMC 控制梯形图

三、SSCK－20 数控车床返回参考点常见故障分析

1. 故障类型

根据企业维修经验，针对不同型号不同系统数控车床，出现这种回参考点故障主要有以下两种类型。

类型一：回参考点的位置不稳定。

类型二：回参考点整螺距偏移。

在本任务中，SSCK－20 数控车床返回参考点故障属于类型二，即 *X* 轴回参考点时发生漂移，此时无报警信息，参考点指示灯亮。

2. 故障原因

两种故障类型可以统一归结为找不准参考点。通常情况下，找不准参考点主要表现为参考点漂移，其主要原因是：

（1）减速挡块偏移。

（2）编码器或线路板性能不良。

（3）参考计数器容量参数设定不当。

（4）栅格偏移量参数设定不当。

（5）位置环增益设定过大。

3. 故障分析点

找不准参考点故障的分析点与找不到参考点故障的分析点基本相同，同样要重点检查减速挡块和减速开关的状态、回原点的模式和各种参数设置，其诊断与维修一般流程如图 1—1—5 所示。

任务实施

一、任务准备

设备：SSCK－20 数控车床若干台。

资料：与设备对应的数控系统操作说明书，机床生产厂家提供的机械说明书、电气说明书、维修手册，机床使用单位提供的维修记录单等。

工具：机床维修常用工具包、千分表或激光测量仪等。

二、故障勘察

经过现场勘察，了解到该数控车床配用 FANUC 0－TD 控制系统，采用半闭环控制方式，使用增量脉冲编码器作为检测反馈元件。在机床返回参考点时，能够执行返回参考点操作，回参考点绿灯亮，但返回参考点时出现停止位置漂移，且没有报警产生。出现故障后，操作工人没有再开动过机床，也没有断电。SSCK－20 数控车床故障设备如图 1—2—5 所示，增量式编码器如图 1—2—6 所示。

图 1—2—5　SSCK－20 数控车床故障设备

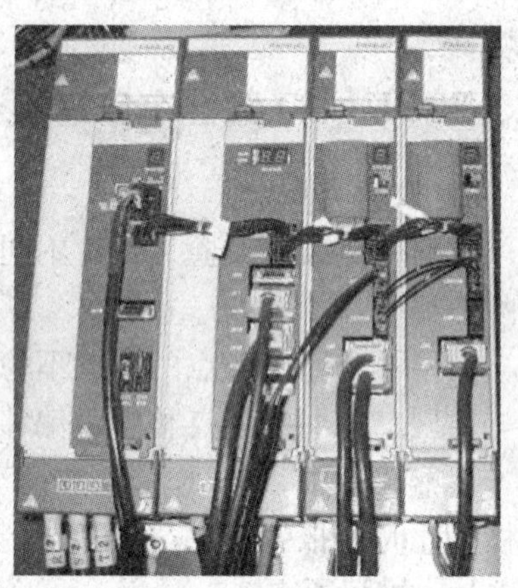

图 1—2—6　增量式编码器

三、故障诊断与维修

对于出现位置漂移，即找不准故障点这类故障一般有以下两种情况。

第一种情况：偏移距离固定。即机床开机后首次手动回参考点时，偏离参考点一个或几个栅格距离，以后每次进行回参考点操作所偏离的距离是一定的。

故障诊断：在加工工件时，总是发生稳定的位移误差，而且正好等于丝杠的螺距，那么问题就出在回参考点上。参考点一般都设在参考点减速挡块放开后的第一个“零脉冲”上。若减速挡块放开时编码器恰巧在“零脉冲”附近，就会出现整螺距偏移。该故障一般在机床首次安装调试后或大修后发生，一般造成这种故障的原因一是减速挡块位置不正确，二是减速挡块的长度太短或参考点用的接近开关的位置不当。

故障维修：首先悬挂“维修中，请勿靠近”警示牌。然后可通过调整减速挡块的位置或接近开关的位置来解决，或者通过调整回参考点快速进给速度、快速进给时间常数来解决，调整减速挡块的步骤同任务 1 第三种情况，最好是减速挡块所在位置与编码器“零脉冲”位置相差半个螺距。此类故障诊断流程如图 1—1—10 所示。

第二种情况：偏移距离任意。即偏移一个随机值或出现微小偏移，且每次进行回参考点操作所偏移的距离不等。

故障诊断：这种故障可考虑下列外界干扰因素，并实施相应对策：

- ◆ 电缆屏蔽层接地不良。
- ◆ 脉冲编码器的信号线与强电电缆靠得太近。
- ◆ 脉冲编码器或光栅尺用的电源电压太低（低于 4.75 V）或有故障。
- ◆ 速度控制单元控制板性能不良。
- ◆ 进给轴与伺服电动机之间的联轴器松动。
- ◆ 电缆连接器接触不良或电缆损坏。

故障维修：首先悬挂“维修中，请勿靠近”警示牌。对于出现回参考点的位置不稳定的故障，应先检查减速挡块的位置和接触情况，然后检查脉冲编码器“零脉冲”是否有问题，最后检查电动机与丝杠之间的间隙，逐一排除外界干扰。如果不稳定的位移误差很小，一般为电动机与丝杠之间存在间隙，应该消除间隙，消除连接松动。经反复诊断，该故障原因在于 X 轴编码器信号电缆因长期磨损、失去屏蔽作用而导致 X 轴回参考点不稳定，这里更换编码器信号电缆即可。此类故障诊断维修流程如图 1—2—7 所示。

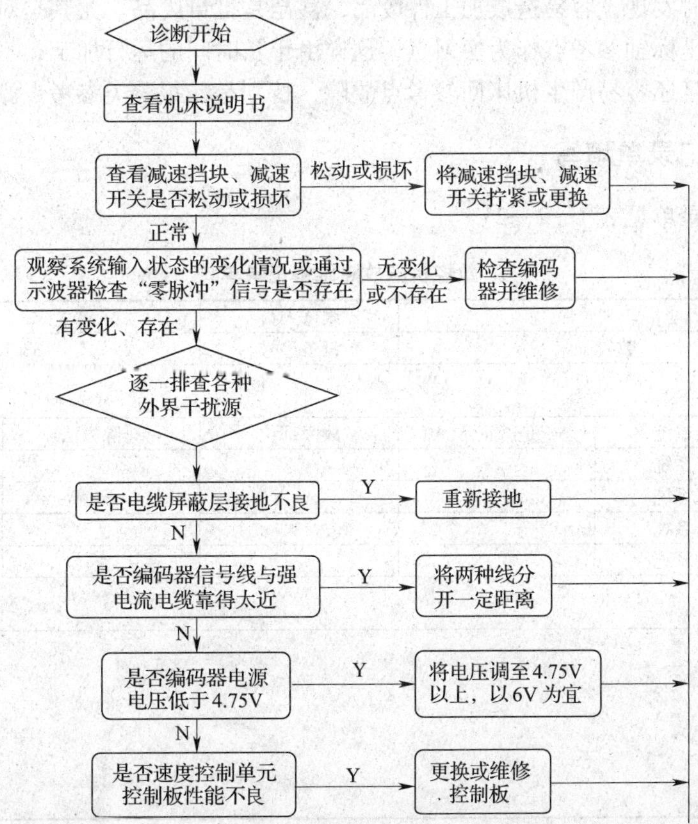

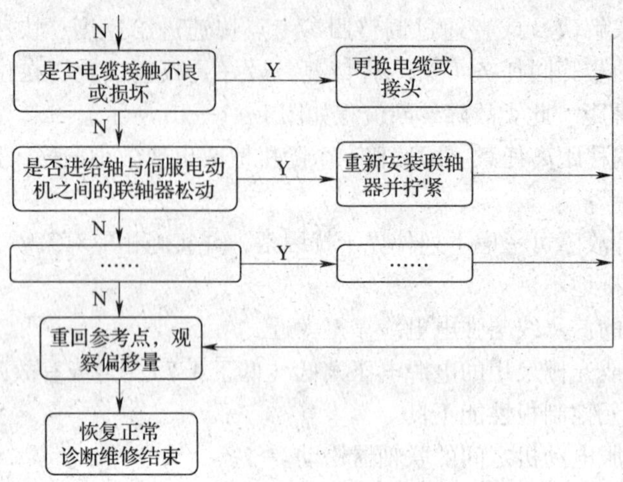

图 1—2—7　第二种情况故障诊断维修流程图

综合前面两个任务可知，数控机床回参考点故障归结起来不外乎两类情况：一是机床回参考点时有报警发生，回参考点失败；二是机床回参考点时无报警发生，但在每次回参考点时却出现停止时的漂移。对于第一类情况，由于数控机床回参考点故障有报警存在，数控系统不会执行用户所编辑的任何加工程序，从而可避免批量废品产生。而对于第二类情况，由于机床每次回参考点时均未产生报警，且回参考点出现漂移的故障现象是存在的，而机床操作人员却不能及时发现，容易造成加工件废品，甚至是批量废品。尤其是对于加工中心，现在很多机床将其坐标轴参考点作为换刀点，这样由于长时间的运行加工，不仅影响回参考点开关的寿命，而且还容易产生机床回参考点故障，特别是非报警类参考点漂移性故障。

四、故障维修记录单填写

故障维修记录单见表 1—2—2。

表 1—2—2　　　　数控机床故障维修记录单

维修时间			维修人员		
设备名称	数控车床		设备型号	SSCK－20	
故障现象					
诊断与维修	诊断系统	是否正常	故障部位	排除方法	维修用零配件
	电气系统				
	机械系统				
	液压系统				
	数控系统				
维修小结					
维修后重新返回参考点，确认维修结果					

任务评价

任务实施完成后，由教师针对学生的综合表现进行考核、点评，并填写任务评价表，形成个人最终成绩。任务评价表见表1—2—3。

表1—2—3　任务评价表

姓名			题目名称	SSCK－20数控车床 X 轴返回参考点时发生漂移故障的诊断与维修		
序号	项目	考核内容及要求	配分	评分标准	扣分内容	评分
1	任务准备	检查工具、资料是否准备齐全	5	工具准备（3分） 资料准备（2分）		
2	故障现象勘察	观察返回参考点故障状态	5	能明确判断属于何种故障，描述故障现象		
		观察故障信息，查阅相关手册	10	能明确返回参考点工作原理和PMC控制原理		
3	故障诊断	分别从不同故障类型诊断故障原因	30	正确应用故障的诊断维修流程图（15分） 确定最终方案（15分）		
4	故障处理	对故障部位进行维修	20	工具使用（5分） 思路清晰（10分） 工时控制合理（5分）		
		对维修效果试车进行验证	5	试车（2分） 维修部位恢复（3分）		
5	安全文明生产	应符合国家安全文明生产的有关规定	5	违反安全文明生产有关规定不得分		
6	实操过程记录	填写清晰、准确	5	填写不准确不得分		
7	问题解答	回答清晰、准确（时间在10 min内满分，其余情况酌情扣分）	15	每位同学回答三题（每题5分）		
实际用时：12学时		每项任务都在规定时间内完成	每超时1 h扣5分，超时4 h此项目考核不得分			
指导教师建议					总得分	

任务拓展

任务拓展一：数控铣床偶然因素引起参考点发生整螺距偏移

故障现象：某配套 SIEMENS 802D 的数控铣床，在停机后重新启动机床时，发现零件 Y 方向的定位位置产生了整螺距偏移。

故障分析：分析原因，导致定位位置产生整螺距偏移是参考点位置偏移引起的。对于大部分系统，参考点一般设定于参考点减速挡块放开后的第一个编码器的“零脉冲”上；若参考点减速挡块放开时，编码器恰巧在零脉冲附近，由于减速开关动作的随机性误差，可能使参考点位置发生 1 个整螺距的偏移。这一故障在使用小螺距滚珠丝杠的场合特别容易发生。初步判断其原因是由于参考点位置偏移引起的。检查参考点减速挡块，发现安装位置正确，固定可靠。重新回参考点多次，Y 方向的定位位置随机性不同，故其故障原因与参考点减速挡块的安装无关。

经认真检查，发现该轴行程开关上有较多切屑，由此判断参考点减速挡块的误动作是由于偶然性切屑干涉引起的。维修时在参考点减速开关上增加了防护装置后，机床恢复正常工作，并再无此现象出现。

任务拓展二：数控车床回零的实际位置每次都不一样

故障现象：某配备 FANUC 0i－C 系统的数控车床在回零时，发现机床回零的实际位置每次都不一样，漂移一个栅点或者是一个螺距，并且时好时坏。

故障诊断：根据故障现象分析，如果每次漂移只限于一个栅点或一个螺距，则有可能是因为减速开关与减速挡块安装不合理（大多数情况是移位），机床轴开始减速时的位置距离光栅尺或脉冲编码器的零点太近，由于机床的加/减速或惯量不同，机床轴在运行时过冲的距离不同，从而使机床轴所找的零点位置发生了变化。

维修中检查、调整了减速开关与减速挡块的相对位置，使机床轴开始减速的位置大概处在一个栅距或一个螺距的中间位置；然后重新设置机床零点的偏移量，并适当减小机床回零速度或快移速度的加/减速时间常数，机床恢复正常。

综上所述，数控机床回参考点的故障是数控机床中比较常见的故障之一，一般多由以下几种原因引起：一是减速开关移位或失灵，二是编码器及连接电缆出现问题，三是系统测量板出现问题，四是零点开关与硬（软）限位位置太近，五是挡块松动，六是系统参数丢失或修改不当等。维修者在掌握了数控机床回参考点的控制原理并了解机床的操作方法、回参考点的动作顺序后，对故障现象作充分分析，就不难找到故障的原因所在，从而最终排除故障。

知识链接

一、故障诊断与维修前的准备

1．知识能力准备

数控机床是机、电、液、气相结合的产物，采用了先进的控制技术，涉及的知识面也比较广，因此要求故障诊断与维修人员有一定的素质，有一定的知识能力储备。具体要求如下：

(1) 要具有较广的专业理论知识

数控机床故障诊断与维修是一项集电气、机械、液压知识于一身的综合诊断工作，维修人员既要掌握必要的自控技术、PLC 技术、电工电子技术、电动机驱动原理，还要掌握机械识图与互换性、机械维修基础、机械加工工艺知识，以及机修钳工技能、液压与气动技术等，另外还要熟悉数控机床的编程语言并能熟练使用计算机，能够识记数控专业术语的英文词汇，具有一定的英语阅读能力。所以作为数控机床的维修人员要不断学习，刻苦钻研，扩展知识面，努力提高理论水平。

(2) 要具有较强的故障诊断能力

要进行故障诊断，首先要具备较强的逻辑分析能力，同时要细心、善于观察，并善于总结经验，这是快速发现问题的基本条件。由于数控机床的故障千奇百怪、各不相同，只有细心观察、认真分析，才能找到问题的根本原因，而且还要不断总结经验，做好故障档案记录工作，这样技术水平才会不断提高。

(3) 要具有较强的实操动手能力

要诊断维修数控机床应该首先了解数控机床及数控系统的操作，熟悉数控机床和数控系统的功能。当数控机床出现故障时，能够使用数控系统查看报警信息，能够充分利用数控系统的资源检查、修改机床数据和参数，调用系统诊断功能对 PLC 的输入、输出、标志位等信息进行检查；还要善于解决问题，发现问题后要尽快动手排除，提高解决问题的效率。

2. 工具材料准备

合格的维修工具是进行数控机床诊断与维修的必备条件，数控机床是精密设备，它对各方面要求较普通机床高，不同的故障所需要的维修工具也不尽相同。常用的工具主要有以下几类：

(1) 常用的机械维修工具

1) 各种钳具。如各种规格的斜口钳、尖嘴钳、平头钳、剥线钳、压线钳、镊子、弹性挡圈装拆用钳子等。

2) 各种旋具。如各种规格的一字与十字旋具各一套，旋具以采用树脂或塑料手柄为宜，为了伺服驱动器的调整与装卸的需要，还应配备无感旋具与梅花形六角旋具各一套。

3) 各种扳手。如各种规格的米制、英制的内、外六角扳手各一套，还需要有大小活扳手、单头钩形扳手、端面带槽或孔的圆螺母扳手、拉开口销的扳手和销子冲头等。

4) 各种量具。如各种规格的直尺、卷尺、千分尺、螺旋测微器、杠杆千分尺、万能角度尺、百分表、千分表等。

5) 各种仪表。如水平仪、红外测温仪、测振仪器等。

6) 其他工具。如剪刀、弹性锤子、拔销器、拉卸工具、垫铁等。

(2) 常用的电气维修工具

1) 接线工具。如各种规格的电钳、电笔、旋具、剪刀、多功能电源装置等。

2) 焊接工具。如电烙铁、吸锡器、镊子、刷子、吹尘器、清洗盘等。

3) 测量仪表。如数字万用表、交流电压表、直流电压表、相序表、示波器、逻辑分析仪、数字转速表等。

（3）常用维修备件

数控机床维修所涉及的元器件、零件众多，备用的元器件不可能全部准备充分、齐全，但是，若维修人员能准备一些最常见的易损元器件，可以给维修带来很大的方便，有助于迅速处理解决问题，这些元器件主要有：

1）必备的一些耗材。如各种导线、各种类型的螺钉、焊锡丝、绝缘胶带等。

2）易损的电气元件。如常用的二极管、各种规格的电阻、各种熔丝、常用的晶体管、常用的熔断器、常用的电位器、常用的集成电路等。

3）常用的化学用品。如松香、酒精、电子电路清洗剂和润滑油等。

（4）必备的技术资料

技术资料是维修的指南，在维修工作中起着至关重要的作用。借助于技术资料可以大大提高维修工作的效率。一般来说，应具备以下技术资料：

1）数控机床使用说明书。包括机床的操作过程和步骤、机床主要机械传动系统及主要部件的结构原理示意图、机床的液（气）动及润滑系统图、机床安装和调整的方法与步骤、机床电气控制原理图、机床使用的特殊功能及其说明等。

2）数控系统的操作使用手册。包括数控系统的面板说明、数控系统的具体操作步骤、加工程序的输入格式、程序的编制方法、各指令的基本格式及含义等。

3）主要系统的使用说明书。包括数控系统的连接说明及功能说明书、伺服驱动系统和主轴驱动系统的使用说明书、PLC 系统的使用与编程说明、PLC 梯形图和程序清单、机床参数清单等。

4）辅助部件的使用说明书。包括主要配套功能部件的说明书与资料，如液压和气动原理图等。

5）维修说明书、历史维修记录、数据资料备份、验收清单以及厂家联系方式等。

二、故障诊断与维修方法

1．故障一般分类

由企业维修经验可知，数控机床通常发生的故障千奇百怪、种类繁多，一般有以下几种分类：

（1）根据故障的表现形式分类

根据故障的表现形式分类，分为有报警类故障和无报警类故障。

1）有报警类故障。有报警类故障是指当机床出现故障后，可以在数控系统的控制面板上看到系统给出的具体报警信息，或报警信息在各种设备的硬件上通过指示灯和报警代码的表现形式表现出来，让人们非常直观地就可以看到故障的存在。这类故障可以通过查阅报警手册进行维修，较容易排除。

2）无报警类故障。无报警类故障是指机床数控系统无任何提示信息，常常表现为机床停在某一个位置不能运动，或者某些功能异常，但一切指示灯都表现为正常，且无任何控制系统的报警或提示信息，这时机床看上去似乎并没有处于故障状态。无报警类故障是诊断难度较大的一类故障。

（2）根据故障发生规律分类

根据故障发生规律分类，分为持续性故障、偶然性故障和间歇性故障。

1）持续性故障。持续性故障的特点是在没有彻底处理前一直处于报警或明确表现的故障状态。

2）偶然性故障。偶然性故障的基本特点是偶然性强、处理难度大、影响范围广。比如设备中常用到的变频就是典型的干扰设备之一，其载波频率越高，对周围的弱电设备的干扰越严重。这类故障往往与设备的运行环境条件有着密切的关系。

3）间歇性故障。与偶然性故障相比，间歇性故障具有一定的间歇周期，且有一定的规律，通常在同一部位或元件上集中发生。因此，查找这类故障要比偶然性故障简单得多，但在处理时所需要的时间要长一些。

（3）根据发生故障的部位分类

根据发生故障的部位分类，分为硬件故障和软件故障。

1）硬件故障。硬件故障需要通过对元器件进行维修和更换来排除，比如元器件或电路板烧坏，需要更换。

2）软件故障。软件故障主要是指数控系统的参数、加工程序、系统文件等发生了异常的情况，需要通过一些复杂的诊断和处理工作才能进行维修，比如芯片内写的数据或程序被破坏或丢失，需要恢复等。

2. 故障诊断与维修的一般原则

数控机床的故障复杂，诊断、排除起来都比较困难。在检测排除数控机床故障时，应遵循如下原则。

（1）先外部后内部

数控机床是机械、液压、电气一体化的机床，故其故障必然要从机械、液压、电气这三者综合反映出来。数控机床的故障维修要求维修人员掌握先外部后内部的原则，即当数控机床发生故障后，维修人员应先采用望、闻、听、问、摸等方法，由外向内逐一进行检查。比如，外部的行程开关、按钮开关、液压气动元件以及印制电路板插头座、边缘接插件与外部或相互之间的连接部位、电控柜插座或端子排这些机电设备之间的连接部位，因其接触不良容易造成信号传递失灵，是导致数控机床故障的主要因素。此外，由于工业环境中温度、湿度变化比较大，油污或粉尘对元件及电路板的污染、机械的振动等，对信号传送通道的接插件都将产生严重影响。在检修中随意启封、拆卸，不适当的大拆大卸，往往会扩大故障，使机床大伤元气，丧失精度，降低性能。

（2）先机械后电气

数控机床是一种自动化程度高、技术复杂的先进机械加工设备。一般来讲，机械故障较易察觉，而数控系统故障的诊断则难度要大些。先机械后电气就是在数控机床的检修中，首先检查机械部分是否正常，行程开关是否灵活，气动、液压部分是否正常等。从经验来看，数控机床的故障中有很大一部分是机械部件动作失灵引起的，所以在故障检修之前，首先应排除机械性的故障，这样往往可以达到事半功倍的效果。

（3）先静后动

维修人员本身要做到先静后动，不可盲目动手，应先询问机床操作人员故障发生的过程及状态，阅读机床说明书、图样资料后，方可动手查找和处理故障。其次，对有故障的机床也要本着先静后动的原则，先在机床断电的静止状态，通过观察、测试、分析，确认为非恶性循环性故障或非破坏性故障后，方可给机床通电，在运行工况下进行动态的观察、检验和测试，查找故障。对恶性的破坏性故障，必须先排除危险后方可通电，在运行工况下进行动态诊断。

（4）先公用后专用

公用性的问题往往影响全局，而专用性的问题只影响局部。如机床的几个进给轴都不能运动，这时应先检查和排除各轴公用的 CNC、PLC、电源、液压等部分的故障，然后再设法排除某轴的局部问题。又如电网或主电源故障是全局性的，因此一般应首先检查电源部分，看看熔丝是否正常、直流电压输出是否正常。总之，只有先解决影响全局的主要矛盾，局部的、次要的矛盾才有可能迎刃而解。

（5）先简单后复杂

当出现多种故障互相交织掩盖，一时无从下手时，应先解决容易的问题，后解决难度较大的问题。常常在解决简单故障的过程中，难度大的问题也可能变得容易，或者在排除简单故障时受到启发，对复杂故障的认识更为清晰，从而也有了解决办法。

（6）先一般后特殊

在排除某一故障时，要先考虑最常见的可能原因，然后再分析很少发生的特殊原因。例如，数控机床不返回参考点故障，常常是由于零点开关故障或者挡块位置不正确，在排除这一常见的可能性故障之后，再检查脉冲编码器、位置控制等环节。

3．故障诊断与维修的常用方法

数控机床故障诊断与维修的方法对于提高工作效率、保证维修质量、降低维修成本有着重要的影响，常见的诊断与维修方法有以下几种：

（1）中医诊治法

中医诊治法就是套用中医“望、闻、问、切”的诊病方法，充分利用听觉、视觉、触觉和嗅觉来发现问题的一种方法，如响声、火花、发烫、烧焦味等常见状态。在数控机床故障的诊断过程中，这是首先使用而且最常用的一种有效方法。归结起来有如下几个方面：

1）望。总体目视查看机床各部分工作状态是否处于正常状态（例如各坐标轴位置，主轴状态，刀库、机械手位置等），各电控装置（如数控系统、温控装置、润滑装置等）有无报警指示，局部查看有无熔断器熔丝烧断、元件开裂、电线电缆脱落，各操作元件位置是否正确，各种控制模块有没有报警提示等。

2）闻。用嗅觉判断有无元器件烧焦、冒烟等刺激性气味。

3）问。向故障现场人员仔细询问故障产生的过程、故障表象及故障后果，并且在整个分析、判断过程中可能要多次询问。

4）切。在整机断电条件下可以通过触摸各主要电路板的安装状况、各插头插座的插接状况、各功率及信号导线（如伺服与电动机接触器接线）的连接状况，以及在通电状态下检查有无过热元件等来发现可能出现故障的原因。

（2）西医手术法

西医手术法就是指在找出故障部位后，把故障部位“切除”，并观察故障的转移或故障变化的情况，以此来快速确定故障维修方案，从而彻底排除故障，类似于西医给病人治病时采用的手术法。西医手术法在数控机床的诊断和维修中是最常用的方法之一，可以降低维修停留时间，保证维修质量，但有可能会引发新的故障。

（3）正误比较法

正误比较法是指通过正确与错误的比较，然后将错误的状态纠正为正确的状态的一种方法。正误比较法一般有三种比较方式：一是机床本身原始正常条件下的信息状态、数据记录与故障发生时的相互对比；二是相同机床间的状态、数据、现象的相互对比；三是同类型数控系统的不同机床的相互对比。通过这种方法，可以很快找出故障的原因。

（4）备件置换法

备件置换法是指采用与可能损坏元件一模一样或完全可替代的新备品把怀疑存在故障的元器件替换下来的一种维修方法。这样可以迅速缩小故障范围，并最终确定故障原因。备件置换法要遵循两个前提条件：一是必须保证产品的品牌、种类、型号和接口相同，并确认具有完全可代替性；二是必须保证交换前、交换后的各种开关及参数设置保持一致。一旦忽略这一原则，不但不能起到诊断故障的作用，而且还可能给机床带来更严重的破坏。备件置换法可以降低维修停留时间，保证维修质量，但需要较多的周转部件，需占用较多的流动资金，适用于大量同类型数控机床维修的情况。

（5）分部修理与同步修理法

分部修理法是指将数控机床的各个独立部分不一次同时修理，分为若干次，每次修其中某一部分，依次进行。此法可利用节假日修理，减少停工损失，适用于大型复杂的数控机床。而同步修理法，是指将相互紧密联系的数台机床一次同时修理，适用于流水生产线及柔性制造系统（FMS）等。

（6）原理分析法

原理分析法的关键是要掌握广泛的专业知识，熟悉具体机床的工作特性。一旦掌握了某一功能的控制原理，就找到了解决故障最根本的出发点。在日常维护过程中，诸如常见的某个电动机不转了、某个照明灯不亮了这些问题，应该可以作一些简单的判断和处理。原理分析法是建立在严密的逻辑基础之上的一种诊断方法。因此，需要不断地学习和积累相关的专业知识，更好地阅读各种机床说明书和电气控制原理图，加强对外语的学习。同时积极参与现场实践，锻炼自己分析问题、处理问题的能力。

（7）参数设置法

参数是数控系统各种功能正常实现的重要保证，数控系统、PLC 及伺服驱动系统都设置有许多可修改的参数以适应不同机床、不同工作状态的要求。这些参数不仅能使各电气系统与具体机床相匹配，而且更是使机床各项功能达到最佳化所必需的，因此，任何参数的变化（尤其是模拟量参数）或者丢失都是不允许的。随着机床的长期运行，机械或电气性能会发生变化，这需要通过系统的参数来进行优化和调整。比如各类电动机运转的平稳性、系统的插补精度等，当这些参数设置不对或不佳时，都会表现出一些复杂的故障现象。

（8）专业检测法

专业检测法是指借助一些专业的检测设备来判定机床状态的方法，通常采用的检测项目有温度检测、振动检测、速度检测、电流电压检测等。随着技术的不断发展，已经逐步提倡采用状态检测法来对机床的状态作预测性评估维修。这一维修方法为提高装备的维修效率、推进智能化提供了一个具有前瞻性的发展方向，有效推进了现代远程诊断数控机床故障的技术发展。

4．提高故障诊断维修水平的方法

数控机床由于采用了计算机控制、机电一体化技术，结构复杂、元器件较多，使数控机床的故障复杂，维修难度大，故障率相对普通机床要高。这就要求维修人员要不断提高自己的维修水平。下面介绍一些提高维修水平的方法：

（1）多问

1）要多问机床厂家技术人员。

2）要多问操作人员。

3）要多问其他维修人员。

（2）多阅读

1）要多阅读数控技术资料。

2）要多阅读数控系统的资料。

3）要多阅读梯形图。

4）要多看数控机床的图样资料。

5）要多阅读外文资料。

（3）多观察

1）多观察机床工作过程。

2）多观察机床结构。

3）多观察故障现象。

（4）多思考

1）维修前多思考，开阔视野。

2）维修时多思考，知其所以然。

3）维修后多思考，防患于未然。

（5）多实践

1）多实践，积累维修经验和技巧。

2）多实践，举一反三、触类旁通。

（6）多讨论、多交流

1）多讨论怎样排除故障。

2）多讨论维修结果。

3）多总结和记录。

4）多参加学术交流。

模块二

拉刀故障的诊断与维修

任务　数控铣床拉刀过程越来越慢

教学导航

教学目标	掌握数控铣床拉刀故障的诊断思路及排除方法
知识要点	1. 数控铣床主轴部件的机械结构 2. 数控铣床液压系统控制原理 3. 数控铣床主轴松、拉刀电气系统控制原理 4. 数控铣床主轴松、拉刀动作控制过程 5. 数控铣床拉刀常见故障点分析
技能要点	1. 故障现场的勘察及相关资料的查阅 2. 主轴拉刀故障的综合诊断 3. 故障的维修与排除
教学准备	1. 设备：存在不同拉刀故障点的 XKA714B/F 立式数控铣床若干台 2. 资料：与设备对应的数控系统操作说明书，机床生产厂家提供的机械说明书、电气说明书、维修手册，机床使用单位提供的维修记录单等 3. 工具：机床维修工具箱、普通平面镜等
建议学时	18 学时

任务引入

在企业生产过程中，XKA714B/F 立式数控铣床主轴出现如下故障现象：操作工人在进行手动换刀操作时，刀具可以拿下；但装上刀后，按“主轴拉刀”按钮，拉刀动作明显比平常慢，重复一次松、拉刀过程，拉刀时间变得更长，再重复几次后，“拉刀”动作几乎没有了。机床状态提示：处于松刀状态。试分析并排除这一故障。

任务分析

拉刀故障是数控铣床的常见故障之一。主轴松、拉刀动作涉及电气、机械及液压回路，回路中任何一个环节失效都会引起机床拉刀动作故障。要分析和排除松、拉刀故障，首先要知道主轴部件的机械结构组成及松、拉刀动作的原理及过程，熟悉常见的故障点，掌握故障诊断思路及流程，最后排除故障。

相关知识

数控铣床是出现和使用比较早的数控机床，在制造业中具有很重要的地位，在汽车、航天、军工、模具等行业得到了广泛的应用。数控铣床一般可分为立式铣床、卧式铣床和立卧两用数控铣床三种。本维修案例使用的是 XKA714B/F 立式数控铣床，其基本组成结构示意如图 2—1—1 所示，它由床身、立柱、主轴箱、工作台、液压系统、伺服装置、数控系统等组成。

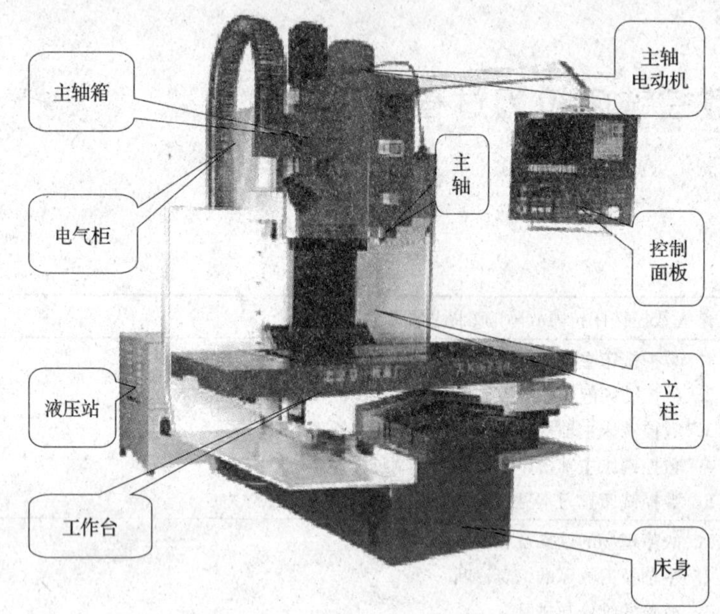

图 2—1—1　XKA714B/F 立式数控铣床组成结构示意图

床身用于支撑和连接机床各部件，主轴箱用于安装主轴，主轴内装有拉刀机构，拉刀机构采用液压装置及碟形弹簧来完成拉刀、松刀动作。主轴下端的锥孔用于安装铣刀。当主轴箱内的主轴电动机驱动主轴旋转时，铣刀能够切削工件。主轴箱还可沿立柱上的导轨在 Z 向移动，使刀具上升或下降。工作台用于安装工件或夹具，可沿滑鞍上的导轨在 X 向移动，滑鞍可沿床身上的导轨在 Y 向移动，从而实现工件在 X 和 Y 向的移动。无论是 X、Y 向，还是 Z 向的移动都是靠伺服电动机驱动滚珠丝杠来实现的。伺服装置用于驱动伺服电动机，主传动系统由 5.5 kW 的变频电动机驱动，电动机安装在主轴箱的顶面，经过齿轮传动，可以实现无级变速。控制器用于输入零件加工程序和控制机床工作状态，控制电源用于向伺服装置和控制器供电。

一、XKA714B/F 立式数控铣床主轴部件的机械结构

主轴部件主要由刀具自动夹紧装置、自动吹净等装置组成。图 2—1—2 所示为XKA714B/F 立式数控铣床拉刀主轴顶端实物图。

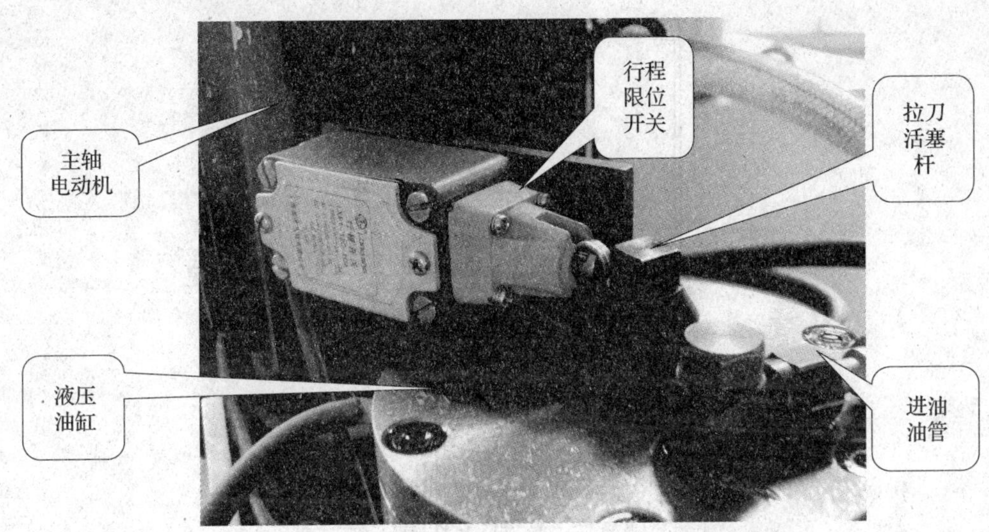

图 2—1—2　XKA714B/F 立式数控铣床拉刀主轴顶端实物图

为了适应主轴转速高的特点和工作性能要求，前、后支撑都采用了向心推力球轴承。前支撑是三个向心推力球轴承，背靠背安装，前面两个轴承大口朝向主轴前端，后一个轴承大口朝向主轴尾部。前支撑既承受径向载荷，又承受两个方向的轴向载荷。后支撑是两个向心推力球轴承，也是背靠背安装，小口相对。后支撑只承受径向载荷，故轴承外圈轴向不定位。主轴轴承采用油脂润滑方式，迷宫式密封。

1. 刀具自动夹紧装置

图 2—1—3 所示为数控铣床主轴组件结构图，它由活塞 8、螺旋弹簧 7、拉杆 4、碟形弹簧 5 和 4 个钢球 3 组成。该机床采用锥柄刀具，刀柄的锥度为 7∶24，它与主轴前端锥孔之间以锥面定心。夹紧时，油缸上腔接回油，下腔接压力油，压力油和螺旋弹簧 7 使活塞 8 向上移动至图示位置，拉杆 4 在碟形弹簧压力作用下也向上移动，钢球 3 被迫进入刀柄尾部拉钉 2 的环形槽内，将刀具的刀柄拉紧。放松时，即需要换刀松开刀柄时，油缸上腔通入压力油，下腔接回油，使活塞 8 向下移动，推动拉杆 4 也向下移动，直到钢球 3 被推至主轴孔径较大处，便松开了刀柄，这时即可将刀具连同刀柄从主轴孔中取出。

刀具的刀柄是靠碟形弹簧产生的拉紧力来夹紧的，以防止在工作中突然停电时刀柄自行脱落。在活塞 8 上下移动的两个极限位置上，安装行程开关 9 和 10，用来发出刀柄夹紧和松开的信号。

在夹紧时，活塞 8 下端的端部与拉杆 4 的上端面之间应留有一定的间隙，约为 4 mm，以防止主轴旋转时引起端面摩擦。

2. 自动吹净装置

主轴换刀时，需自动清除主轴装刀锥孔内的切屑或灰尘，以便保护主轴锥孔和刀柄表面，确保刀具定位安装精度。该机床采用压缩空气自动吹净装置，当将刀柄从主轴锥孔拔出后，压缩空气通过活塞上端喷嘴经活塞 8 和拉杆 4 的中心孔，自动吹净主轴锥孔。

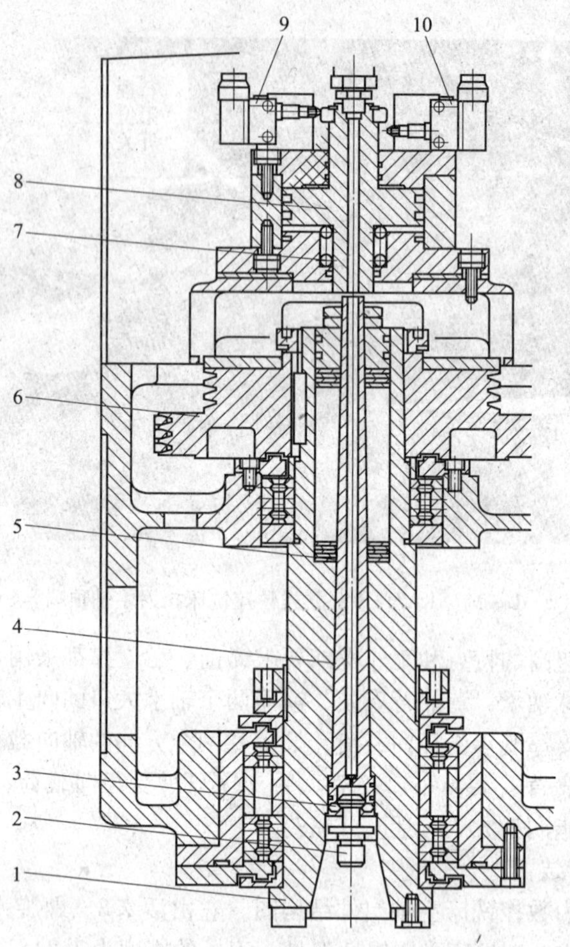

图 2—1—3 数控铣床主轴组件结构图

1—主轴 2—拉钉 3—钢球 4—拉杆 5—碟形弹簧

6—塔带轮 7—螺旋弹簧 8—活塞 9，10—行程开关

二、XKA714B/F 立式数控铣床液压系统控制原理

液压站油箱位于机床的后侧，油箱容积为 40 L。当油面低于油标显示位置时要及时添加；液压油使用 2 000 h 后，要进行更换。液压控制板装在液压站油箱上面，由一个 1. 1 kW 的电动机驱动液压泵，用于液压系统的供油和主轴箱的润滑，液压系统的调定压力为 3. 5 MPa。

XKA714B/F 立式数控铣床液压站实物图如图 2—1—4 所示，液压系统控制原理图如图 2—1—5 所示。液压系统控制三个二位四通电磁阀，电磁阀 YV1 控制主轴箱润滑油路，电磁阀 YV1、YV2 控制主传动系统中的液压变速机构（通电为高挡），电磁阀 YV1、YV3 控制拉刀机构。

松刀时，电磁阀 YV1、YV3 同时通电，阀芯切换油路，液压油进入油缸上腔，油缸下腔接回油，活塞向下移动，油缸顶部行程限位开关向 PMC 发出反馈信号，松刀完成。

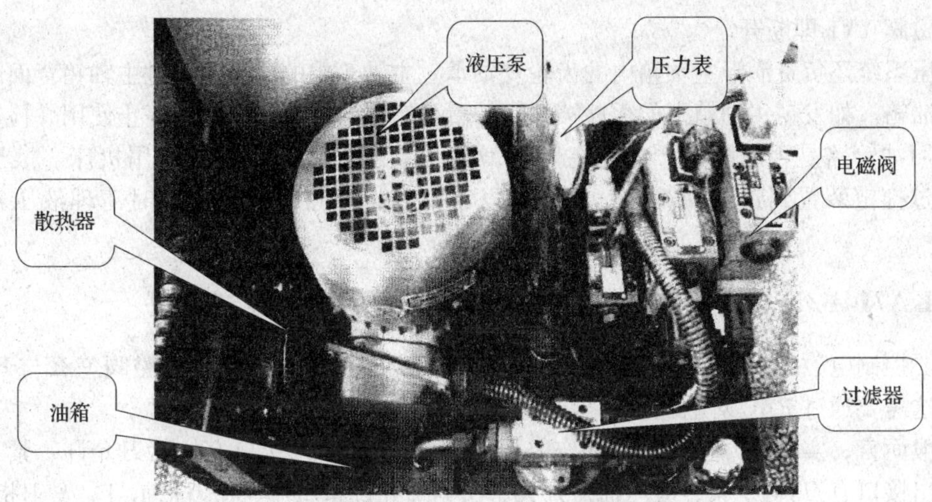

图 2—1—4　XKA714B/F 立式数控铣床液压站实物图

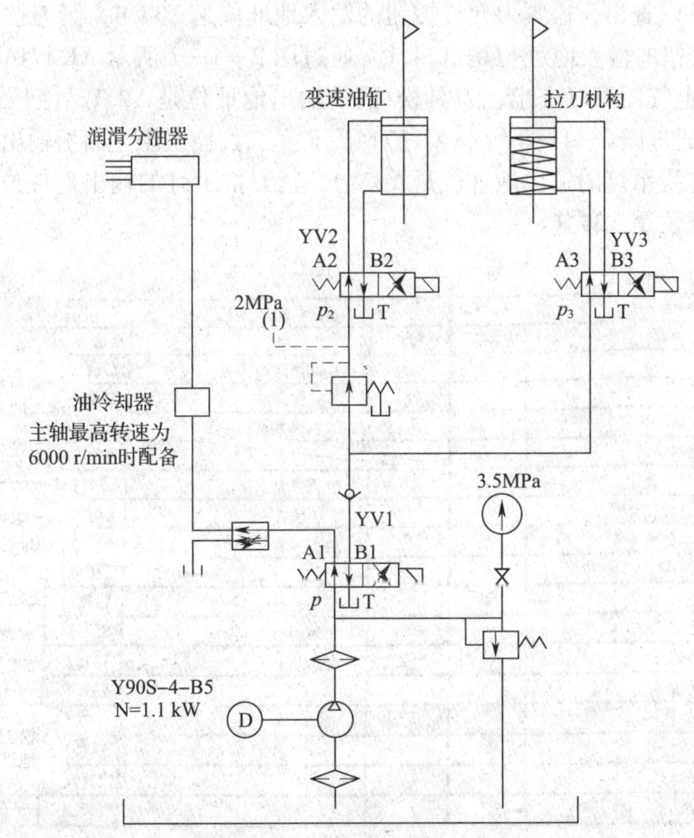

图 2—1—5　XKA714B/F 立式数控铣床液压系统控制原理图

拉刀时，电磁阀 YV1 吸合、YV3 断开，阀芯切换油路，液压油进入油缸下腔，油缸上腔接回油，活塞向上移动，油缸顶部行程限位开关向 PMC 发出反馈信号，拉刀完成。

需要变速时，电磁阀 YV1 通电，电磁阀 YV2 则按高低挡要求通或断；变速完毕或装刀完毕电磁阀 YV1 即断开。

液压系统还负责润滑主轴箱内的齿轮及轴承。主轴箱内的润滑油通过主轴箱背面的回油管流回油箱。如发现主轴箱下的柔性挡板防护罩处有漏油现象，应立即停止使用并检查主轴箱润滑回油管路是否通畅，严禁在主轴润滑回油系统不畅的情况下使用机床。液压油管均是通过拖链装置到达主轴箱的，当系统发出油路堵塞报警时，应及时清理液压箱的滤油器。

三、XKA714B/F 立式数控铣床主轴松、拉刀电气系统控制原理

只要控制电磁阀 YV1、YV3 就可以实现拉刀、松刀的动作，但是电磁阀怎么与 PMC 联系呢？这需要通过 PMC 对电磁阀进行控制。

一般而言，实现拉刀、松刀的动作需要用到的 PMC 输入接口有松紧刀允许、紧刀、拉刀；输出接口有刀具松/紧、液压油路开关、松紧刀允许指示灯、松刀指示灯、紧刀指示灯，每个接口都用相应的地址位来表示。通过图 2—1—6 所示 XKA714B/F 立式数控铣床主面板输入地址电气图可以查出，松紧刀允许按钮的输入地址位是 X33. 4，紧刀按钮的输入地址位是 X34. 0，松刀按钮的输入地址位是 X34. 1。通过图 2—1—7 所示 XKA714B/F 立式数控铣床 PMC 输出地址电气图可以查出，刀具松/紧的输出地址位是 Y2. 1，液压油路开关的输出地址位是 Y2. 2。通过图 2—1—8 所示 XKA714B/F 立式数控铣床主面板输出地址电气图可以查出，松紧刀允许指示灯的输出地址位是 Y33. 4，紧刀指示灯的输出地址位是 Y34. 0，松刀指示灯的输出地址位是 Y34. 1。

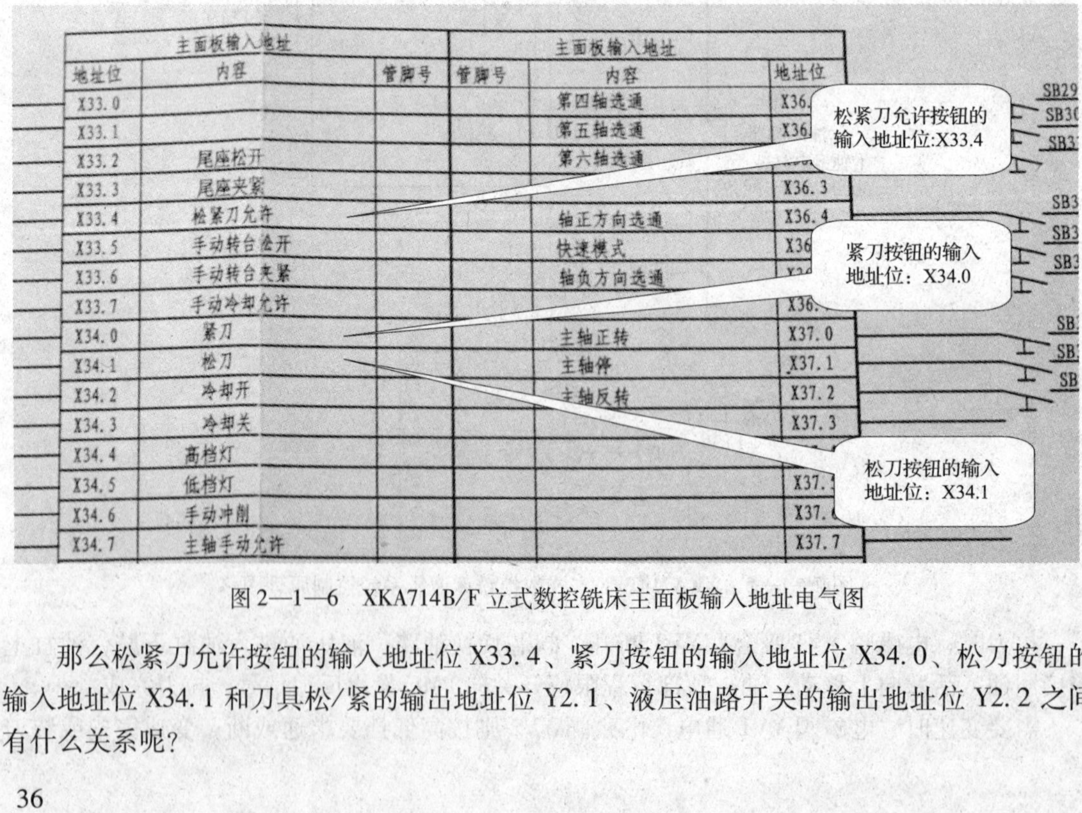

主面板输入地址			主面板输入地址		
地址位	内容	管脚号	管脚号	内容	地址位
X33. 0				第四轴选通	X36.
X33. 1				第五轴选通	X36.
X33. 2	尾座松开			第六轴选通	
X33. 3	尾座夹紧				X36. 3
X33. 4	松紧刀允许			轴正方向选通	X36. 4
X33. 5	手动转台松开			快速模式	X36
X33. 6	手动转台夹紧			轴负方向选通	
X33. 7	手动冷却允许				X36.
X34. 0	紧刀			主轴正转	X37. 0
X34. 1	松刀			主轴停	X37. 1
X34. 2	冷却开			主轴反转	X37. 2
X34. 3	冷却关				X37. 3
X34. 4	高档灯				
X34. 5	低档灯				X37.
X34. 6	手动冲削				X37.
X34. 7	主轴手动允许				X37. 7

松紧刀允许按钮的输入地址位:X33.4
紧刀按钮的输入地址位：X34.0
松刀按钮的输入地址位：X34.1

图 2—1—6　XKA714B/F 立式数控铣床主面板输入地址电气图

那么松紧刀允许按钮的输入地址位 X33. 4、紧刀按钮的输入地址位 X34. 0、松刀按钮的输入地址位 X34. 1 和刀具松/紧的输出地址位 Y2. 1、液压油路开关的输出地址位 Y2. 2 之间有什么关系呢？

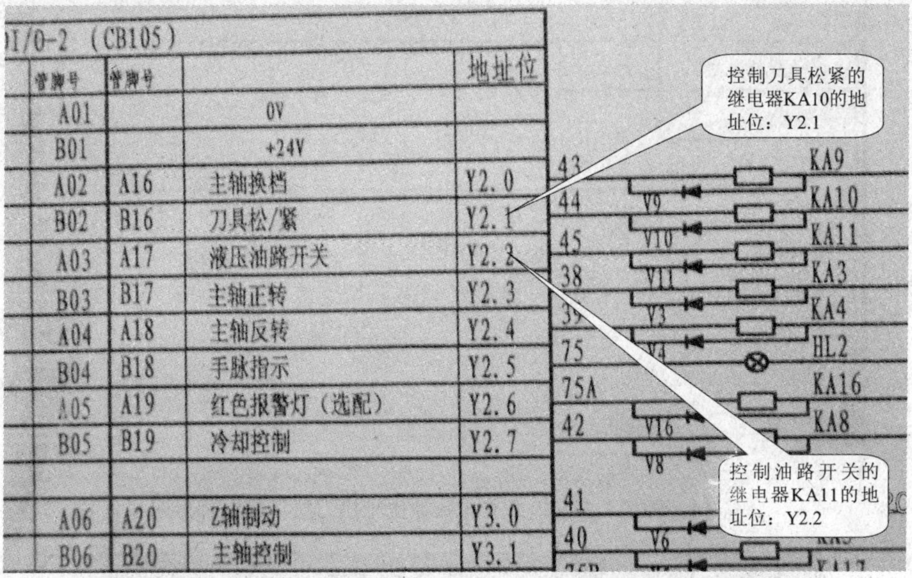

I/O-2 (CB105)

管脚号	管脚号		地址位
A01		0V	
B01		+24V	
A02	A16	主轴换档	Y2.0
B02	B16	刀具松/紧	Y2.1
A03	A17	液压油路开关	Y2.2
B03	B17	主轴正转	Y2.3
A04	A18	主轴反转	Y2.4
B04	B18	手脉指示	Y2.5
A05	A19	红色报警灯（选配）	Y2.6
B05	B19	冷却控制	Y2.7
A06	A20	Z轴制动	Y3.0
B06	B20	主轴控制	Y3.1

控制刀具松紧的继电器KA10的地址位：Y2.1

控制油路开关的继电器KA11的地址位：Y2.2

图 2—1—7　XKA714B/F 立式数控铣床 PMC 输出地址电气图

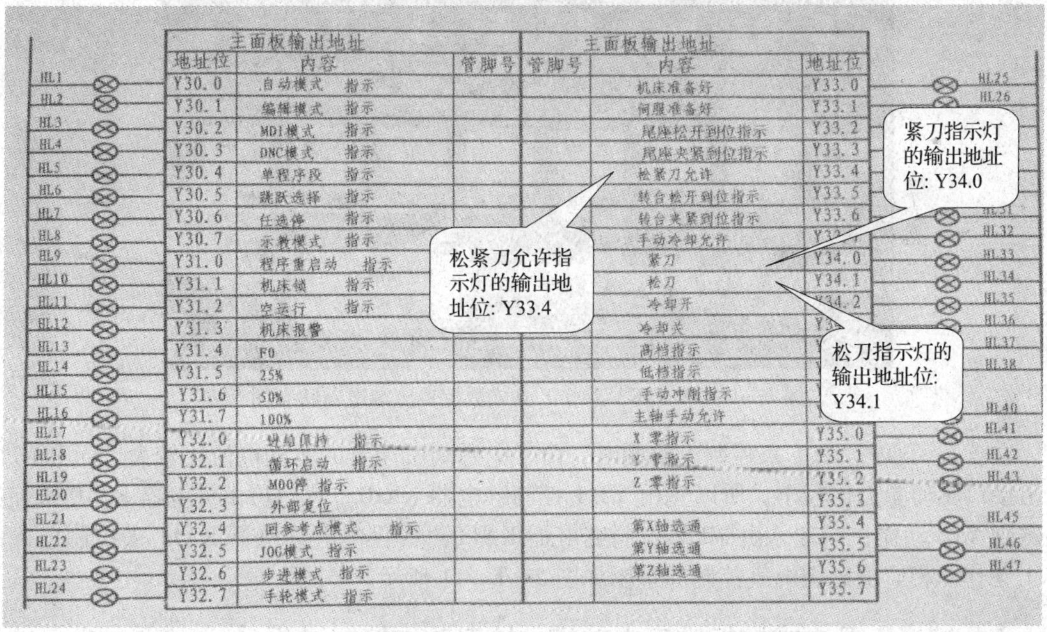

主面板输出地址			主面板输出地址		
地址位	内容	管脚号	管脚号	内容	地址位
Y30.0	自动模式　指示			机床准备好	Y33.0
Y30.1	编辑模式　指示			伺服准备好	Y33.1
Y30.2	MDI模式　指示			尾座松开到位指示	Y33.2
Y30.3	DNC模式　指示			尾座夹紧到位指示	Y33.3
Y30.4	单程序段　指示			松紧刀允许	Y33.4
Y30.5	跳跃选择　指示			转台松开到位指示	Y33.5
Y30.6	任选停　指示			转台夹紧到位指示	Y33.6
Y30.7	示教模式　指示			手动冷却允许	Y3[illegible]
Y31.0	程序重启动　指示			紧刀	Y34.0
Y31.1	机床锁　指示			松刀	Y34.1
Y31.2	空运行　指示			冷却开	[illegible]4.2
Y31.3	机床报警			冷却关	Y3[illegible]
Y31.4	F0			高档指示	[illegible]
Y31.5	25%			低档指示	[illegible]
Y31.6	50%			手动冲削指示	[illegible]
Y31.7	100%			主轴手动允许	[illegible]
Y32.0	进给保持　指示			X 零指示	Y35.0
Y32.1	循环启动　指示			Y 零指示	Y35.1
Y32.2	M00停 指示			Z 零指示	Y35.2
Y32.3	外部复位				Y35.3
Y32.4	回参考点模式　指示			第X轴选通	Y35.4
Y32.5	JOG模式　指示			第Y轴选通	Y35.5
Y32.6	步进模式　指示			第Z轴选通	Y35.6
Y32.7	手轮模式　指示				Y35.7

紧刀指示灯的输出地址位: Y34.0

松紧刀允许指示灯的输出地址位: Y33.4

松刀指示灯的输出地址位: Y34.1

图 2—1—8　XKA714B/F 立式数控铣床主面板输出地址电气图

当同时按下“松紧刀允许”和“松刀”按钮后，输入信号经地址位 X33.4 和 X34.1 传递给 PMC，PMC 通过输出接口“刀具松/紧”来控制拉刀或松刀动作，具体控制过程可查看图 2—1—9 所示 XKA714B/F 立式数控铣床松刀按钮控制梯形图。可以看出，当触点 X33.4 和 X34.1 接通时，松紧刀允许指示灯 Y33.4 和松刀指示灯 Y34.1 亮，线圈 Y2.1 工作，继电器 KA10 和 KA11 指示灯亮，如图 2—1—10 所示，松刀完成。

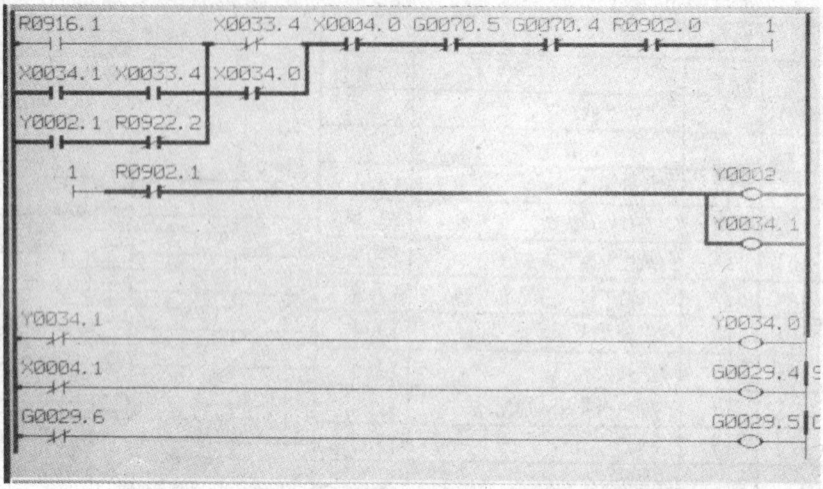

图 2—1—9　XKA714B/F 立式数控铣床松刀按钮控制梯形图

图 2—1—10　XKA714B/F 立式数控铣床继电器状态图

也就是说通过 Y2.1 来控制电磁阀时，由于电磁阀所需要的驱动电流比较大，而 PMC 的输出接口驱动能力比较小，所以先由 Y2.1 控制继电器 KA10，然后再由继电器 KA10 来控制电磁阀 YV3 动作；同理，由 Y2.2 控制继电器 KA11，然后再由继电器 KA11 来控制电磁阀 YV1 动作。相应电磁阀电气控制原理图如图 2—1—11 所示。

四、XKA714B/F 立式数控铣床主轴松、拉刀动作控制过程

1. 松刀控制过程流程图

由图 2—1—12 所示松刀动作电气控制流程图可以看出，当按下“松刀”按钮后，输入信号经地址位 X34.1 传递给 PMC，PMC 通过 Y2.1 和 Y2.2 对应的输出接口来控制继电器 KA10 和 KA11 吸合，使电磁阀 YV1 和 YV3 得电，阀芯切换油路，液压油进入油缸上腔，油缸下腔接回油，使活塞向下移动，推动拉杆也向下移动，压缩碟形弹簧，拉刀爪松开，油缸顶部行程限位开关向 PMC 发出反馈信号，松刀完成。

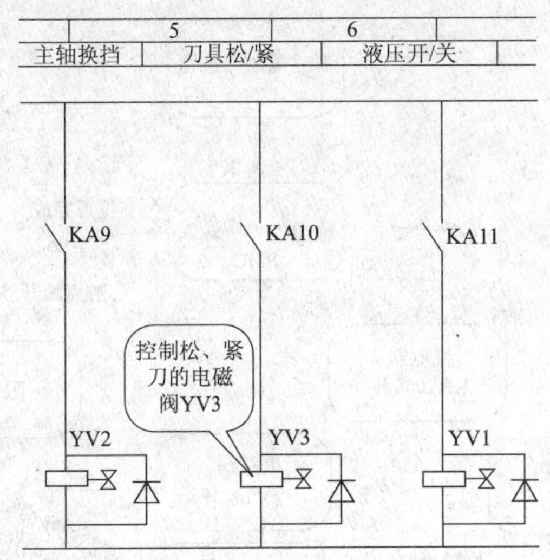

图 2—1—11　XKA714B/F 立式数控铣床电磁阀电气控制原理图

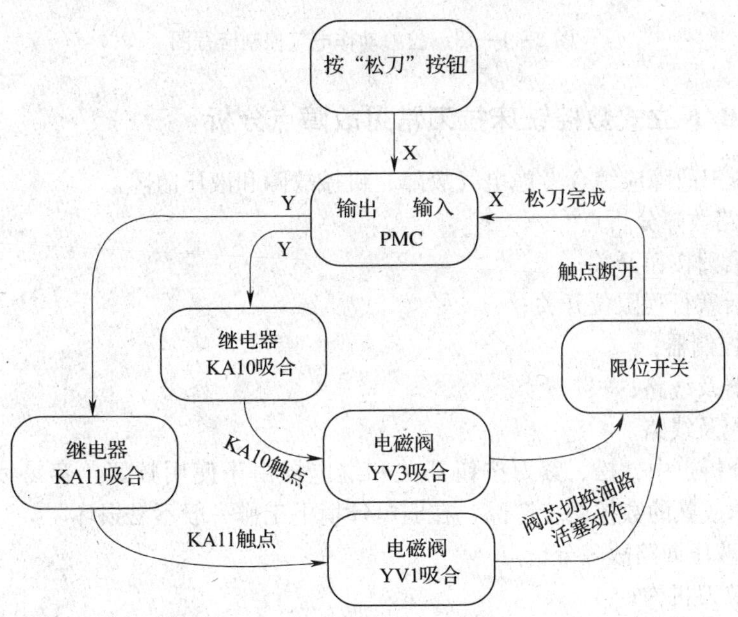

图 2—1—12　松刀动作电气控制流程图

2. 拉刀控制过程流程图

由图 2—1—13 所示拉刀动作电气控制流程图可以看出，当按下“紧刀”按钮后，输入信号经地址位 X34. 0 传递给 PMC，PMC 通过 Y2. 1 和 Y2. 2 对应的输出接口来控制继电器 KA10 断开和 KA11 吸合，使电磁阀 YV1 得电吸合，YV3 断开，阀芯切换油路，液压油进入油缸下腔，油缸上腔接回油，压力油和螺旋弹簧使活塞向上移动，拉杆在碟形弹簧压力作用下也向上移动，拉刀爪拉紧，油缸顶部行程限位开关向 PMC 发出反馈信号，继电器 KA11 断电，电磁阀 YV1 断电，液压油转向润滑油路，拉刀完成。

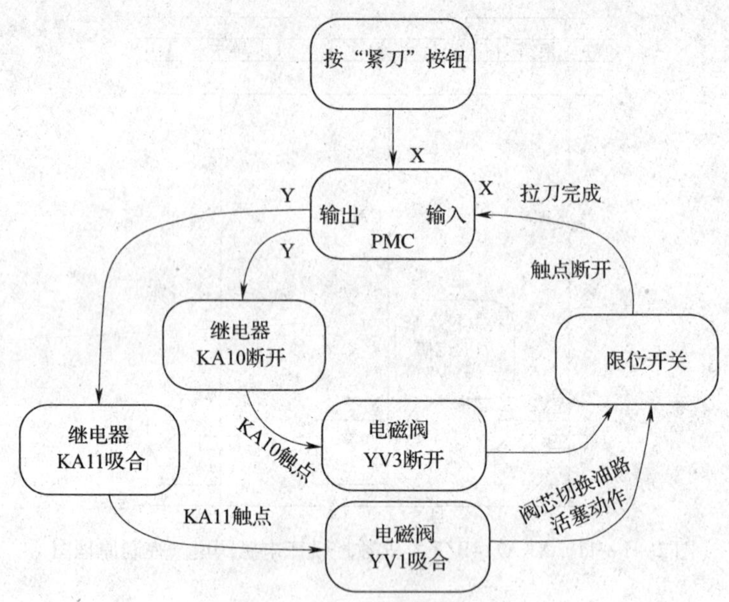

图 2—1—13 拉刀动作电气控制流程图

五、XKA714B/F 立式数控铣床拉刀常见故障点分析

数控铣床拉刀故障应综合考虑电气故障、机械故障和液压故障。

1. 电气回路故障分析点

（1）松、紧刀按钮开关；

（2）拉刀活塞行程限位开关；

（3）PMC 控制器；

（4）继电器及线路；

（5）电磁阀及线路。

以上故障分析点中，松、紧刀按钮开关和继电器由于使用频繁，容易疲劳损坏；PMC 控制器属于技术成熟的数控系统产品，在弱电环境下工作一般不易损坏。

2. 机械及液压回路故障分析点

（1）主轴拉刀机构；

（2）活塞油缸；

（3）油管；

（4）电磁阀；

（5）单向阀；

（6）溢流阀；

（7）液压泵；

（8）压力表；

（9）碟形弹簧。

以上故障分析点中，主轴拉刀机构中的活塞、拉刀爪、拉杆，以及电磁阀、碟形弹簧等由于频繁动作容易疲劳损坏，油管易老化漏油。

任务实施

一、任务准备

设备：由不同原因引起拉刀故障现象的 XKA714B/F 立式数控铣床若干台。

资料：与设备对应的数控系统操作说明书，机床生产厂家提供的机械说明书、电气说明书、维修手册，机床使用单位提供的维修记录单等。

工具：机床维修工具箱、普通平面镜等。

二、故障勘察

先察看发生故障的 XKA714B/F 立式数控铣床及紧/松刀按钮，如图 2—1—14 和图 2—1—15所示。

图 2—1—14　XKA714B/F 立式数控铣床

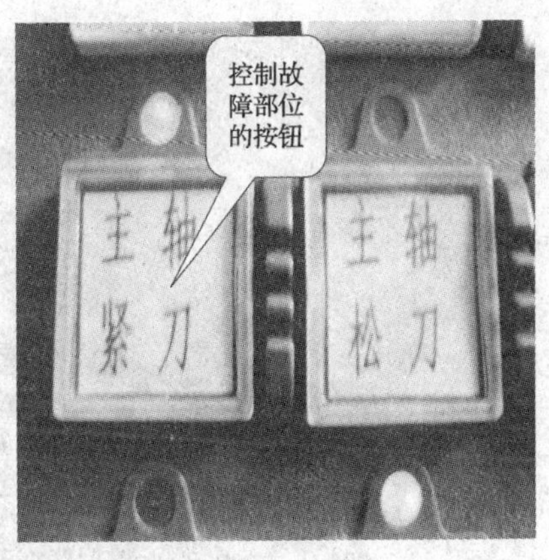

图 2—1—15　紧/松刀按钮

观察发生故障的具体现象，如图 2—1—16 和图 2—1—17 所示。

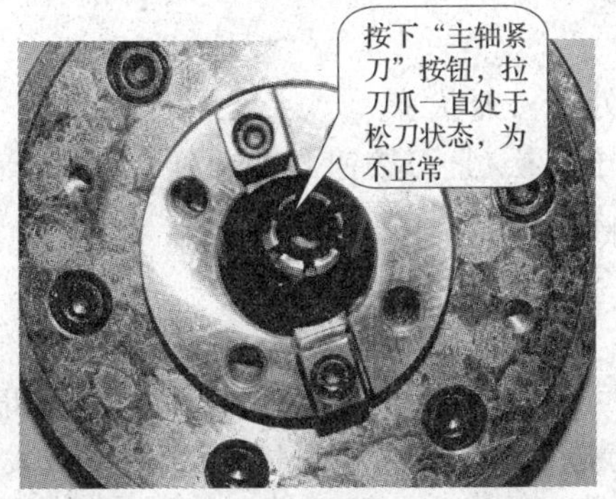

图 2—1—16　不正常的拉刀状态

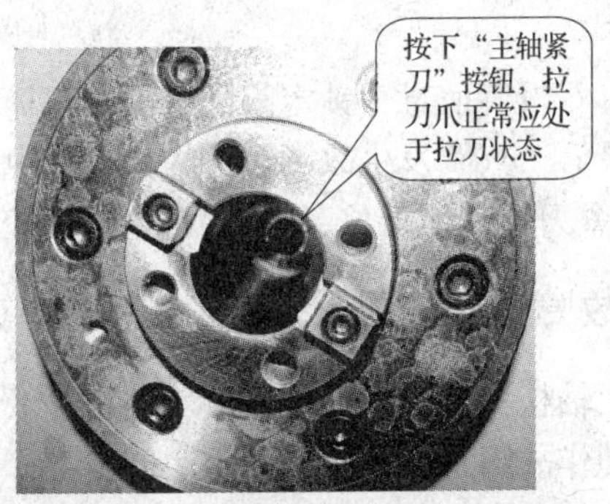

图 2—1—17　正常的拉刀状态

小窍门：

此处可使用镜子观察拉刀爪的松紧状态，如图 2—1—18 和图 2—1—19 所示。

a)

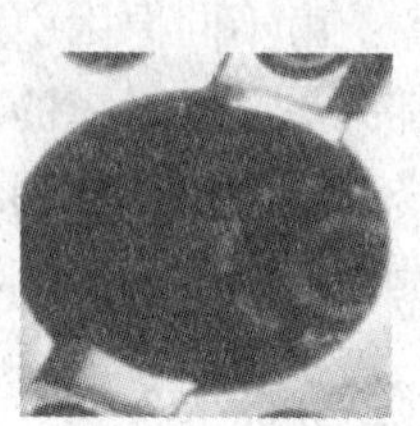

b)

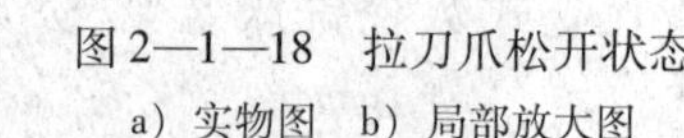

图 2—1—18　拉刀爪松开状态

a）实物图　b）局部放大图

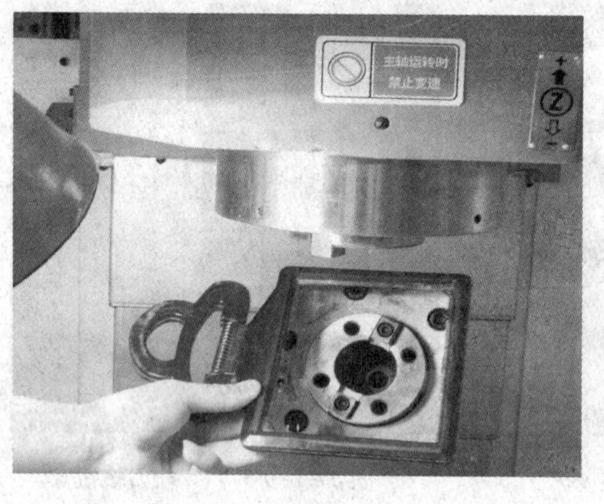

a)

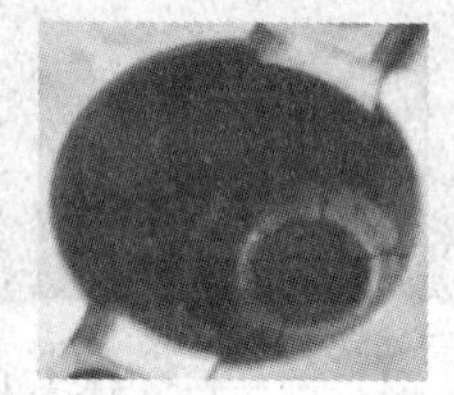

b)

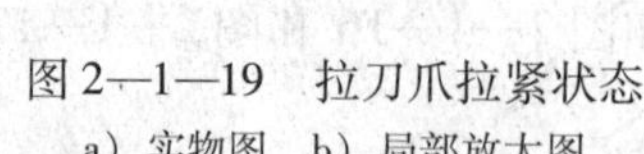

图 2—1—19　拉刀爪拉紧状态

a）实物图　b）局部放大图

查看报警信息，锁定故障范围。机床状态提示：处于松刀状态。

最后，查阅发生故障铣床的机械及电气说明书，了解松/紧刀按钮开关地址位、PMC 刀具松/紧刀输出地址位、松/紧刀电磁阀控制和液压系统原理图。

三、故障诊断与维修

主轴松、拉刀动作涉及电气、机械及液压回路，回路中任何一个环节失效都会引起机床拉刀动作故障，因为按钮开关、继电器、电磁阀的通断状态可以通过 PMC 诊断地址及发光二极管等状态指示灯来快速判断，直观、快捷，故先从电气回路开始检查（液压泵及压力表也可直观检查），然后再对机械及液压回路进行检查。

由图 2—1—20 所示 XKA714B/F 数控铣床拉刀故障综合诊断维修流程图可知，故障诊断与维修步骤如下：

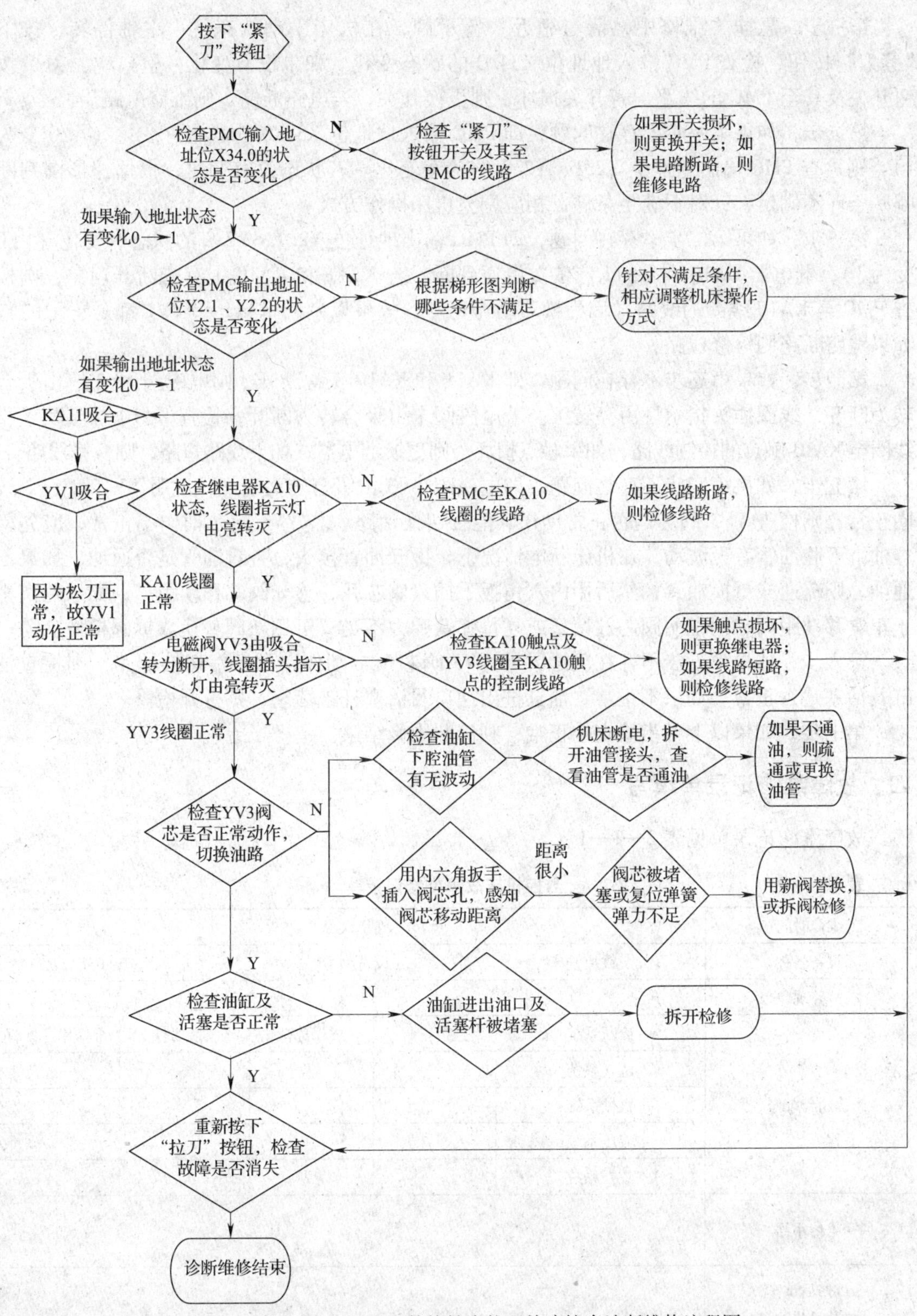

图 2—1—20　XKA714B/F 数控铣床拉刀故障综合诊断维修流程图

第一步，悬挂“维修中，请勿靠近”警示牌，在机床手动状态下，主轴停转，按下“紧刀”按钮，检查 PMC 输入地址位 X34.0 的状态变化。如果没有变化，检查“紧刀”按钮开关及其至 PMC 的线路。若开关损坏，则更换开关；若电路断路，则维修电路。

第二步，如果第一步不存在问题，即 PMC 输入地址位 X34.0 的状态有变化（由 0 变为 1），则检查 PMC 输出地址位 Y2.1、Y2.2 的状态变化。若状态没有变化，根据梯形图判断哪些条件不满足，针对不满足条件，相应调整机床操作方式。

第三步，如果第二步不存在问题，即 PMC 输出地址位 Y2.1、Y2.2 的状态有变化（由 0 变为 1），继电器 KA10 和 KA11 应依次由通到断。若 KA11 和 KA10 中有未断开现象，则检查 PMC 至 KA10 线圈的线路（因为松刀动作正常，故可以判断 KA11 和 YV1 都是正常的），如果线路断路则检修线路。

第四步，如果第三步不存在问题，即 KA11 和 KA10 正常断开，则电磁阀 YV3 应由吸合转为断开，线圈插头指示灯由亮转灭。若电磁阀未由吸合转为断开，检查 KA10 触点及 YV3 线圈至 KA10 触点的控制线路，如果触点损坏，则更换继电器；如果线路短路，则检修线路。

第五步，如果第四步不存在问题，即电磁阀 YV3 由吸合转为断开，说明 YV1 和 YV3 线圈正常，则检查 YV3 阀芯是否正常动作、能否切换油路。若 YV3 阀芯动作不正常，应先检查油缸下腔油管有无波动，在机床断电情况下，拆开油管接头，查看油管是否通油，如果不通油，则疏通或更换油管；然后用内六角扳手插入阀芯孔，感知阀芯移动距离，如果距离小于正常移动距离，则说明阀芯被堵塞或复位弹簧弹力不足，可用新阀替换或拆阀检修。

第六步，如果第五步不存在问题，即 YV3 阀芯正常动作，可正常切换油路，则检查油缸及活塞是否正常。如果不正常，油缸进出油口及活塞杆被堵塞，则拆开检修。

第七步，如果以上各步检查均正常，则诊断维修结束。

四、故障维修记录单填写

故障维修记录单见表 2—1—1。

表 2—1—1　　数控机床故障维修记录单

<table>
<tr><td>维修时间</td><td colspan="2"></td><td colspan="2">维修人员</td><td></td></tr>
<tr><td>设备名称</td><td colspan="2">数控铣床</td><td colspan="2">设备型号</td><td>XKA714B/F</td></tr>
<tr><td>故障现象</td><td colspan="5"></td></tr>
<tr><td rowspan="5">诊断与维修</td><td>诊断系统</td><td>是否正常</td><td>故障部位</td><td>排除方法</td><td>维修用零配件</td></tr>
<tr><td>电气系统</td><td></td><td></td><td></td><td></td></tr>
<tr><td>机械系统</td><td></td><td></td><td></td><td></td></tr>
<tr><td>液压系统</td><td></td><td></td><td></td><td></td></tr>
<tr><td>数控系统</td><td></td><td></td><td></td><td></td></tr>
<tr><td>维修小结</td><td colspan="5"></td></tr>
<tr><td>维修后试车
确认维修结果</td><td colspan="5"></td></tr>
</table>

 任务评价

任务实施完成后，由教师针对学生的综合表现进行考核、点评，并填写任务评价表，形成个人最终成绩。任务评价表见表2—1—2。

表2—1—2 任务评价表

姓名			题目名称	XKA714B/F 数控铣床拉刀故障的诊断与维修		
序号	项目	考核内容及要求	配分	评分标准	扣分内容	评分
1	任务准备	检查工具、资料是否准备齐全	5	工具准备（3分） 资料准备（2分）		
2	故障现象勘察	观察主轴松拉刀状态	5	能明确描述故障现象		
		观察报警信息，查阅相关手册	10	能明确松、拉刀动作的原理		
3	故障诊断	分别从电气、机械及液压回路诊断故障原因	30	正确应用故障的诊断维修流程图（15分） 确定最终方案（15分）		
4	故障处理	对故障部位进行维修	20	工具使用（5分） 思路清晰（10分） 工时控制合理（5分）		
		对维修效果试车进行验证	5	试车（2分） 维修部位恢复（3分）		
5	安全文明生产	应符合国家安全文明生产的有关规定	5	违反安全文明生产有关规定不得分		
6	实操过程记录	填写清晰、准确	5	填写不准确不得分		
7	问题解答	回答清晰、准确（时间在10 min内满分，其余情况酌情扣分）	15	每位同学回答三题（每题5分）		
实际用时：18学时		规定时间内完成	每超时1 h扣5分，超时4 h此项目考核不得分			
指导教师建议					总得分	

任务拓展

任务拓展一：数控铣床拉不紧刀

故障现象：操作工人在 XKA714B/F 数控铣床上进行手动换刀操作时，刀具可以拿下；但装上刀具后，按“主轴紧刀”按钮，拉刀爪半开半闭，拉不紧刀。机床状态提示：处于松刀状态。

故障诊断与维修：除按照上述思路进行诊断分析外，一般还应考虑碟形弹簧的破损程度。

任务拓展二：数控铣床不能松刀

故障现象：操作工人在 XKA714B/F 数控铣床上进行手动换刀操作时，按“松刀”按钮，刀具未被松开。机床状态提示：处于紧刀状态。

故障诊断与维修：松刀与拉刀的根本区别是，拉刀时电磁阀 YV3 是断电的，而松刀时电磁阀 YV3 是通电的；另外，松刀时液压系统压力要比拉刀时大，松刀压力必须达到额定值方能工作。认识到这一区别，再按照上述思路进行诊断分析，不难排除故障。

任务拓展三：加工中心拉不紧刀

故障现象：VMC 型加工中心使用半年后出现主轴拉不紧刀，无任何报警信息。

故障诊断：调整碟形弹簧与拉刀液压缸行程长度，故障依然存在。进一步检查发现拉钉与刀柄夹头的螺纹连接松动，刀柄夹头随着刀具的插拔发生旋转，后退了约 1.5 mm。该机床的拉钉与刀柄夹头间无任何连接防松措施。

故障维修：将主轴拉钉和刀柄夹头的连接用螺纹密封锁固，并用锁紧螺母紧固，重新试车，主轴不再出现拉不紧刀的现象，故障排除。

任务拓展四：加工中心松刀动作缓慢

故障现象：TH5840 立式加工中心换刀时，主轴松刀动作缓慢。

故障诊断：主轴松刀动作缓慢的原因可能是气动系统压力过低或流量不足。首先检查气动系统的压力，压力表显示气压为 0.6 MPa，压力正常；将机床操作转为手动，手动控制主轴松刀，发现系统压力下降明显，气缸的活塞缓缓伸出，故判定为气缸内部漏气。

故障维修：拆下气缸，打开端盖，压出活塞和活塞环，发现密封环破损，气缸内壁拉毛。更换新的气缸或更换密封环后重新试车，主轴不再出现松刀动作缓慢的现象，故障排除。

总之，同样的控制原理在数控机床的各种动作中有很多，如尾座的前进、后退，换刀臂动作，主轴液压控制变挡等。只要掌握了控制回路的电气、机械及液压原理，依据故障现象逐一分析控制回路的各个环节，由简及繁，就不难找出故障点，排除故障。

模块三

主轴驱动系统故障的诊断与维修

任务1　数控车床停车时发出巨大响声

教学导航

教学目标	掌握数控车床停车时发出巨大响声故障的诊断思路及排除方法
知识要点	1. 数控机床对主轴驱动系统的要求 2. 数控机床常用主轴驱动系统 3. FANUC公司常用主轴驱动系统 4. 数控机床主轴驱动系统的常见故障分析点和故障分析方法
技能要点	1. 故障现场的勘察及相关资料的查阅 2. 主轴驱动系统故障的综合诊断 3. 故障的维修与排除
教学准备	1. 设备：由不同原因引起的在停车时发出巨大响声的数控车床若干台 2. 资料：与设备对应的数控系统操作说明书，机床生产厂家提供的机械说明书、电气说明书、维修手册，机床使用单位提供的维修记录单等 3. 工具：机床维修工具箱、万用表等
建议学时	12学时

任务引入

在企业生产切削加工过程中，某台数控车床在停车时发出巨大响声，同时车间总电源跳闸。

试主要从主轴驱动系统方面对故障现象产生的原因进行全面分析，并排除这一故障。

任务分析

数控机床主轴驱动系统包括主轴驱动装置、主轴电动机、主轴位置检测装置、传动机构及主轴，本任务主要介绍主轴驱动装置和主轴电动机的故障诊断与维修。

要排除主轴驱动装置和主轴电动机的故障，首先要了解各大数控机床生产厂家常用的主轴驱动系统的类型、各自的组成和特点，尤其要熟悉FANUC公司常用主轴驱动系统的特点和应用，因为其在机床中的应用非常广泛。在此基础上，还要明确数控机床主轴驱动系统的常见故障分析点和故障分析方法，进而排除故障。

相关知识

一、数控机床对主轴驱动系统的要求

随着科学技术的不断发展，现代数控机床对主轴驱动系统提出了更高的要求。

1. 对主轴驱动的拖动要求

主轴驱动涉及数控机床的G、S、M、T控制功能，故对主轴驱动的拖动提出了以下要求：

◆ 调整范围足够大；

◆ 主轴输出功率大。

2. 对主轴驱动的控制要求

主轴的速度调节是主轴驱动最重要的控制要求，要调节速度必须具有：

◆ 主轴定向准停控制；

◆ 主轴旋转与坐标轴进给的同步控制；

◆ 恒线速度切削控制；

◆ 加/减速控制。

3. 对主轴驱动电动机的要求

为了满足数控机床对主轴驱动的要求，主轴驱动电动机应具备以下功能：

◆ 功率要满足加工要求，恒功率调速范围宽，且在整个调速范围内速度稳定；

◆ 断续负载下电动机转速波动小；

◆ 加/减速时间短；

◆ 过载能力强；

◆ 温升低、噪声小、振动小、可靠性高；

◆ 使用寿命长、易维护、体积小、质量轻。

二、数控机床主轴常用驱动系统

数控机床主轴驱动各部件连接如图3—1—1所示，主轴驱动示意图如图3—1—2所示。

数控机床的主轴驱动系统根据主轴速度控制信号的不同可分为模拟量控制的主轴驱动系统和串行数字控制的主轴驱动系统两类。

模拟量控制的主轴驱动系统采用变频器实现主轴电动机控制，有通用变频器控制通用电动机和专用变频器控制专用变频电动机两种形式。

串行数字控制的主轴驱动系统是数控系统生产厂家用来驱动该厂家专用主轴电动机的驱动装置，不同数控系统其主轴驱动装置各异。

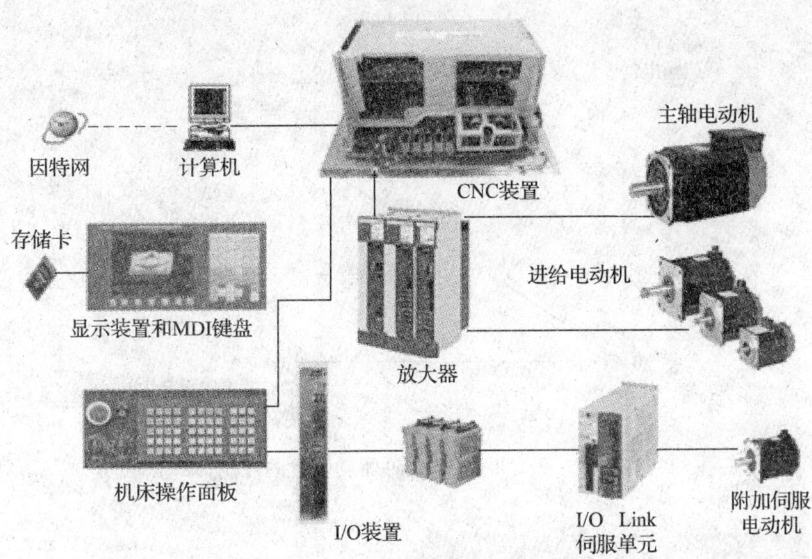

图 3—1—1　数控机床主轴驱动各部件连接

图 3—1—2　数控机床主轴驱动示意图

下面以 FANUC 系统为例，说明数控机床主轴驱动装置的控制形式，如图 3—1—3 所示。CNC 系统把编程的 S 指令值和主轴倍率的乘积转换成 4095 代码（如 FS - OC/OD 系统为 F172.0 ~ F173.3 的 12 位二进制数，FS - 16/18/Oi 系统为 F36.0 ~ F37.3 的 12 位二进制数），与主轴最高转速配合后输出 0 ~ 10 V 模拟量信号或 0 ~ 16383 数值的数字信号。

目前，各大数控机床生产厂家常用的主轴驱动系统一般有以下三种：

1. 主轴变频调速驱动系统

由通用变频器和通用三相异步电动机构成的主轴变频调速驱动系统，这种实现方式结构简单，成本较低，多用于经济型数控机床或普通机床主轴调速改造中。变频器的作用是将 50 Hz 的交流电源整流成直流电源，然后通过 PWM 技术，逆变成频率可变的交流电源，驱动普通三相异步电动机变速旋转。常用主轴变频电动机实物如图 3—1—4 所示。

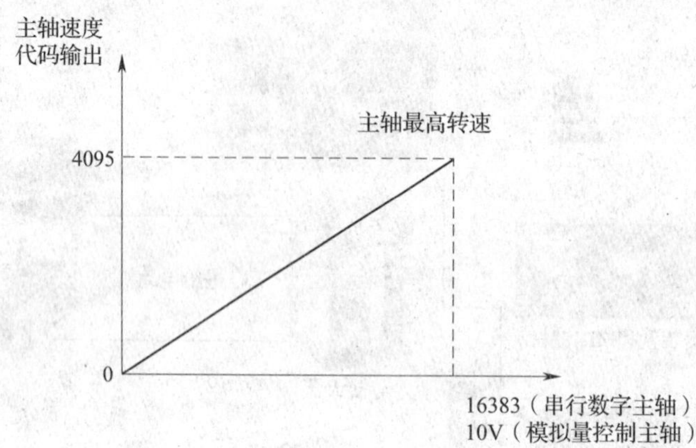

图 3—1—3　FANUC 主轴驱动装置的控制形式

图 3—1—4　数控机床主轴变频电动机

2．直流主轴驱动系统

由直流主轴速度控制单元和他励式直流电动机组成直流主轴驱动系统。直流主轴电动机的结构与永磁式电动机不同，由于要输出较大的功率且要求正反转及停止迅速，所以一般采用他励式。直流主轴电动机的过载能力一般约为额定功率的 1.5 倍，恒转矩调整范围与恒功率调速范围之比约为 1∶2。为了防止直流主轴电动机在工作中过热，常采用轴向强迫风冷却或热管冷却技术。直流主轴速度单元是由速度环和电流环构成的双闭环速度控制系统，用于控制主轴电动机的电枢电压，进行恒转矩调速。控制系统的主回路采用反并联可逆整流电路，功率开关元件大都采用晶闸管元件。如图 3—1—5 所示为上海哲佑 PH100DC 直流主轴伺服驱动器及电动机实物。

3．交流主轴驱动系统

由交流主轴速度控制单元和交流主轴伺服电动机组成交流主轴驱动系统。交流主轴驱动系统又分模拟式和数字式两种，现在交流产品大多是数字式，由微处理器担任的转差频率矢量控制器和晶体管逆变器控制感应电动机速度，速度传感器一般采用脉冲编码器或旋转变压器。如图 3—1—6 所示为数字交流伺服驱动器，图 3—1—7 所示为 FANUC α 系列数字交流驱动器和驱动电动机。

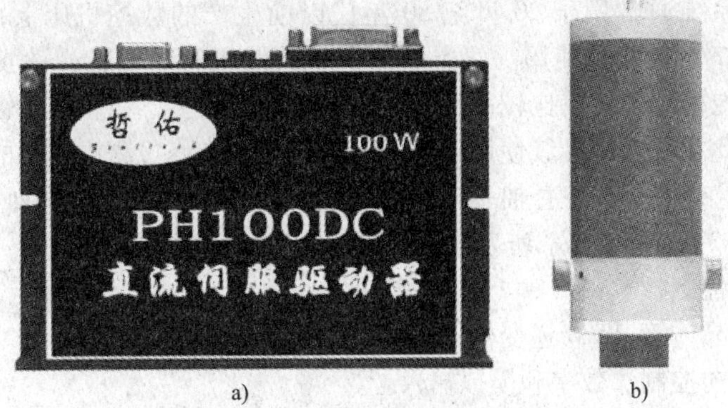

a)　b)

图 3—1—5　数控机床直流主轴伺服驱动器及电动机

图 3—1—6　数控机床数字交流伺服驱动器

图 3—1—7　FANUC　α 系列数字交流驱动器和驱动电动机

交流主轴电动机均采用专门设计的笼型感应电动机，采用定子铁心机座，空气直接冷却，并设有轴向通风孔，改善了冷却条件。与直流电动机类似，交流电动机恒转矩与恒功率调速范围之比约为 1∶3，而过载能力为额定功率的 1.2 ~ 1.5 倍，过载时间从几分钟到半小时不等。

主轴电动机上均装有测速发电机、光电脉冲发生器或脉冲编码器等，作为转速和主轴位置的检测元件。

三、FANUC 公司常用主轴驱动系统

FANUC 公司生产的主轴驱动系统，主要可以分为直流主轴驱动系统与交流主轴驱动系统两大类。

直流主轴驱动系统通常用于20世纪80年代以前生产的数控机床上，多与FANUC 5、FANUC 6、FANUC 7系统配套使用。此类机床由于其使用时间较长，一般都到了故障多发期，但由于当时数控机床的价格比较昂贵，在用户中属于大型、精密、关键设备，保养、维护通常都较好，因此在企业中继续使用的情况比较普遍，维修过程中遇到的也较多。

FANUC公司生产的交流主轴驱动系统，有S、H、P三个系列（1.5～37 kW、1.5～22 kW、3.7～37 kW），S系列为常用产品。其主要特点为：

◆ 采用微处理控制技术；

◆ 主回路采用晶体管PWM逆变器；

◆ 具有主轴定向控制、数字和模拟输入。

FANUC公司常用主轴驱动系统的应用及说明见表3—1—1。

表3—1—1　FANUC公司常用主轴驱动系统

驱动类型	主轴驱动器	主轴电动机	应用	说明
直流主轴驱动系统	直流晶闸管主轴伺服单元	他励式直流电动机	主要配置系统型号为FANUC早期系统，如FANUC 5、FANUC 6、FANUC 7	主回路有12个晶闸管组成正反两组可逆整流回路，200 V三相交流电输入，六路晶闸管全波整流，直流电输出。控制回路的作用是接受系统的速度指令（0～10 V模拟电压）和正反转指令，以及电动机的速度反馈信号，给主回路提供12路触发脉冲，进而控制电动机转速
模拟式交流主轴驱动系统	A06B－6044系列驱动器	A06B－10＊＊（ACModel 1～40）系列交流电动机	主要配套的系统有FANUC 11、FANUC 0、FANUC 6等	驱动器主回路采用PWM控制、大功率晶体管驱动的形式，输出功率范围为1.5～37 kW。驱动器采用了微处理器数字控制技术，带有速度、方向、启停控制信号接口与D/A转换器、实际转速/转矩信号输出、电气主轴定向准停等功能
数字式交流主轴驱动系统	A06－6059系列数字式驱动器	A06B－07＊＊系列交流电动机	主要配套的系列有FANUC 11、FANUC 0、FANUC 15等	产品可分为S系列（标准型）、P系列（广域恒功率调速）、H系列（高速润滑脂）、VH系列（高速油雾润滑）、HV系列（高电压输入）等几个系列，其中，S系列为常用产品
FANUC α/αi系列数字式主轴驱动系统	A06－6078/6072系列驱动器		一般与FANUC 0C、FANUC 15、FANUC 16/18/20等系列数控系统配套使用	α/αi系列产品主要有标准型α/αi系列、广域恒功率输出型αP/αPi系列、经济型αC/αCi系列、高电压输入型α（HV）/α（HV）i系列、高电压输入广域恒功率输出型αP（HV）/αP（HV）i系列、高电压输入中空型αT（HV）/αT（HV）i系列、高电压输入强制冷却型αL（HV）/αL（HV）i系列等，可满足绝大多数数控机床的主轴要求

四、数控机床主轴系统常见故障分析点和分析方法

1. 故障分析点

主轴驱动系统故障应重点检查的项目有：

（1）检查 CRT 或操作面板上显示的报警内容或报警信息。

（2）检查主轴驱动装置上用报警灯或数码管显示的主轴驱动装置的故障。

（3）检查电动机是否正常，能否正常运转。

2. 故障分析方法

在进行数控机床主轴驱动系统的维修时，首先要依据故障现象查阅报警信息，列出各种可能造成故障的原因，并按主次之分拟定切实可行的排除故障方案。其次依据维修部位的原理，对这一部位的原理图进行逐步分析，确定大体故障部位后，才可动手维修。对于不明确的故障，维修者要遵循先机械、后液压、再电气的途径进行维修。当然，要以不出现危险、不加大故障为前提。

任务实施

一、任务准备

设备：由不同原因引起的在停车时发出巨大响声的数控车床若干台。

资料：与设备对应的数控系统操作说明书，机床生产厂家提供的机械说明书、电气说明书、维修手册，机床使用单位提供的维修记录单等。

工具：机床维修工具箱、万用表等。

二、故障勘察

先查看发生故障的机床，了解故障的基本现象。

经过现场咨询了解到该数控车床在停车时发出巨大响声，同时车间总电源跳闸。

再结合相关信息深入了解故障现象。

为深入了解故障现象，进行如下现场勘察：

1. 对供电系统进行检查，跳闸的自动空气断路器所在处，因环境潮湿，开关盒内自动跳闸的连杆机构已腐蚀，另外三相触点中有一相触点只有一小部分能接触。

2. 车间供电变压器容量小，超负荷运行，其正常的相电压只有 340 V。

3. 一只晶闸管已被烧坏，查看驱动电路，B 相触发脉冲幅值小，只有正常触发脉冲幅值的 1/4，进一步查实为 B 相触发电路中的放大管 T3 性能不好所致。

最后，查阅发生故障数控机床的机械及电气说明书，了解其主轴驱动系统的类型及控制原理。

三、故障诊断与维修

晶闸管在整流状态下缺相和在逆变状态下缺相结果是不同的。在整流状态下总是触发电位较高的晶闸管如 SCR1，同时使前一相晶闸管 SCR3 承受反相电压而关断。在 SCR3 的关断

期间以反相阻断状态为主。即使后一个晶闸管不触发，而 SCR3 到一定时刻也会因过零而自动关断。

但如果是在停车降速时，即在逆变的情况下（同样也是触发电位较高的晶闸管导通，并使前一个晶闸管承受反压而关断），晶闸管在关断时将有很长一段时间处于正向阻断状态。这样，若后一个晶闸管不导通，由于电感 L 的放电作用，使该晶闸管再延续导通一个周期而进入正半周，晶闸管将继续导通下去，同时阻碍后面的晶闸管导通。于是，晶闸管输出的正向电压与电动机电势叠加产生很大的电流，这时即产生逆变颠覆，轻则烧坏熔丝，重则烧坏晶闸管。

如果车间的供电系统正常，电压没有大的波动，也许不会烧坏晶闸管。交流电网电压波动大，车间变压器容量小，超负荷运行，再加之 B 相正组触发脉冲幅值小，及车间供电系统的总开关盒损坏等综合原因造成了这次故障的发生。

根据以上故障原因，进行逐一维修，具体步骤如下：

第一步，悬挂“维修中，请勿靠近”警示牌。

第二步，更换车间总电源闸盒和刀开关，保持盒内干燥，平时注意维护。

第三步，更换变压器或增加车间供电变压器容量，保证正常的相电压达到 380 V。

第四步，更换烧坏的晶闸管和 B 相触发电路中的放大管 T3。

维修完成后，重新试车，故障消失。本任务的具体诊断维修流程如图 3—1—8 所示。

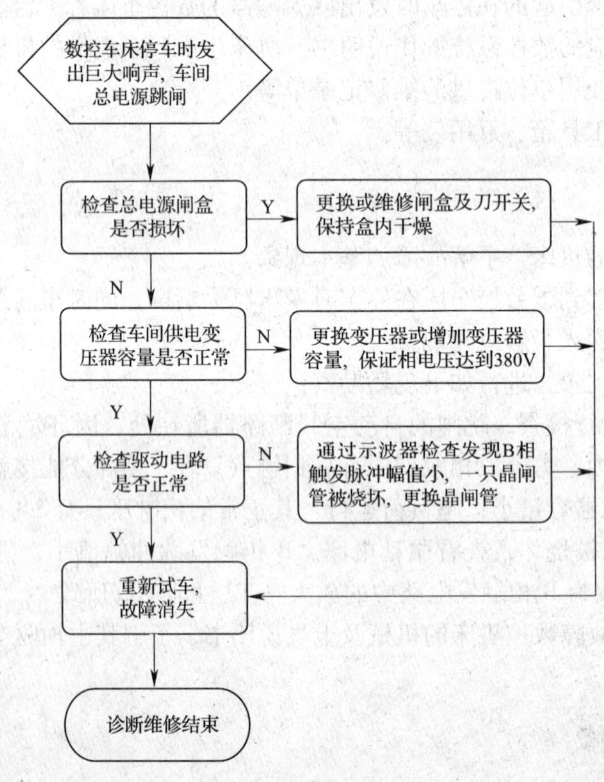

图 3—1—8　数控车床在停车时发出巨大响声的故障诊断维修流程图

四、故障维修记录单填写

故障维修记录单见表 3—1—2。

表 3—1—2　机床故障维修记录单

维修时间			维修人员		
设备名称	数控车床		设备型号		
故障现象					
诊断与维修	诊断系统	是否正常	故障部位	排除方法	维修用零配件
	电气系统				
	机械系统				
	液压系统				
	数控系统				
维修小结					
维修后试车确认维修结果					

任务评价

任务实施完成后，由教师针对学生的综合表现进行考核、点评，并填写任务评价表（见表 3—1—3），形成个人最终成绩。

表 3—1—3　任务评价表

姓名			题目名称	数控车床停车时发出巨大响声故障诊断与维修		
序号	项目	考核内容及要求	配分	评分标准	扣分内容	评分
1	任务准备	检查工具、资料是否准备齐全	5	工具准备（3 分） 资料准备（2 分）		

续表

序号	项目	考核内容及要求	配分	评分标准	扣分内容	评分
2	故障现象勘察	观察主轴故障状态	5	能明确描述故障现象		
		观察报警信息，查阅相关手册	10	能明确主轴驱动原理		
3	故障诊断	分别从不同故障类型诊断故障原因	30	正确应用故障的诊断维修流程图（15 分） 确定最终方案（15 分）		
4	故障处理	对故障部位进行维修	20	工具使用（5 分） 思路清晰（10 分） 工时控制合理（5 分）		
		对维修效果试车进行验证	5	试车（2 分） 维修部位恢复（3 分）		
5	安全文明生产	应符合国家安全文明生产的有关规定	5	违反安全文明生产有关规定不得分		
6	实操过程记录	填写清晰、准确	5	填写不准确不得分		
7	问题解答	回答清晰、准确（时间在 10 min 内满分，其余情况酌情扣分）	15	每位同学回答三题（每题 5 分）		
实际用时：12 学时		规定时间内完成	每超时 1 h 扣 5 分，超时 4 h 此项目考核不得分			
指导教师建议					总得分	

任务拓展

任务拓展一：数控车床主轴受到外界干扰

故障现象：某数控车床主轴在运转过程中出现无规律的振动或转动。

故障诊断：主轴在运转过程中出现无规律的振动或转动的原因一般如下。

- 主轴驱动系统受电磁、供电线路或信号传输干扰的影响；
- 主轴速度指令信号或反馈信号受到干扰；
- 主轴驱动系统误动作。

这三种情况都会使主轴驱动出现随机和无规律性的振动或转动。判别有无干扰的方法有两种：

方法一 当主轴转速指令信号为零时，主轴仍往复转动，调整零速平衡和漂移补偿也不能消除故障。

方法二 当主轴转速指令信号为零时，调整零速平衡电位计或漂移补偿量参数值，观察是否因系统参数变化引起故障。若调整后仍不能消除该故障，则多为外界干扰信号引起主轴伺服系统误动作。

故障维修：按照上述两种方法进行判别，确定为外界干扰引起的故障，因此要逐一排除干扰源。首先在电源进线端加装电源净化装置，然后将动力线和信号线分开，布线要合理，信号线和反馈线要求屏蔽，接地线要可靠。

任务拓展二：加工中心主轴启动后 S 指令无效

故障现象：某加工中心，主轴启动后 S 指令无效，主轴转速仅为 1 ~ 2 r/min，无任何报警。

故障勘察：该加工中心装有 FANUC 11 数控系统，测量主轴驱动板 Vcmd 信号，发现在输入 S 指令时，无论 S 指令如何变化（范围 0 ~ 4 500 r/min），Vcmd 总是为 0。调用机床 PLC 梯形图，发现此时主轴高、低速换挡的标志信号 RGI、RGZ 均为 0。

故障诊断：在数控机床无报警故障的维修中，由于不容易找到故障点，给维修工作带来了一定的困难，这种故障通常是在外部条件没得到满足，系统处于等待状态的情况下发生的。

Vcmd 信号总是为 0 表明：速度控制指令信号没有到达主轴驱动板，没有报警说明执行的条件没有满足，机床还处于等待状态，否则应有报警出现。

至于主轴的低速旋转应该是主轴的零点漂移造成的。

“主轴高、低速换挡的标志信号 RGI、RGZ 均为 0”明显不对，正常情况下应该一个为“0”，一个为“1”。通过手动控制电磁阀强制使机床换到低速挡后，发现机床的低速挡检测开关输入信号正确，PLC 中主轴低速换挡的标志位“RGI =1、RGZ =0”变为正确的状态，条件满足。启动主轴，机床恢复正常。因此，初步判断正是这个原因导致主轴故障。

为了进一步判断机床故障的原因，通过 MDI 方式，执行 M42（换高速挡指令）后，发现虽然“RGI =0、RGZ =1”条件满足，但启动主轴后，主轴驱动板上出现“AL -12”报警（过流报警），无法清除，关机重新启动机床后，“AL -12”报警消除，可主轴仍然无法启动。

再次执行 M41 换低速挡，“RGI =1、RGZ =0”条件也满足，启动主轴，还是出现“AL -12”报警。同时发现主轴箱在换挡的过程中有异常响声，由此判定故障原因在机床的机械或液压部分。

故障维修：吊起主轴电动机，检查主轴箱，发现换挡机构正常，但齿轮边缘有变形现象。经修整后安装好主轴电动机，启动机床，完全恢复正常。此外，通过调整系统 5613 号参数，消除主轴零点漂移。经重新安装后，机床恢复正常。

从上述例子可以看出，数控机床主轴控制系统的无报警故障通常是在外部条件没有得到满足，而系统处于等待状态的情况下发生的。因此，维修时需要在理解控制原理的基础上，利用 PLC 梯形图或诊断号对控制条件和逻辑进行认真的分析和检查。

任务2　数控铣床主轴运转声音沉闷

教学导航

教学目标	掌握数控铣床主轴运转声音沉闷故障的诊断思路及排除方法
知识要点	1. 直流主轴驱动系统的工作原理 2. 直流主轴驱动系统的特点 3. FANUC 直流主轴驱动系统的保护功能 4. FANUC 直流主轴驱动系统常见故障
技能要点	1. 故障现场的勘察及相关资料的查阅 2. 主轴驱动系统故障的综合诊断 3. 故障的维修与排除
教学准备	1. 设备：由不同原因引起的主轴运转声音沉闷故障现象的数控铣床若干台 2. 资料：与设备对应的数控系统操作说明书，机床生产厂家提供的机械说明书、电气说明书、维修手册，机床使用单位提供的维修记录单等 3. 工具：机床维修工具箱、万用表、示波器等
建议学时	18 学时

任务引入

在企业生产切削加工过程中，某台数控铣床的主轴在运转过程中声音沉闷，制动时主轴驱动装置报警。

试主要从主轴驱动系统方面对故障现象产生的原因进行全面分析，并排除这一故障。

任务分析

随着电子工业的飞速发展，各种集成度高、性能先进的主轴驱动装置层出不穷，给数控机床的更新换代提供了有利条件，但无论是改造旧的驱动系统，还是维修新的驱动系统，都将是维修战线上的一项艰巨任务。

在任务 1 中，我们已在了解数控机床常用主轴驱动系统的类型，明确数控机床主轴驱动系统常见故障分析点和故障分析方法的基础上，掌握了数控车床停车时发出巨大响声故障的诊断思路及排除方法。

在本任务中，我们要在任务 1 的基础之上，更加深入地分析直流主轴驱动系统的工作原理、特点，以及 FANUC 直流主轴驱动系统的保护功能及常见故障，进而掌握采用直流主轴驱动系统的数控机床典型故障的诊断思路及排除方法。

相关知识

一、直流主轴驱动系统的工作原理

1. 控制电路

直流主轴驱动控制电路采用电流反馈和速度反馈的双闭环调速系统，内环是电流环，外环是速度环，如图 3—2—1 所示。

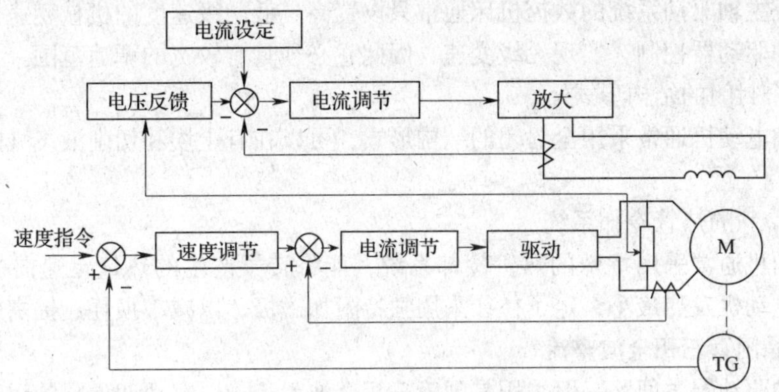

图 3—2—1　直流主轴驱动控制电路

调速特点是速度环的输出是电流环的输入，可以根据速度指令电压和转速反馈电压的差值及时控制电动机的转矩。在速度差值大时，转矩大，速度变化快，转速尽快达到给定值，当转速接近给定值时，转矩自动减小，避免超调。

2．主电路

数控机床直流主轴电动机由于功率较大，且要求正、反转及停止迅速，驱动装置采用三相桥式反并联逻辑无环流可逆变调速系统，如图 3—2—2a 所示，在制动时除了缩短制动时间，还能将主轴旋转的机械能转变成电能送回电网。同时利用逻辑电路，使一组晶闸管工作时另一组的触发脉冲被封锁，切断两组之间流通的电流，如图 3—2—2b 所示。

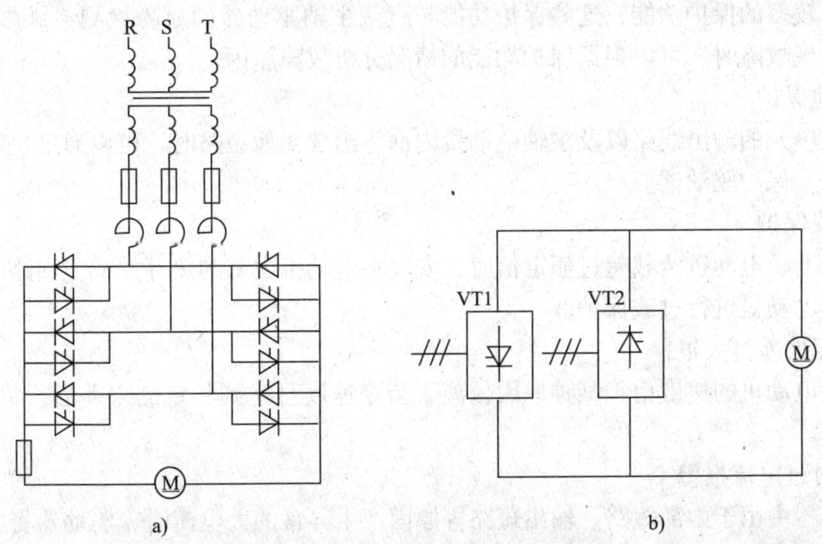

图 3—2—2　直流主轴驱动主电路

二、直流主轴驱动系统的特点

从原理上说，直流主轴驱动系统与通常的直流调速系统无本质的区别，但因为数控机床高速、高效、高精度的要求，决定了直流主轴驱动系统具有以下特点：

◆ 调速范围宽

采用直流主轴驱动系统的数控机床通常只设置高、低两级速度的机械变速机构，电动机的转速由主轴驱动器控制，实现无级变速，因此它必须具有较宽的调速范围。

◆ 采用全封闭的结构形式

直流主轴电动机通常采用全封闭的结构形式，可以在有尘埃和切削液飞溅的工业环境中使用。

◆ 采用特殊的热管冷却系统

主轴电动机通常采用特殊的热管冷却系统，能将转子产生的热量迅速向外界发散。此外，为了使电动机发热最小，定子往往采用独特附加磁极，以减小损耗，提高效率。

◆ 采用晶闸管三相全波整流

直流主轴驱动器主回路一般采用晶闸管三相全波整流，以实现四象限的运行。

◆ 主轴控制性能好

为了便于与数控系统配合，主轴伺服器一般都带有 D/A 转换器、“使能”信号输入、“准备好”输出、速度/转矩显示输出等信号接口。

◆ 具有纯电气主轴定向准停控制功能

由于换刀、精密镗孔、螺纹加工等的需要，数控机床的主轴应具有定向准停控制功能，而且应由电气控制系统自动实现，以进一步缩短定位时间，提高机床效率。

三、FANUC 直流主轴驱动系统的保护功能

为了保证驱动器安全、可靠运行，FANUC 直流主轴伺服系统在出现故障和异常等情况时，设置了较多的保护功能，这些保护功能与直流主轴驱动器的故障检测与维修密切相关。当驱动器出现故障时，可以根据保护功能的情况分析故障原因。

◆ 接地保护

在伺服单元的输出线路以及主轴电动机内部等出现对地短路时，可以通过快速熔断器瞬间切断电源，保护驱动器。

◆ 过载保护

当驱动器、电动机负载超过额定值时，安装在电动机内部的热开关或主回路的热继电器将动作，对电动机进行过载保护。

◆ 速度偏差过大报警

当主轴电动机的速度由于某种原因偏离了指令速度且达到一定的误差后，将产生警报，并进行保护。

◆ 瞬时过电流报警

当驱动器中由于内部短路、输出短路等原因产生异常的大电流时，驱动器将发出报警并进行保护。

◆ 速度检测回路断线或短路报警

当测速发电机出现信号断线或短路时，驱动器将产生报警并进行保护。

◆ 速度超过报警

当检测出的主轴电动机转速超过额定值的115%时，驱动器将发出报警并进行保护。

◆ 励磁监控

如果主轴电动机励磁电流过低或无励磁电流，为防止飞车，驱动器将发出报警并进行保护。

◆ 短路保护

当主回路发生短路时，驱动器可以通过相应的快速熔断器进行短路保护。

◆ 相序报警

当三相输入电源相序不正确或缺相时，驱动器将发出报警。

四、FANUC直流主轴驱动系统常见故障

FANUC直流主轴驱动系统常见故障现象有：主轴电动机不转、转速异常或转速不稳定、振动或噪声太大、发生过电流报警、速度偏差过大、熔断器熔丝熔断、电动机过热、过电压吸收器烧坏、运转停止、速度达不到最高转速、主轴在加/减速时工作不正常、电动机电刷磨损严重或电刷面上有划痕等。

FANUC直流主轴驱动系统的常见故障现象及原因诊断见表3—2—1。

表3—2—1 FANUC直流主轴驱动系统常见故障现象及原因诊断

序号	故障现象	原因诊断
1	主轴电动机不转	印制电路板不良或表面太脏
		触发脉冲电路故障，晶闸管无触发脉冲产生
		主轴电动机动力线断线或电动机与主轴驱动器连接不良
		机械连接脱落，如高/低挡齿轮切换用的离合器啮合不良
		机床负载太大
		控制信号不满足主轴旋转的条件，如转向信号未输入
2	电动机转速异常	D/A转换器故障
		测速发电机断线或测速发电机不良
		速度指令电压不良
		电动机不良，如励磁丧失等
		电动机负荷过重
		驱动器不良
3	主轴电动机振动或噪声太大	电源缺相或电源电压不正常
		驱动器上的电源开关设定错误，如50/60 Hz切换开关设定错误等
		驱动器上的增益调整电路或颤动调整电路调整不当
		电流反馈回路调整不当
		三相电源相序不正确
		电动机轴承存在故障
		主轴齿轮啮合不良或主轴负载太大

续表

序号	故障现象	原因诊断
4	发生过电流报警	机械传动系统故障
		驱动器电流极限设定错误
		触发电路的同步触发脉冲不正确
		主轴电动机的电枢线圈内部存在局部短路
		驱动器的 +15 V 控制电源存在故障
5	速度偏差过大	机床切削负荷太重
		速度调节器或测速反馈回路的设定调节不当
		主轴负载过大、机械传动系统不良或制动器未松开
		电流调节器或电流反馈回路的设定调节不当
6	熔断器熔丝熔断	驱动器控制印制电路板不良（此时驱动器的报警指示灯 LED1 亮）
		电动机不良，如电枢线短路、电枢绕组短路、电枢线对地短路等
		测速发电机不良（此时，通常驱动器的报警指示灯 LED1 亮）
		输入电源相序不正确（此时，通常驱动器的报警指示灯 LED3 亮）
		输入电源存在缺相
7	热继电器保护	这时驱动器的 LED4 灯亮，表示电动机存在过载
8	电动机过热	这时驱动器的 LED4 灯亮，表示电动机连续过载，导致电动机温升超出正常范围
9	过电压吸收器烧坏	通常情况下，它是由外加电压过高或瞬间电网电压干扰引起的
10	运转停止	这时驱动器的 LED5 灯亮，可能的原因有电源电压太低、控制电源存在故障等
11	LED2 灯亮	驱动器的 LED2 灯亮，表示主电动机励磁丧失，可能的原因是励磁断线、励磁回路不良等
12	速度达不到最高转速	电动机励磁电流调整过大
		励磁控制回路存在不良
		晶闸管整流部分太脏，造成直流母线电压过低或绝缘性能降低
13	主轴在加/减速时工作不正常	电动机加/减速电流极限设定、调整不当
		电流反馈回路设定、调整不当
		加/减速回路时间常数设定不当或电动机/负载间的惯量不匹配
		机械传动系统不良
14	电动机电刷磨损严重或电刷面有划痕	主轴电动机连续长时间过载工作
		主轴电动机换向器表面太脏或有划痕
		电刷上有切削液进入
		驱动器控制回路的设定、调整不当

任务实施

一、任务准备

设备：由不同原因引起的主轴运转声音沉闷故障现象的数控铣床若干台。

资料：与设备对应的数控系统操作说明书，机床生产厂家提供的机械说明书、电气说明书、维修手册，机床使用单位提供的维修记录单等。

工具：机床维修工具箱、万用表、示波器等。

二、故障勘察

先查看发生故障的机床，了解故障的基本现象。

经过现场咨询，了解到该数控铣床主轴在运转过程中声音沉闷，当主轴制动时主轴驱动装置报警。

再结合相关信息，深入了解故障现象。

经过现场勘察，进一步了解到：该数控铣床采用 FANUC 15 型直流主轴驱动，CRT 显示“FEED HOLD”，主轴驱动装置的“过电流”报警指示灯亮。

最后，查阅发生故障数控机床的机械及电气说明书，了解其主轴驱动系统的类型及控制原理。

三、故障诊断与维修

查表 3—2—1 可知，发生过电流报警的原因有：

- 机械传动系统故障；
- 主轴电动机的电枢线圈内部存在局部短路；
- 驱动器的 +15 V 控制电源存在故障；
- 驱动器电流极限设定错误；
- 触发电路的同步触发脉冲不正确。

为了判别主轴过电流报警产生的原因，按照以下步骤进行仔细检查。

第一步，脱开主轴电动机与主轴间的连接，检查机械传动系统未发现异常，排除了机械系统的原因。

第二步，检查并测量主轴电动机的绕组、对地电阻及电动机的连接情况，在对换向器及电刷进行检查时，发现部分电刷已达到使用极限，换向器表面有严重的烧熔痕迹。针对这个问题，首先更换了同型号的电刷，并拆开电动机，对换向器的表面进行修磨处理，完成了对电动机的维修。重新安装电动机后试车，当时故障消失，但在第二天开机时，又再次出现上述故障，并且在机床通电约 30 min 之后，故障自动消失。

第三步，由于排除了机械传动系统、主轴电动机、连接方面的原因，故而根据以上现象可以判定故障原因在主轴驱动器上。对照直流主轴驱动系统控制电路图（见图 3—2—1），重点针对电流反馈环节的有关线路进行分析检查；重新焊接电路板中有可能虚焊的部位，对全部接插件表面进行处理，但故障现象仍然存在。

第四步，由于维修现场无驱动器备件，不可能对驱动器的电路板进行互换处理，为了确定故障的大致部位，针对机床通电约 30 min 后故障可以自动消失这一特点，维修时采用局部升温的方法。在距电路板 8 ~ 10 cm 处对电路板的每一部分进行局部升温，结果发现当对触发线路升温后，主轴运转可以马上恢复正常。由此分析故障部位在驱动器的触发线路上。

第五步，通过示波器观察触发部分线路的输出波形，发现其中一集成电路在常温下无触发脉冲产生，引起整流回路 U 相 4 只晶闸管（正组与反组各 2 只）的触发脉冲消失，更换此集成电路芯片后故障排除。

第六步，进一步分析故障原因，在主轴驱动器工作时，三相全控桥式整流主回路中有一相无触发脉冲，导致直流母线整流电压波形脉动变大，谐波分量提高，导致电动机换向困难，电动机运行声音沉闷。当主轴制动时，由于驱动器采用的是回馈制动，控制线路首先要关断正组的触发脉冲，并触发反组的晶闸管，使其逆变。逆变时同样由于缺一相触发脉冲，使能量不能及时回馈电网，因此电动机产生过流，驱动器产生过电流报警，保护电路动作。

本任务的具体诊断维修流程如图 3—2—3 所示。

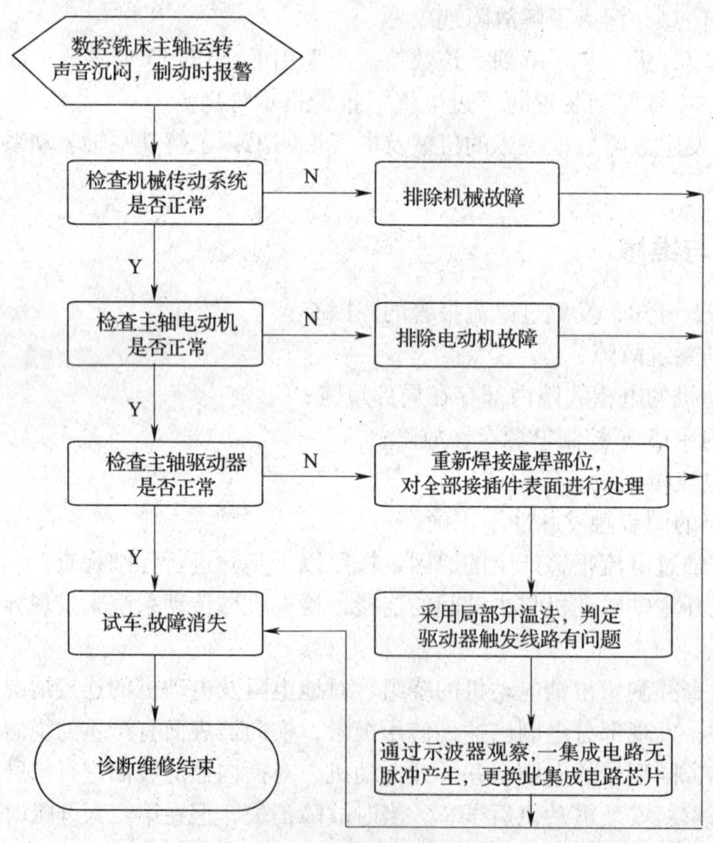

图 3—2—3　数控铣床主轴运转声音沉闷故障诊断维修流程图

四、故障维修记录单填写

故障维修记录单见表 3—2—2。

表 3—2—2　　数控机床故障维修记录单

维修时间			维修人员		
设备名称	数控铣床		设备型号		
故障现象					
诊断与维修	诊断系统	是否正常	故障部位	排除方法	维修用零配件
	电气系统				
	机械系统				
	液压系统				
	数控系统				
维修小结					
维修后试车确认维修结果					

任务评价

任务实施完成后，由教师针对学生的综合表现进行考核、点评，并填写任务评价表（见表 3—2—3），形成最终成绩。

表 3—2—3　　任务评价表

姓名			题目名称	数控铣床主轴运转声音沉闷故障诊断与维修		
序号	项目	考核内容及要求	配分	评分标准	扣分内容	评分
1	任务准备	检查工具、资料是否准备齐全	5	工具准备（3 分） 资料准备（2 分）		
2	故障现象勘察	观察主轴故障状态	5	能明确描述故障现象		
		观察报警信息，查阅相关手册	10	能明确主轴驱动原理		

续表

序号	项目	考核内容及要求	配分	评分标准	扣分内容	评分
3	故障诊断	分别从不同故障类型诊断故障原因	30	正确应用故障的诊断维修流程图（15 分） 确定最终方案（15 分）		
4	故障处理	对故障部位进行维修	20	工具使用（5 分） 思路清晰（10 分） 工时控制合理（5 分）		
		对维修效果试车进行验证	5	试车（2 分） 维修部位恢复（3 分）		
5	安全文明生产	应符合国家安全文明生产的有关规定	5	违反安全文明生产有关规定不得分		
6	实操过程记录	填写清晰、准确	5	填写不准确不得分		
7	问题解答	回答清晰、准确（时间在 10 min 内满分，其余情况酌情扣分）	15	每位同学回答三题（每题 5 分）		
实际用时：18 学时		规定时间内完成	每超时 1 h 扣 5 分，超时 4 h 此项目考核不得分			
指导教师建议					总得分	

任务拓展

任务拓展：加工中心主轴抖动、主轴箱噪声增大

故障现象：某加工中心主轴在运转时抖动，主轴箱噪声增大，影响加工质量。

故障诊断：对于主轴噪声，应首先区别异常噪声及振动是发生在机械部分还是电气驱动部分。若在减速过程中发生，一般是驱动装置再生回路有故障；主轴电动机在自由停车过程中若存在噪声和振动，则多为主轴机械部分故障；若振动周期与转速有关，应检查主轴机械部分及测速装置，若无关一般是主轴驱动装置参数未调整好。

针对该故障应首先检查主轴电动机部分，经检查，主轴箱和直流主轴电动机正常。然后检查主轴电动机的控制系统，测得的速度指令信号正常，而速度反馈信号出现不应有的脉冲信号，问题出在速度检测元件上，经检查，测速发电机电刷完好，但换向器因电刷粉堵塞而造成一绕组断路，使测得的反馈信号出现规律性的脉冲，导致速度调节系统调节不平稳，使驱动系统输出的电流忽大忽小，从而造成电动机轴抖动。

故障维修：用酒精清洗换向器，彻底清除电刷粉，即可排除故障。

任务3　加工中心主轴突然停止

教学导航

教学目标	掌握加工中心主轴突然停止故障的诊断思路及排除方法
知识要点	1. 交流主轴驱动系统的工作原理 2. 交流主轴驱动系统的特点 3. 交流主轴驱动系统的种类 4. FANUC 模拟式交流主轴驱动系统常见故障的诊断分析 5. FANUC S 系列数字式交流主轴驱动系统常见故障的诊断分析 6. FANUC α/αi 系列交流主轴驱动系统常见故障的诊断分析
技能要点	1. 故障现场的勘察及相关资料的查阅 2. 主轴驱动系统故障的综合诊断 3. 故障的维修与排除
教学准备	1. 设备：由不同原因引起主轴突然停止故障现象的加工中心若干台 2. 资料：与设备对应的数控系统操作说明书，机床生产厂家提供的机械说明书、电气说明书、维修手册，机床使用单位提供的维修记录单等 3. 工具：机床维修工具箱、万用表等
建议学时	0.4 周（12 学时）

任务引入

在企业生产切削加工过程中，某台卧式加工中心在加工过程中主轴运行突然停止。

试主要从主轴驱动系统方面对故障现象产生的原因进行全面分析，并排除这一故障。

任务分析

在任务 2 中，我们已在深入分析直流主轴驱动系统的工作原理、特点、FANUC 直流主轴驱动系统的保护功能及常见故障的基础上，掌握了采用直流主轴驱动系统的数控机床典型故障的诊断思路及排除方法。

本任务要在深入分析交流主轴驱动系统的工作原理、特点、种类、FANUC 模拟式交流主轴驱动系统常见故障、FANUC S 系列数字式交流主轴驱动系统常见故障、FANUC α/αi 系列交流主轴驱动系统常见故障的基础上，进一步掌握采用交流主轴驱动系统的数控机床典型故障的诊断思路及排除方法。

相关知识

一、交流主轴驱动系统的工作原理

交流主轴驱动系统的原理如图 3—3—1 所示。其工作过程如下：

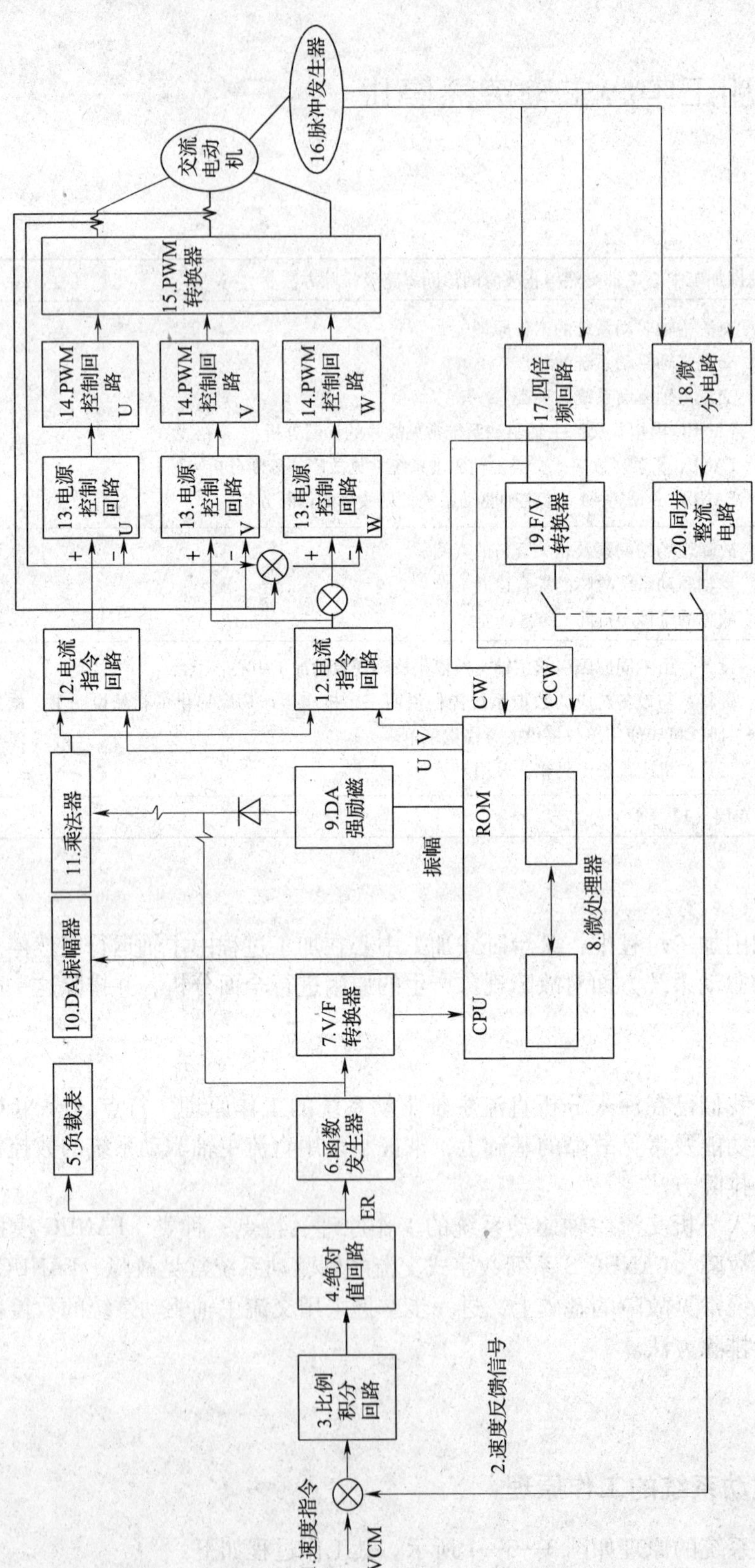

图3—3—1　交流主轴驱动系统原理图

由 CNC 来的速度指令 1 在比较器中与速度反馈信号 2 比较后产生转速误差信号，这一转速误差信号经比例积分回路 3 放大后，作为转矩给定指令电压输出。

转矩给定指令经绝对值回路 4 将转矩给定指令电压转化为单极性信号。然后经函数发生器 6、V/F 转换器 7，转换为转矩给定脉冲信号。转矩给定脉冲信号在微处理器 8 中与四倍频回路 17 输出的速度反馈脉冲进行运算。同时，预先存储在微处理器 ROM 中的信息给出幅值和相位信号，分别送到 DA 振幅器 10 和 DA 强励磁 9。

DA 振幅器用于产生与转矩指令相对应的电动机定子电流的幅值，而 DA 励磁强化回路用于控制增加定子电流的幅值。两者输出经乘法器 11 处理后，形成定子电流的幅值给定。

另一方面，从微处理器输出的 U、V 相位信号 $\sin\theta$ 和 $\sin(\theta-120°)$ 分别送到 U 相和 V 相的电流指令回路 12，并在电流指令回路中与幅值给定相乘后产生 U 相和 V 相的电流给定指令。

电流给定指令与电流反馈信号比较之后的误差，经放大送到 PWM 控制回路 14，变成固定频率的脉宽调制信号，其中，W 相信号由 I_u、I_v 两信号合成产生。

上述脉宽调制信号经 PWM 转换器 15，最终控制电动机的三相电流。

作为检测器件的脉冲编码器产生每转固定的脉冲。这一脉冲经四倍频回路 17 进行倍频后，经 F/V 转换器 19 转换为电压信号，提供速度反馈电压。

由于低速时 F/V 转换器的线性度较差，速度反馈信号一般还需要在微分电路 18 和同步整流电路 20 中作相应的处理。

交流主轴驱动中采用的主轴定向准停控制方式与直流驱动系统相同。

二、交流主轴驱动系统的特点

交流主轴驱动系统有模拟式和数字式两种形式，交流主轴驱动系统与直流主轴驱动系统相比，具有如下特点：

◆ 运行平稳、振动和噪声小

由于驱动系统必须采用微处理器和现代控制理论进行控制，因此其运行平稳，振动和噪声小。

◆ 具有再生制动功能

交流主轴驱动系统一般都具有再生制动功能，在制动时，既可将电动机能量反馈回电网，起节能的效果，又可以加快制动速度。

◆ 转速控制精度提高

特别是对于全数字式主轴驱动系统，驱动器可直接使用 CNC 的数字量输出信号进行控制，不需要经过 D/A 转换，转速控制精度得以提高。

◆ 可采用参数设定方法对系统进行静态调整与动态优化

与数字式交流伺服驱动一样，在数字式主轴驱动系统中，还可采用参数设定方法对系统进行静态调整与动态优化，系统设定灵活、调整准确。

◆ 主轴电动机通常不需要进行维修

由于交流主轴电动机无换向器，主轴电动机通常不需要维修。

◆ 最高转速更高

主轴电动机转速的提高不受换向器的限制，最高转速通常比直流主轴电动机更高，可达到每分钟数万转。

三、交流主轴驱动系统的种类

在交流主轴驱动系统方面，FANUC 公司作为全世界最早开发交流主轴驱动系统的厂家之一，自 1980 年成功开发交流主轴系统以来，已经生产了多个系列的交流主轴驱动系统产品。数控机床中的常见产品主要有以下几种：

1. 模拟式交流主轴驱动系统

A06B－10**（AC Model 1～40）系列交流主轴电动机与 A06B－6044 系列交流主轴驱动器配套组成的模拟式交流主轴驱动系统系列产品。该系列主轴驱动系统为 FANUC 公司 20 世纪 80 年代初期的常用产品，主要配套的系统有 FANUC 11、FANUC 0、FANUC 6 等。

该系列产品驱动器主回路采用 PWM 控制、大功率晶体管驱动的形式，输出功率范围为 1.5～37 kW。驱动器采用了微处理器数字控制技术，带有速度、方向、启停控制信号接口与 D/A 转换器、实际转速/转矩信号输出、电气主轴定向准停等功能。驱动器具有良好的响应特性，在整个速度范围内工作平稳，振动和噪声较小，其中 5.5 kW 以上的驱动器采用了回馈制动技术，可有效节能。

主轴电动机采用全封闭的结构形式，硅钢片采用直接空气冷却方式，结构紧凑，可以在浮尘、切削液飞溅的场合安全、可靠地工作。

2. 数字式交流主轴驱动系统

A06B－07**系列交流主轴电动机与 A06－6059 系列数字式交流主轴驱动器配套组成的数字式交流主轴驱动系统系列产品。该系列主轴驱动系统为 FANUC 公司 20 世纪 80 年代中期开发的交流主轴改进型产品，主要配套的系统有 FANUC 11、FANUC 0、FANUC 15 等。该系列产品可分为 S 系列（标准型）、P 系列（广域恒功率调速）、H 系列（高速润滑脂）、VH 系列（高速油雾润滑）、HV 系列（高电压输入）等几个系列。其中 S 系列为常用产品，在数控机床上使用最广。

该系列产品主电动机采用电磁芯定子直冷的冷却形式，与早期的主轴驱动系统相比，提高了输出功率与转速，减小了系统的体积与重量；驱动器采用更先进的控制技术和电子元器件，进一步提高了系统的性能。驱动系统功能强、可靠性好，在数控机床上得到了广泛应用，是数控机床中常见的主轴驱动系统之一。

3. FANUC α/αi 系列主轴驱动系统

FANUC α/αi 系列主轴驱动系统是 FANUC 公司的最新产品，其中 αi 系列主轴驱动系统为 21 世纪初开发的最新数控机床主轴驱动系统系列产品，是 α 系列的改进型。FANUC α/αi 系列数字式主轴驱动系统（驱动器型号为 A06－6078/6072 系列）一般与 FANUC 0C、FANUC 15、FANUC 16/18/20 等系列数控系统配套使用。

α/αi 系列产品主要有标准型 α/αi 系列、广域恒功率输出型 αP/αPi 系列、经济型 αC/αCi 系列、中空型 αT/αTi 系列、强制冷却型 αL/αLi 系列、高电压输入型 α（HV）/α（HV）i 系列、高电压输入广域恒功率输出型 αP（HV）/αP（HV）i 系列、高电压输入中空型 αT（HV）/αT（HV）i 系列、高电压输入强制冷却型 αL（HV）/αL（HV）i 系列等。

其中αLi 系列最高输出转速为20 000 r/min，α（HV）i 系列最大额定输出功率可达100 kW，可满足绝大多数数控机床的主轴要求。

该系列产品的主要特点如下：

（1）通过绕组转换功能，进一步加大了高速输出范围，缩短了加/减速时间，对于αPi 系列，其恒功率输出范围比α系列扩大了1.5倍。

（2）采用最新的定子直接冷却方式，进一步减小了电动机外形尺寸，提高了输出功率和转矩。

（3）通过采用精密的铝合金转子并进行严格的动平衡，使电动机在高速时振动级达到了V3级。

（4）可以选择不同的排风方向，尽可能减小机床热变形，同时通过最优的冷却通道设计，进一步改善了冷却性能。

（5）根据不同的使用要求，主电动机可以选用两种不同类型的内装式位置/速度测量装置。即具有A/B两相输出的Mi型编码器与具有A/B两相输出及零脉冲输出的Mzi型编码器，以满足不同用户的使用要求。

四、FANUC 模拟式交流主轴驱动系统常见故障诊断分析

FANUC 模拟式交流主轴驱动系统的维修工作量相对于直流驱动要小得多，通常可以通过驱动器上的指示灯状态进行故障诊断分析，以判断故障原因。

1. 电源指示灯PIL不亮的故障诊断

A06B－10＊＊（AC Model 1～40）系列交流主轴电动机与A06B－6044系列交流主轴驱动器配套组成的模拟式交流主轴驱动系统系列产品，在主轴驱动器（A06B－6044）上设有1只发光二极管PIL（绿），用于指示驱动器电源。这一指示灯在正常工作状态下应一直保持“亮”的状态，若驱动器上的电源指示灯PIL不亮，其原因主要有以下几种：

◆ 驱动器无电源输入。应检查驱动器电源输入端R、S、T的电压偏差是否在额定电压的－15%～＋10%范围。

◆ 驱动器电源输入熔断器中，有部分存在熔断。

◆ 驱动器的控制板上有熔断器熔断。

◆ 驱动器的连接器存在连接不良。

◆ 驱动器控制板不良。

2. 运行过程中出现噪声和振动的故障诊断

若主轴电动机在加/减速过程中出现不正常的噪声与振动，则应进行如下检查。

第一步，检查再生回路的F5、F6熔断器是否熔断，晶体管模块TM7和TM8的C－E极之间是否短路。

第二步，确认反馈回路电压TSA（CH20端）和ER（CH28端）信号是否有异常，如有异常进行第四步检查，否则执行第三步。

第三步，在电动机旋转过程中立即拔下CN2插头，并观察电动机是否有异常噪声。如有，则说明机床机械部分存在故障，否则说明主轴驱动单元控制部分不良。

第四步，检查振动周期是否与速度有关，如无关则应进行第五步检查，如有关，则可能

的原因有：

◆ 主轴电动机与主轴之间的齿轮传动比不合适。

◆ 主轴电动机的脉冲编码器不良。

◆ 主轴电动机不良。

◆ 主轴机械传动系统不良。

第五步，确认脉冲编码器反馈测量端（CH7）的波形占空比是否为1∶1，如是，则可能是控制板不良或机械有故障；否则可能是电位器RV18、RV19调整不当或脉冲编码器故障。

3．电动机不转或旋转异常的故障诊断

当出现主电动机不转或旋转异常的现象时，应根据以下步骤进行分析检查。

第一步，如果有报警指示灯亮，则按报警号作相应的处理。

第二步，检查CH1端的VCMD指令是否正常，如果正常，则执行第三步；如果不正常，则应检查CNC的速度给定S模拟量输出。若CNC的S模拟量输出正常，则可能是驱动器的S模拟量接收回路不良；若CNC无S模拟量输出，则应检查CNC及CNC与驱动器的连接。

第三步，确认是否有定向准停信号存在。如无，则执行第四步；如有，则取消定向准停信号。

第四步，在测量端CH13检查VCMD指令是否正确，如正确，则可能是速度调节器控制回路不良或伺服驱动器故障，如不正确，则可能的原因有：

◆ 无正、反转指令信号（SFR、SRV）输入。

◆ 驱动器设定端S2设定不正确。

◆ 速度调节器调整不良。

◆ 主轴定向准停控制用的磁传感器安装不良。

4．根据驱动器报警显示的故障诊断

FANUC模拟式交流主轴驱动器（A06B－6044）上有4只发光二极管，专门用于显示驱动器报警，它们从右至左分别代表16进制的1、2、4、8，根据以上4只发光二极管的显示，可以组成相应的报警号，报警号对应的内容与引起报警的原因见表3—3—1。

表3—3—1　　FANUC模拟式交流主轴驱动器报警诊断表

序号	LED显示	报警内容	诊断原因
1	0001	主轴电动机过热	电动机过载
			电动机的冷却系统不良
			风扇断线或通风不良
			电动机温度检测开关不良
2	0010	电动机速度偏离指令值	负载过大
			转矩极限设定太小
			功率晶体管损坏
			再生放电回路中熔断器熔断
			速度反馈信号不正确
			驱动器连接电缆断线或接触不良

续表

序号	LED 显示	报警内容	诊断原因
3	0011	直流母线短路	逆变大功率晶体管模块损坏
			直流母线电容器不良
			再生放电回路不良
			直流母线局部短路或对地短路或熔断器熔断
4	0100	主回路交流输入电压过低或缺相	交流电源侧的输入阻抗太高
			逆变晶体管模块不良
			整流二极管模块或晶闸管模块损坏
			交流电压输入端的浪涌吸收器、电容损坏
			驱动器控制板不良
			驱动器的交流输入熔断器熔断
			外部交流输入熔断器熔断
5	0101	驱动器控制板上的熔断器熔断	驱动器控制板上的 AF2 熔断
			驱动器控制板上的 AF3 熔断
			驱动器控制电源回路不良
			驱动器控制板有故障
6	0110	电动机超过最高转速（模拟测量系统）	驱动器设定不正确
			驱动器调整不良
			存储器的 ROM 版本不正确
			驱动器控制板不良
			主电动机编码器不良或连接错误
7	0111	电动机超过最高转速（数字测量系统）	驱动器设定不正确
			驱动器调整不良
			存储器的 ROM 版本不正确
			驱动器控制板不良
			主电动机编码器不良或连接错误
8	1000	+24 V 电压太高	输入交流电压太高（超过额定值 10% 以上）
			驱动器电源电压转换开关设定错误
			主轴变压器连接错误
9	1001	大功率晶体管模块过热	主轴驱动器连续过载
			驱动器冷却风扇不良
			驱动器灰尘太多，导致散热不良
			环境温度过高
10	1010	+15 V 电压太低	交流输入电压太低
			+15 V 辅助电源回路故障
			主轴变压器连接错误

续表

序号	LED 显示	报警内容	诊断原因
11	1011	直流母线电压太高	直流母线可能存在短路
			交流电源的输入阻抗太高
			驱动器故障
12	1100	直流母线过电流	电动机绕组局部短路
			电动机电枢接线存在短路
			逆变晶体管模块损坏
			驱动器控制板不良
13	1101	驱动器的 CPU 不良	驱动器控制板不良
			驱动器接地连接不良
14	1110	驱动器上的 ROM 不良	ROM 安装位置、版本错误
			ROM 片插接不良
			ROM 不良
15	1111	附加选择板报警	附加选择板的连接不良
			附加选择板不良

五、FANUC S 系列数字式交流主轴驱动系统常见故障诊断分析

FANUC S 系列数字式主轴驱动系统（驱动器型号为 A06－6059 系列）一般与 FANUC 0、FANUC 11、FANUC 15 等系列数控系统配套使用，是数控机床维修中最常见的型号之一，维修过程中常用的检查与故障诊断分析如下：

1. FANUC S 系列数字式主轴驱动系统内部电源电压的检查

在 A06－6059 系列数字式交流主轴驱动器主控制板上设有内部电压测量检测端，在正常工作时，驱动器的电源电压检测端的电压值如下：

（1） +24 V 检测端与 0 V 检测端之间为 +23（1 ±4%）V。

（2） +15 V 检测端与 0 V 检测端之间为 +15（1 ±4%）V。

（3） +5 V 检测端与 0 V 检测端之间为 +5（1 ±2%）V。

（4） －15 V 检测端与 0 V 检测端之间为 －15（1 ±4%）V。

2. 电源指示灯 PIL 不亮的故障诊断

FANUC S 系列交流主轴驱动系统驱动器上电源指示灯 PIL 不亮的原因主要有以下几种：

（1）驱动器无电源输入。应检查驱动器电源输入端 R、S、T 的电压偏差是否在额定电压的 －15% ~ +10% 范围。

（2）驱动器主回路电源输入熔断器 FUR、FUS、FUT 熔断。

（3）驱动器控制板上的熔断器熔断。

（4）驱动器的连接器连接不良。

（5）驱动器控制板不良。

3. 电动机不转或转速不正常的故障诊断

当启动主轴驱动系统后，若出现主电动机不转或转速不正常的故障，其可能的原因如下：

（1）主电动机电枢线连接不良或相序不正确。若在主电动机不转的同时驱动器显示AL－02报警，则表明指令电压已加入驱动器，但实际电动机转速与给定值不符。在一般情况下，应重点检查驱动器与主电动机的电枢线连接相序。若驱动器不显示 AL－02 报警，应重点检查驱动器指令电压输入。

（2）速度反馈信号不良。应对照 FANUC 交流主轴驱动系统的连接图，逐一检查主电动机编码器的连接，并测量 PA/PB、PAP/PBP 的波形。

（3）参数设定不当。应重点检查驱动器参数 F01、F02 的设置。

（4）ROM 不良或版本错误。

4．运行时振荡或有噪声的故障诊断

引起主电动机运行过程中出现不正常振荡、噪声的原因有：

（1）电动机不良，如电枢绕组对地短路或局部短路。

（2）测量反馈信号不良。对照 FANUC 交流主轴驱动系统的连接图，逐一检查主电动机编码器的连接，并测量 PA/PB、PAP/PBP 的波形。

（3）驱动器控制板不良。

5．电动机制动时有不正常噪声的故障诊断

对于6S～26S 主轴驱动系统，由于采用了再生制动方式，使能量回馈至电网，当制动能量过大时，再生制动电路为了限制制动极限电流，需要改变电动机的电流波形，从而产生不正常的噪声。减小驱动器参数 F20，降低再生制动功率极限，可以减轻或消除电动机制动时的噪声。

6．转速超调或出现振荡的故障诊断

当电动机在运转时出现超调或振荡时，可能的原因如下：

（1）超调。速度环比例增益设定不当，应增大参数 F21、F22 的设定值。

（2）振荡。速度环比例增益设定不当，应减小参数 F21、F22 的设定值。

7．切削功率下降的故障诊断

引起主轴电动机切削功率下降可能的原因如下：

（1）ROM 版本不匹配。

（2）转矩极限设定不当或外部转矩极限指令生效。

8．主轴定向准停定位不准的故障诊断

引起主轴定向准停定位不准可能的原因如下：

（1）主轴定向准停单元的设定与调整不当。

（2）主轴定向准停控制板不良。

（3）主轴驱动器控制板不良。

（4）主轴位置编码器或磁感应检测开关不良。

9．加/减速时间太长的故障诊断

引起主轴加/减速时间太长可能的原因如下：

（1）转矩极限设定不当或外部转矩极限指令生效。

（2）转矩极限信号输入接收电路不良。

（3）驱动器控制板调整不当。

（4）加/减速时间参数 F19 设定不当。

10．根据驱动器报警显示的故障诊断

在 A06B－6059 系列数字式主轴驱动器上，安装有 6 只 7 段数码管显示器，当驱动器发生故障时，在通常情况下，可以在显示器上显示出报警号“AL－××”。根据不同的报警显示，维修人员可以方便地找出驱动器出错的原因，从而初步确定故障部位。A06B－6059 系列数字式主轴驱动器的报警显示及其引起原因见表 3—3—2。

表 3—3—2　A06B－6059 系列数字式主轴驱动器的报警显示及其引起原因

报警号	故障内容	诊断原因
AL－01	电动机过热	主电动机内装式风机不良
		主电动机长时间过载
		主电动机冷却系统污染，影响散热
		电动机绕组局部短路或开路
		温度检测开关不良或连接故障
AL－02	实际转速与指令值不符	电动机过载
		晶体管模块不良
		控制电路保护熔断器 F4A～F4M 熔断或不良
		速度反馈信号不良
		电动机绕组局部短路或开路
		电动机与驱动器电枢线相序不正确或连接不良
AL－03	再生制动电路故障（1S～3S）	再生制动晶体管 TR1 故障
	+24 V 熔断器熔断（6S～26S）	控制电路中的 F1 熔断
AL－04	输入电源缺相（仅 6S～26S）	进线电源阻抗太大
		晶体管模块不良
		主回路连接不良
		主接触器（MCC）不良
		进线电抗器不良
AL－06	模拟测速系统超速	驱动器设定或调整不当
		ROM 不良
		速度反馈信号连接不良
		控制板不良
AL－07	数字测速系统超速	驱动器设定或调整不当
		ROM 不良
		速度反馈信号连接不良
		控制板不良

续表

报警号	故障内容	诊断原因
AL－08	输入电压过高	输入电压超过额定值
		主轴变频器连接错误
AL－09	散热器过热 （仅6S～26S）	驱动器风机不良
		环境温度过高
		冷却系统污染，影响散热
		驱动器长时间过载
		温度检测开关不良或连接不良
AL－10	输入电压过低	输入电压低于额定值15%
		主轴变频器连接错误
AL－11	直流母线过电压	电源输入阻抗过高
		驱动器控制板不良
		再生制动晶体管模块不良
		再生制动电阻不良
AL－12	直流母线过电流	逆变晶体管模块不良
		电动机电枢线输出短路
		电动机绕组局部短路或对地短路
		驱动器控制板不良
AL－13	CPU 报警 （仅6S～26S）	驱动器控制板不良
		CPU 内部数据出错
AL－14	ROM 故障 （仅6S～26S）	ROM 安装故障
		ROM 不良
		ROM 版本、参数不匹配
AL－15	附加电路板 选件故障	主轴切换电路/转速切换电路板不良
		主轴切换电路/转速切换电路板连接不良
AL－16～ AL－23	主轴驱动器控制电路 或接口电路故障	驱动器控制板安装不良
		驱动器控制板连接不良
		驱动器接地连接不良
		控制板不良
AL－19	U 相电流检测电路过流	控制回路的电源交、直流输入不正常
		电源电路集成稳压器损坏
无显示	ROM 故障	ROM 安装不良
		ROM 不良
显示 A	驱动器软件出错	进行驱动器初始化测试

六、FANUC α/αi 系列交流主轴驱动系统常见故障诊断分析

1．FANUC α/αi 系列数字式主轴驱动系统内部电源电压的检查

在 FANUC α/αi 系列数字式交流主轴驱动器主控制板上设有维修、检测用的测量检测端，在正常工作时，驱动器的电源电压检测端的电压值如下：

（1）+24 V 检测端与 0 V 检测端之间为 +24（1 ±5%）V。

（2）+15 V 检测端与 0 V 检测端之间为 +15（1 ±5%）V。

（3）+5 V 检测端与 0 V 检测端之间为 +5（1 ±5%）V。

（4）−15 V 检测端与 0 V 检测端之间为 −15（1 ±5%）V。

2．FANUC α/αi 系列主轴驱动器的状态显示

FANUC α/αi 系列主轴驱动器正面安装有状态显示器，上面有 3 个指示灯（PIL、ALM 和 ERR）和两只 7 段数码管显示器。其中，PIL 为电源指示灯，ALM（红色）为驱动器报警指示灯，ERR（黄色）为驱动器参数设定错误或控制信号错误指示灯，两只 7 段数码管显示器用于指示状态或报警号、出错代码。

FANUC α/αi 系列主轴驱动器基本的状态显示过程如下：

（1）PIL、ALM、ERR 及两只 7 段数码管显示器均无显示，表明驱动器电源还未加入或驱动器内部的 +5 V、±15 V、+24 V 辅助电压未建立。

（2）驱动器正常启动时，显示器的状态按以下步骤显示。

第一步，驱动器电源加入，PIL 指示灯亮，并保持这一状态。

第二步，约 1 s 后，两只 7 段数码管显示器显示 ROM 系列号的后两位，如，对于 ROM 系列 9D 00，数码管显示器显示 00。

第三步，在系列号显示后约 1 s，两只 7 段数码管显示器以数字的形式显示 ROM 版本号，如，01、02、03、04 分别代表 A、B、C、D。

第四步，当 CNC 未启动时，两只 7 段数码管显示器显示"－－"并闪烁，表示驱动器在等待串行口连接与装载参数。

第五步，当 CNC 启动，参数装载完成后，两只 7 段数码管显示器显示"－－"，表明电动机未励磁。

第六步，当电动机励磁后，两只 7 段数码管显示器显示"00"。

（3）当驱动器或电动机出现报警时，红色的报警指示灯 ALM 亮，两只 7 段数码管显示器显示报警号，关于报警号的含义详见表 3—3—4。

（4）当驱动器参数设定错误或控制信号错误时，黄色指示灯 ERR 亮，两只 7 段数码管显示器显示出错代码。

根据以上不同的显示状态，可以对驱动器进行故障诊断与相应的维修处理。

3．电源指示灯 PIL 不亮

FANUC α/αi 系列主轴驱动器上电源指示灯 PIL 不亮的原因主要有以下几种：

（1）驱动器无 24 V 电源输入，应检查驱动器 24 V 电源输入端 CX2 的 24 V 电压是否在额定电压范围内。

（2）驱动器电源输入熔断器熔断。

（3）驱动器的连接器连接不良。

（4）驱动器控制板不良。

4. 显示器始终显示“－－”并闪烁

显示器显示“－－”并闪烁，表明驱动器在等待 CNC 启动，并装载驱动器参数。若在主轴驱动器、CNC 全部启动后，显示始终停留在这一状态，则表明驱动器存在错误，可能的原因有：

（1）驱动器 S1 开关设定错误，实际只使用一个主轴驱动模块时，却设定了两个主轴驱动模块。

（2）CNC 机床参数中未设定串行主轴有效。

（3）CNC 与驱动器间的连接不良。

5. 根据电源模块报警显示的故障诊断

在 FANUC α/αi 系列驱动系统上，主轴驱动与伺服驱动共用一电源模块。在公共电源模块上设有两只 7 段数码管显示器，用于电源模块的状态与报警显示。对于数码管显示器的不同显示，其含义见表 3—3—3。

表 3—3—3　FANUC α/αi 系列数字式驱动器电源模块状态诊断表

状态显示		含义	原因
指示灯状态	所有显示都不亮	控制电源未输入	—
	PIL 亮	控制电源已输入	—
	PIL、ALM 同时亮	电源模块存在报警，见数码管显示器显示	电源模块存在故障

6. 根据主轴驱动模块报警显示的故障诊断

在 FANUC α/αi 系列主轴驱动器上，也安装有两只 7 段数码管显示器，用于显示主轴驱动器的报警，其报警号及其含义见表 3—3—4。当驱动器出现报警时，红色报警灯 ALM 亮，同时数码管显示器显示报警号。

表 3—3—4　FANUC α/αi 系列主轴驱动器报警诊断表

报警号	故障含义	诊断原因
A0	ROM 出错	ROM 安装不良
A1	RAM 出错	RAM 版本不正确
		控制板不良
		驱动器需要初始化
01	电动机过热	主电动机内装式风机不良
		主电动机长时间过载
		主电动机冷却系统污染，影响散热
		电动机绕组局部短路或开路
		温度检测开关不良或连接故障
		检测系统参数不正确
		温度检测电路故障

续表

报警号	故障含义	诊断原因
02	实际转速与指令值不符	电动机过载
		晶体管模块不良
		加/减速时间设定不正确
		速度反馈信号不良
		速度检测参数设定不正确
		电动机绕组局部短路或开路
		电动机与驱动器电枢线相序不正确或连接不良
03	直流母线熔断器熔断	1GBT 或 1PM 模块不良
		直流母线内部短路
04	输入电源缺相	电源模块输入电源缺相
07	电动机转速超过额定转速的 115%	参数设定或调整不当
09	散热器过热	驱动器风机不良
		环境温度过高
		冷却系统污染，影响散热
		驱动器长时间过载
		温度检测开关不良或连接不良
11	直流母线过电压	电源输入阻抗过高
		驱动器控制板不良
		再生制动晶体管模块不良
		再生制动电阻不良
12	直流母线过电流	晶体管模块不良
		电动机电枢线输出短路
		电动机绕组局部短路或对地短路
		驱动模块规格设定错误，控制板不良
13	CPU 存储器报警	CPU 内部数据出错
		检测板不良
15	速度切换电路报警	切换电路故障
		转换电路连接不良
		PMC 控制程序不合适
16	RAM 出错	RAM 数据出错
		控制板不良
19	U 相电流超过设定值	控制板连接不良
		U 相逆变晶体管模块损坏
		电动机 U 相局部短路或对地短路
		A/D 转换器不良

续表

报警号	故障含义	诊断原因
19	U 相电流超过设定值	U 相电流检测电路不良
20	V 相电流超过设定值	控制板连接不良
		V 相电流检测电路不良
24	串行口数据传输出错	主轴驱动器与 CNC 的传递不正常
		CNC 未接通
		串行总线电缆连接不良
		串行总线接口电路不良
		I/O 总线选配器不良
25	串行口数据传输中断	串行口数据传输被中断
		串行总线电缆连接不良
		串行总线接口电路不良
26	C 轴速度检测信号出错（电动机侧）	C 轴编码器反馈电缆连接不良
		C 轴编码器不良
		驱动器控制板不良，检测回路故障
		参数设定、调整不当
		反馈信号太弱
		反馈电缆屏蔽不良
27	位置编码器信号出错	编码器反馈电缆连接不良
		编码器不良
		驱动器控制板不良，检测回路故障
		参数设定、调整不当
		反馈信号太弱
		反馈电缆屏蔽不良
28	C 轴速度检测信号出错（主轴侧）	编码器连接不良
		编码器不良
		驱动器控制板不良，检测回路故障
		参数设定、调整不当
		反馈信号太弱
		反馈电缆屏蔽不良
29	过载报警	驱动器过载
		负载太重
30	大电流输入报警	电源模块 IPM 不良
		电源模块输入回路有大电流流过

续表

报警号	故障含义	诊断原因
31	速度达不到额定转速，转速太低或不转	电动机负载过大
		电动机电枢相序不正确
		速度检测电缆连接不良
		编码器不良
		速度反馈信号太弱或信号不正常
32	串行口数据传送 RAM 出错	串行口数据传送电路不良
33	直流母线电压过低（充电不足）	输入电压低于额定值 15%
		主轴驱动器连接错误
		驱动器控制板不良
34	参数超过允许范围	参数设定不正确
35	传动比参数超过允许范围	参数设定不正确
36	计数器溢出	参数设定或调整不当
37	主轴不能在规定时间内制动	速度检测脉冲数参数设定不当
		加/减速时间设定不当
39	C 轴编码器“零脉冲”信号不良	C 轴编码器“零脉冲”信号不良
		C 轴编码器不良
		C 轴编码器电缆屏蔽线连接不良
		参数设定不当
40	无 C 轴编码器“零脉冲”信号	C 轴编码器“零脉冲”信号连接不良
		C 轴编码器不良
		零脉冲信号太弱
		检测电路故障
41	主轴位置编码器“零脉冲”信号不良	主轴位置编码器“零脉冲”信号连接不良
		主轴编码器不良
		主轴编码器电缆屏蔽线连接不良
		反馈信号太弱
		参数设定不当
42	无主轴位置编码器“零脉冲”	主轴位置编码器“零脉冲”信号断线
		主轴位置编码器不良
43	“差动速度控制”方式时，位置编码器连接出错	位置编码器不良
		位置编码器连接不良
		反馈信号屏蔽不良
		参数设定错误
		检测电路故障
44	A/D 转换器不良	A/D 转换器电路不良

续表

报警号	故障含义	诊断原因
44	A/D转换器不良	控制板不良
46	加工螺纹时“零脉冲”信号出错	主轴编码器“零脉冲”信号断线
		主参数设定、调整不当，主轴编码器不良
		反馈信号太弱
		反馈信号屏蔽不良
		检测电路不良
47	位置编码器计数信号出错	主轴位置编码器连接不良
		主轴位置编码器不良
		参数设定、调整不当
		反馈信号太弱
		反馈检测电路不良，信号屏蔽不良
49	“差动速度控制”方式时，从动轴超过最大速度值	参数设定、调整不当（减速比设定错误）
50	主轴同步控制时，超过最大计算值	参数设定、调整不当（减速比设定错误）
51	直流母线电压过低	输入电压低于额定值15%
		主轴驱动器连接错误
		驱动器控制板不良
52	主轴同步控制时，ITP信号出错Ⅰ	CNC设定错误
		串行总线接口电路故障
53	主轴同步控制时，ITP信号出错Ⅱ	CNC设定错误
		串行总线接口电路故障
54	电动机长时间过载	机械负载过重
		加/减速过于频繁
55	转速切换控制时序出错	转速切换控制电路连接不良
		切换电路故障
		转速切换控制信号出错
		参数设定错误
56	风机报警	主轴风机不良
57	驱动器硬件报警	驱动器控制板不良
		驱动器连接不良
59	风机报警	电源模块内装式风机不良
– –	主电动机未励磁	主轴驱动器启动条件未满足
00	主电动机已加励磁	主轴驱动器可正常工作

 任务实施

一、任务准备

设备：由不同原因引起主轴突然停止故障现象的加工中心若干台。

资料：与设备对应的数控系统操作说明书，机床生产厂家提供的机械说明书、电气说明书、维修手册，机床使用单位提供的维修记录单等。

工具：机床维修工具箱、万用表等。

二、故障勘察

先查看发生故障的机床，了解故障的基本现象。

经过现场咨询，了解到该卧式加工中心在加工过程中主轴运行突然停止。

再结合相关信息，深入了解故障现象。

经过现场勘察，进一步了解到：该加工中心与 FANUC 11M 系统配套使用，采用 FANUC S 系列数字式交流主轴驱动器，驱动器显示 AL－12 报警。

最后，查阅发生故障数控机床的机械及电气说明书，了解其主轴驱动系统的类型及控制原理。

三、故障诊断与维修

查表 3—3—2 可知，出现“AL－12”报警的含义是“直流母线过电流”，分析故障可能的原因如下：

- 电动机电枢线输出短路。
- 电动机绕组局部短路或对地短路。
- 逆变晶体管模块不良。
- 驱动器控制板不良。

根据以上原因，按照以下步骤进行仔细检查：

第一步，确认电动机电枢线输出端无短路。

第二步，确认电动机绕组局部无短路，对地无短路。

第三步，断开驱动器（机床）电源，检查逆变晶体管组件。打开驱动器，拆下电动机电枢线，用万用表检查逆变晶体管组件的集电极（C1、C2）与发射极（E1、E2）、基极（B1、B2）之间，以及基极（B1、B2）与发射极（E1、E2）之间的电阻值，与正常值（见表 3—3—5）比较，检查发现 C1—E1 之间短路，即晶体管组件已损坏。

表 3—3—5　逆变晶体管组件的正常电阻值

测量端	万用表测量方法	正常值	测量端	万用表测量方法	正常值
C—E	正极接 C	几百欧	C—B	负极接 C	∞
	负极接 C	∞	B—E	正极接 B	几百欧
C—B	正极接 C	几百欧		负极接 B	∞

第四步，为确定故障原因，对驱动器控制板上的晶体管驱动回路进行进一步的检查。检查方法如下：

1）取下直流母线熔断器 F7，合上交流电源，输入旋转指令。

2）按表 3—3—6、表 3—3—7 的引脚，通过驱动器的连接插座 CN6、CN7，测定 8 个晶体管（型号为 ET191）的基极 B 与发射极 E 之间的控制电压，并根据 CN6、CN7 的引脚与各晶体管管脚的对应关系逐一检查（以发射极为参考，测量 B—E 正常值一般在 2 V 左右）。检查发现 1C ~ 1B 之间电压为 0 V，证明 C ~ B 极击穿，同时发现二极管 D27 也被击穿。

表 3—3—6　CN6 的引脚

1	2	3	4	5	6	7	8	9	10	11	12
5C	5B	5E	6C	6B	6E	7C	7B	7E	8C	8B	8E

表 3—3—7　CN7 的引脚

1	2	3	4	5	6	7	8	9	10	11	12
1C	1B	1E	2C	2B	2E	3C	3B	3E	4C	4B	4E

第五步，在更换上述部件后，再次启动主轴驱动器，显示报警变为“AL－19”。查表 3—3—2 可知，驱动器“AL－19”报警为“U 相电流检测电路过流”报警。

为了进一步查找“AL－19”报警的原因，维修时对控制回路的电源进行了检查。

检查驱动器电源测试端子，交流输入电源正常；直流输出 +24 V、+15 V、+5 V 均正常，但 −15 V 电压为“0”。进一步检查电源回路，发现集成稳压器（型号：7915）损坏。更换该集成稳压器后，−15 V 输出电压正常，主轴“AL－19”报警消除，机床恢复正常。

本任务具体诊断维修流程如图 3—3—2 所示。

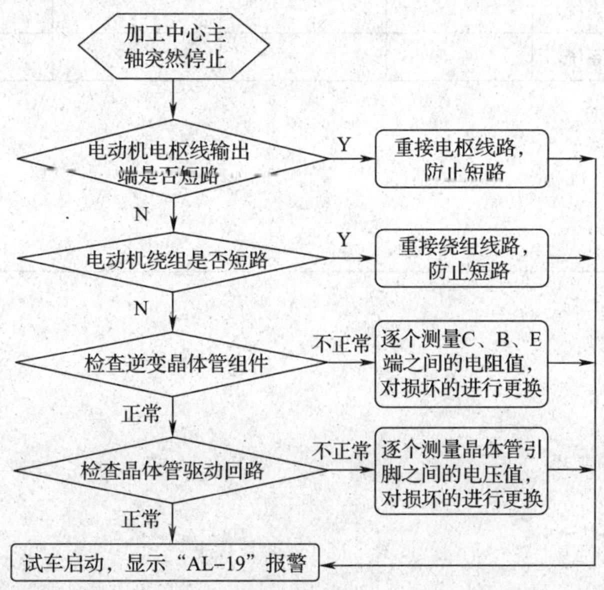

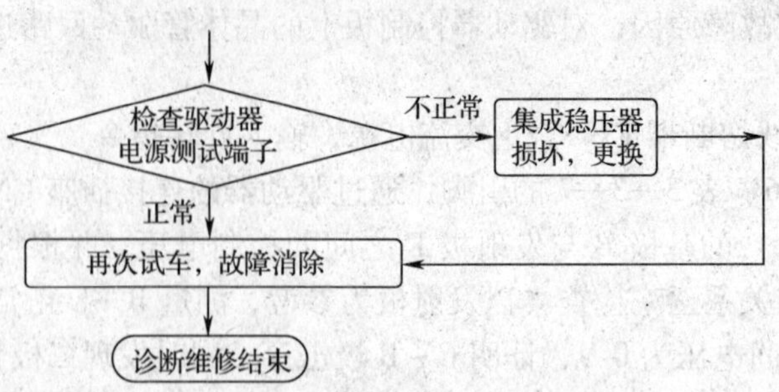

图 3—3—2　加工中心主轴突然停止故障诊断维修流程图

四、故障维修记录单填写

故障维修记录单见表 3—3—8。

表 3—3—8　　　**数控机床故障维修记录单**

<table>
<tr><td>维修时间</td><td colspan="2"></td><td>维修人员</td><td colspan="2"></td></tr>
<tr><td>设备名称</td><td colspan="2">加工中心</td><td>设备型号</td><td colspan="2"></td></tr>
<tr><td>故障现象</td><td colspan="5"></td></tr>
<tr><td rowspan="5">诊断与维修</td><td>诊断系统</td><td>是否正常</td><td>故障部位</td><td>排除方法</td><td>维修用零配件</td></tr>
<tr><td>电气系统</td><td></td><td></td><td></td><td></td></tr>
<tr><td>机械系统</td><td></td><td></td><td></td><td></td></tr>
<tr><td>液压系统</td><td></td><td></td><td></td><td></td></tr>
<tr><td>数控系统</td><td></td><td></td><td></td><td></td></tr>
<tr><td>维修小结</td><td colspan="5"></td></tr>
<tr><td>维修后试车确认维修结果</td><td colspan="5"></td></tr>
</table>

任务评价

任务实施完成后，由教师针对学生的综合表现进行考核、点评，并填写任务评价表（见表3—3—9），形成最终成绩。

表3—3—9　　任务评价表

姓名			题目名称	加工中心主轴突然停止故障诊断与维修		
序号	项目	考核内容及要求	配分	评分标准	扣分内容	评分
1	任务准备	检查工具、资料是否准备齐全	5	工具准备（3分） 资料准备（2分）		
2	故障现象勘察	观察主轴故障状态	5	能明确描述故障现象		
		观察报警信息，查阅相关手册	10	能明确主轴驱动原理		
3	故障诊断	分别从不同故障类型诊断故障原因	30	正确应用故障的诊断维修流程图（15分） 确定最终方案（15分）		
4	故障处理	对故障部位进行维修	20	工具使用（5分） 思路清晰（10分） 工时控制合理（5分）		
		对维修效果试车进行验证	5	试车（2分） 维修部位恢复（3分）		
5	安全文明生产	应符合国家安全文明生产的有关规定	5	违反安全文明生产有关规定不得分		
6	实操过程记录	填写清晰、准确	5	填写不准确不得分		
7	问题解答	回答清晰、准确（时间在10 min内满分，其余情况酌情扣分）	15	每位同学回答三题（每题5分）		
实际用时：12学时		规定时间内完成	每超时1 h扣5分，超时4 h此项目考核不得分			
指导教师建议					总得分	

任务拓展

任务拓展一：数控车床主轴驱动器出现报警“A”

故障现象：一台配套 FANUC 0T 的数控车床，开机后，系统处在“急停”状态，显示“NOT READY”，操作面板上的主轴报警指示灯亮。

故障诊断：根据故障现象，检查机床交流主轴驱动器，发现驱动器显示为“A”。根据驱动器的报警显示，查得驱动器报警的含义是“驱动器软件出错”，这一报警在驱动器受到外部偶然干扰时较容易出现，解决的方法通常是对驱动器进行初始化处理。

故障维修：针对本机床按如下步骤进行参数的初始化操作。

第一步，切断驱动器电源，将设定端 S1 置 TEST（测试）。

第二步，接通驱动器电源。

第三步，同时按住 MODE、UP、DOWN、DATASET 四个键。

第四步，当显示器由全暗变为“FFFFF”后，松开全部键，并等待 1 s 以上。

第五步，同时按住 MODE、UP 键，使参数显示 FC－22。

第六步，按住 DATASET 键 1 s 以上，显示器显示“GOOD”，标准参数写入完成。

第七步，切断驱动器电源，将 S1（SH）重新置“DRIVE”。

通过以上操作，驱动器恢复正常，报警消失，机床恢复正常工作。

任务拓展二：加工中心主轴驱动器出现报警“AL－01”

故障现象：一台配套 FANUC 21 系统的立式加工中心在加工过程中主轴运行突然停止，系统显示 ALM2001、ALM409 报警，交流主轴驱动器显示 AL－01 报警。

故障诊断：该机床配套的系统为 FANUC 21 系统，CRT 上显示的报警含义如下。

- ALM2001 SPDL SERVOAL（主轴驱动器报警）。
- ALM409 SERVO ALARM（SERIAC ERR）（伺服驱动器报警）。
- 主轴驱动器 AL－01 主轴电动机过热报警。

上述报警可以通过复位键清除，清除后系统能够启动，主轴无报警，但在正常执行各轴的手动返回参考点动作后，当 Z 轴向下移动时，又会发生上述报警。

由于实际生产中机床发生报警时，只是 Z 轴向下移动，主轴电动机并没有旋转，同时也不发热。考虑到主轴电动机是伴随着 Z 轴一起上下移动的，可以大致判定故障是由于 Z 轴移动，引起主轴电动机电缆弯曲，导致接触不良所致。

打开主轴电动机接线盒检查，发现接线盒内插头上的主轴电动机热敏电阻接线松动。

故障维修：将接线盒内插头上的主轴电动机热敏电阻接线重新连接后，故障排除，机床恢复正常。

任务拓展三：加工中心主轴过载

切削用量过大，或频繁地正、反转变速等均可引起过载报警。具体表现为主轴电动机过热、主轴驱动装置显示过电流报警等。

故障现象：一台配套某系统的卧式加工中心，在加工时主轴运行突然停止，驱动器显示过电流报警。

故障诊断：经检查发现交流主轴驱动器主回路出现再生制动回路故障，主回路的熔断器均熔断，更换熔断器后机床恢复正常。但机床正常运行数天后，再次出现同样的故障。由于故障重复出现，证明该机床主轴系统存在问题，根据报警现象，分析可能的原因如下。

◆ 主轴驱动器控制板不良。

◆ 连续过载。

◆ 绕组存在局部短路。

在以上几点中，根据现场实际加工情况，连续过载的原因可以排除。考虑到更换熔断器后，驱动器可以正常工作数天，故主轴驱动器控制板不良的可能性较小。因此，故障原因可能性最大的是绕组存在局部短路。

故障维修：仔细测量绕组的各相电阻，发现 U 相对地绝缘电阻较小，证明该相存在局部对地短路。拆开检查发现，内部绕组与引出线的连接处绝缘套已经老化。经重新连接后，对地电阻恢复正常，更换绝缘套后，机床恢复正常，故障不再出现。

任务拓展四：数控铣床主轴转速与进给不匹配

故障现象：一台配套 FANUC 0M 的二手数控铣床，采用 FANUC S 系列主轴驱动器，开机后不论是输入 S** M03 指令还是 S** M04 指令，主轴仅仅低速旋转，实际转速无法达到指令值。

故障诊断：在数控机床上，一般是数控系统根据不同的 S 代码，输出不同的主轴转速模拟量值，通过主轴驱动器实现主轴变速的。

在本机床上，检查主轴驱动器无报警，可以基本确认主轴驱动器无故障。

根据故障现象，为了确定故障部位，利用万用表测量系统的主轴模拟量输出，发现在不同的 S** 指令下，其值改变，由此确认数控系统工作正常。

分析主轴驱动器的控制特点，主轴的旋转除需要模拟量输入外，作为最基本的输入信号还需要给定旋转方向。在确认主轴驱动器模拟量输入正确的前提下，进一步检查主轴转向信号，发现其输入模拟量的极性与主轴的转向输入信号不一致。

故障维修：交换模拟量极性后重新开机，故障排除，主轴可以正常旋转。

任务拓展五：加工中心“定向准停”控制板熔断器熔断

故障现象：一台配套 FANUC 6M 系统的卧式加工中心，在正常加工时，经常出现主轴驱动器上的熔断器 S3. 2A 熔断的现象。

故障诊断：该机床使用的是 FANUC 模拟式交流主轴驱动系统，且具有主轴“定向准停”（定位）选择功能，主轴驱动器上的熔断器 S3. 2A 为主轴“定向准停”选择功能板的外部 5 V 保护熔断器。

考虑到机床上主轴“定向准停”检测磁性传感器随机床主轴箱频繁上下运动，是最容易引起故障的部位，若连接不良较容易引起磁性传感器保护回路短路，并引起集成电路损坏，导致 S3. 2A 熔断器熔断。

故障维修：认真检查，逐一测量电压为 5 V 的熔断器保护回路，最终发现主轴驱动器中的 SN74148N 集成电路已经损坏。重新连接磁性传感器，测量无短路后，更换 SN74148N 集成电路，故障排除。

任务4　加工中心主轴定向不稳

教学导航

教学目标	掌握加工中心主轴定向不稳故障的诊断思路及排除方法
知识要点	1. 主轴驱动系统常见故障现象及原因分析 2. 主轴驱动系统使用的注意事项
技能要点	1. 故障现场的勘察及相关资料的查阅 2. 主轴驱动系统故障的综合诊断 3. 故障的排除
教学准备	1. 设备：由不同原因引起的主轴定向不稳故障现象的加工中心若干台 2. 资料：与设备对应的数控系统操作说明书，机床生产厂家提供的机械说明书、电气说明书、维修手册，机床使用单位提供的维修记录单等 3. 工具：机床维修工具箱、万用表、备用电缆等
建议学时	12 学时

任务引入

在企业生产切削加工过程中，某台卧式加工中心主轴定向不稳，定向后主轴在定向位置附近振荡，CRT 及主轴单元数码显示均无报警，定向完成指示灯不断闪烁。

试主要从主轴驱动系统方面对故障现象产生的原因进行全面分析，并排除这一故障。

任务分析

数控机床的主轴驱动系统故障是比较常见的故障，诸如主轴在运转过程中出现无规律的振动或转动、主轴加工时产生乱牙、主轴电动机过热、主轴驱动装置显示过电流报警、主轴定位时不断振荡、主轴不执行指令、主轴异常噪声及振动、主轴不能正常旋转等故障在工厂并不鲜见。

要从主轴驱动系统故障现象产生的原因进行全面分析并排除故障，必须明确主轴驱动系统的常见故障现象及原因，并了解主轴驱动系统使用的注意事项。

相关知识

一、主轴驱动系统常见故障现象及原因分析

1. 主轴驱动系统故障表现形式

当主轴驱动系统发生故障时，通常有三种表现形式：

（1）在 CRT 或操作面板上显示报警内容或报警信息。

（2）在主轴驱动装置上用报警灯或数码管显示器显示主轴驱动装置的故障。

（3）主轴工作不正常，但无任何报警信息。

2. 主轴驱动系统常见故障现象

根据企业维修经验，在不同型号不同系统的数控机床上，出现主轴驱动系统故障主要有以下七种现象：

现象一　主轴在运转过程中出现无规律的振动或转动。

现象二　主轴加工时产生乱牙。

现象三　主轴电动机过热，主轴驱动装置显示过电流报警。

现象四　主轴定位时不断振荡，无法完成定位。

现象五　主轴不执行指令。

现象六　主轴异常噪声及振动。

现象七　主轴不能正常旋转。

3. 出现主轴驱动系统故障的原因分析

七种故障现象可以归结为以下原因：

（1）外界干扰

由于受到电磁干扰、屏蔽和接地措施不良的影响，主轴转速指令信号或反馈信号受到干扰，使主轴驱动出现随机和无规律性的波动。判别有无干扰的方法是，当主轴转速指令为零时，主轴仍往复转动，调整零速平衡和漂移补偿也不能消除故障。

（2）主轴过载

切削用量过大，或频繁地正、反转变速等均可引起过载报警。具体表现为主轴电动机过热、主轴驱动装置显示过电流报警等。

（3）主轴定位抖动

主轴的定向控制（也称主轴定位控制）是指将主轴准确停在某一固定位置上，以便在该位置进行刀具交换、精镗退刀及齿轮换挡等，有机械准停控制、磁性传感器的电气准停控制和编码器型的电气准停控制三种方式可实现主轴准停定向。

产生主轴定位抖动故障的原因如下：

1）上述准停均要经过减速的过程，减速或增益等参数设置不当，均可引起定位抖动。

2）采用位置编码器作为位置检测元件的准停方式时，定位液压缸活塞移动的限位开关失灵，引起定位抖动。

（4）主轴转速与进给不匹配

当进行螺纹切削或用每转进给指令切削时，会出现停止进给但主轴仍继续运转的故障。要执行每转进给的指令，主轴必须有每转一个脉冲的反馈信号，一般情况下为主轴编码器有问题，可以用下列方法来确定。

1）CRT 画面有报警显示。

2）通过 CRT 调用机床数据或 I/O 状态，观察编码器的信号状态。

3）用每分钟进给指令代替每转进给指令来执行程序，观察故障是否消失。

（5）主轴转速偏离指令值

当主轴转速超过技术要求所规定的范围时，要考虑下列因素。

1）电动机过载。

2）CNC 系统输出的主轴转速模拟量（通常为0 ~ ±10 V）没有达到与转速指令对应的值。

3）测速装置有故障或速度反馈信号断线。

4）主轴驱动装置故障。

（6）主轴异常噪声及振动

首先要区别异常噪声及振动是发生在机械部分还是电气驱动部分，若在减速过程中发生，一般是驱动装置再生回路有故障；主轴电动机在自由停车过程中若存在噪声和振动，则多为主轴机械部分故障；若振动周期与转速有关，应检查主轴机械部分及测速装置；若无关，一般是主轴驱动装置参数未调整好。

（7）主轴电动机不转

CNC 系统至主轴驱动装置一般有速度控制模拟量信号和使能控制信号，主轴电动机不转要重点围绕这两个信号检查。检查 CNC 系统是否有速度控制信号输出，检查使能信号是否接通。通过 I/O 状态，确定主轴启动条件，如润滑、冷却条件等是否满足。主轴电动机不转的其他原因有主轴驱动装置故障或主轴电动机故障。

数控机床主轴驱动系统故障是比较常见的故障，故障原因复杂，主要以出现驱动装置故障的概率居多，只要掌握交、直流主轴驱动系统的工作原理，认真分析故障现象，就一定能找到故障原因，检查维修并排除故障，最终使主轴驱动系统恢复正常。

二、主轴驱动系统使用注意事项

1．安装注意事项

主轴驱动系统对安装有较高的要求，这些要求是保证驱动器正常工作的前提条件，在维修时必须引起注意。

（1）安装驱动器的电气柜必须密封。

为了防止电气柜内温度过高，电气柜设计时应将温升控制在 15℃以下。电气柜的外部空气引入口应设置过滤器，并防止从排气口侵入尘埃或烟雾。电缆出入口、柜门等部分应进行密封，冷却电扇不要直接吹向驱动器，以免粉尘附着。维修过程中，必须保证以上部分完好，确保机床长期可靠工作。

（2）电动机维修完成后，重新安装时要遵循下列原则：

1）电动机安装面要平，且有足够的刚度。

2）直流电动机的电刷应定期维修及更换，安装位置应尽可能使其检修容易。

3）电动机冷却进风口的进风要充分，安装位置要尽可能使冷却部分容易检修。

4）电动机应安装在灰尘少、湿度不高的场所，环境温度应在 40℃以下。

5）电动机应安装在切削液不会直接溅到的位置。

2．使用检查

（1）在对主轴驱动系统进行维修前，应进行如下检查：

1）检查伺服单元和电动机的信号线、动力线等的连接是否正确、牢固，绝缘是否良好。

2）驱动器、电气柜和电动机是否可靠接地。

3）电动机电刷的安装是否牢靠，电动机安装螺栓是否完全拧紧。

（2）在维修完成、动作正常后，还应对主轴驱动系统的工作状态进行检查：

1）检查速度指令与电动机转速是否一致，负载指示是否正常。

2）电动机是否有异常声音和异常振动。

3）轴承温度是否急剧上升。

4）电刷上是否有显著的火花发生痕迹。

3. 日常维护

对于工作正常的主轴驱动系统，应进行如下日常维护：

（1）电气柜的空气过滤器每月应清扫一次。

（2）电气柜及驱动器的冷却风扇应定期检查。

（3）建议操作人员每天都注意主轴电动机的旋转速度、异常振动、异常声音、通风状态、轴承温度、外表温度和异常气味。

（4）建议使用单位维护人员每月应对电刷、换向器检查一次。

（5）建议使用单位维护人员每半年对测速发电机、轴承、热管冷却部分、绝缘电阻检测一次。

 任务实施

一、任务准备

设备：由不同原因引起的主轴定向不稳故障现象的加工中心若干台。

资料：与设备对应的数控系统操作说明书，机床生产厂家提供的机械说明书、电气说明书、维修手册，机床使用单位提供的维修记录单等。

工具：机床维修工具箱、万用表、备用电缆等。

二、故障勘察

先查看发生故障的机床，了解故障的基本现象。

经过现场咨询，了解到该卧式加工中心主轴定向不稳，定向后主轴在定向位置附近振荡。CRT 及主轴单元数码显示均无报警，定向完成指示灯不断闪烁。

再结合相关信息，深入了解故障现象。

经过现场勘察，进一步了解到：该加工中心配套使用的数控系统为 FANUC－3M，主轴定向为磁传感器方式。主轴控制单元 PCB 型号为 A20B－1001－0120，定向控制板型号为 A20B－0008－0030/05C。

最后，查阅发生故障数控机床的机械及电气说明书，了解其主轴驱动系统的类型及控制原理。

三、故障诊断与维修

振荡现象说明主轴正处于自我调整之中，从控制环推断可能原因为：

（1）主轴控制单元 PCB 不良或参数设置不当。

（2）定向控制板设定不良。

（3）磁性元件、磁性传感器、磁性放大器位置关系不良或有不良元件。

（4）伺服电动机不良。

（5）定向控制板与磁性放大器间通信电缆不良。

根据以上故障原因，按照以下步骤进行仔细检查：

第一步，执行“M03 S500；”“M04 S500；”及 M05 指令检查主轴正、反转及停止情况，完全正常。

第二步，执行“M03 S100；M03 S0；”及“M04 S100；M04 S0；”检查正、反转零速情况，主轴零速有漂移，重新设定对应参数 F10、F11、F29 使主轴在零速指令时停止。

第三步，按设定方法重新设定定向控制板上的各电位器。发现主轴反应非常灵敏，更换定向控制板后情况依然。

第四步，执行 M19 指令，仔细调整磁性传感器与磁性元件间的距离及位置关系，情况依然。

第五步，主轴旋转正常，电动机应无问题。

第六步，一般情况下，电缆断线会有报警显示，且定向完成信号不会到达。用万用表测试电缆通断情况，未发现断线。

通过上述检查、调整，振荡情况减轻，但仍不能完全消除，待重新使用观察。两个月后出现“AL－19”报警，U 相缺少。经检查，机床底部穿线槽内的定向信号电缆部分被老鼠咬得七零八落，有断线。通过焊接、绝缘、屏蔽、防鼠处理后，报警消除，定向时水平有力，振荡消除。

至此找到定向振荡的主因：定向信号电缆被咬，信号衰减过弱。在这种情况下，单纯靠调整信号强弱的电位器及磁性传感器与磁性元件间的距离已不能解决问题。

本任务具体诊断维修流程如图 3—4—1 所示。

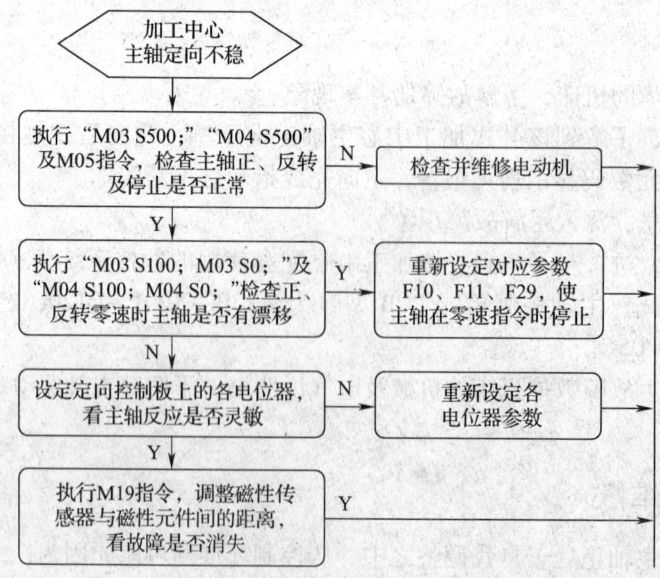

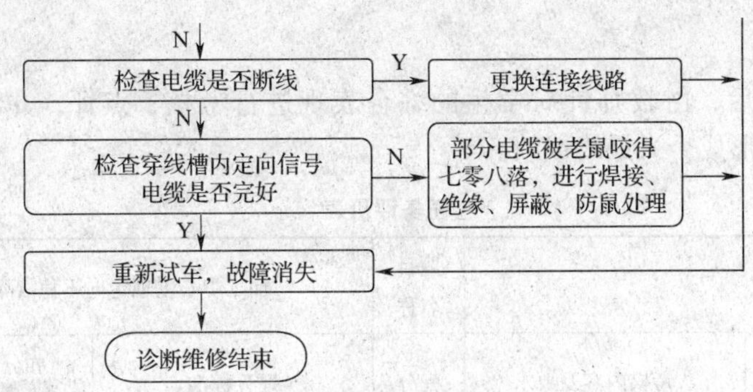

图 3—4—1　加工中心主轴定向不稳故障诊断维修流程图

由以上典型维修案例可知，数控机床主轴驱动系统故障很多，主轴运行突然停止、主轴运转过程声音沉闷、主轴停车时发出巨大响声、主轴启动后 S 指令无效、主轴定向不稳等都是常见故障。在维修实践中，这些故障尤以驱动装置故障居多，因此必须熟悉驱动装置的工作原理，方能诊断每一项报警的故障所在。

四、故障维修记录单填写

故障维修记录单见表 3—4—1。

表 3—4—1　　**数控机床故障维修记录单**

维修时间			维修人员		
设备名称	加工中心		设备型号		
故障现象					
诊断与维修	诊断系统	是否正常	故障部位	排除方法	维修用零配件
	电气系统				
	机械系统				
	液压系统				
	数控系统				
维修小结					
维修后试车确认维修结果					

任务评价

任务实施完成后，由教师针对学生的综合表现进行考核、点评，并填写任务评价表（见表 3—4—2），形成个人最终成绩。

表 3—4—2 任务评价表

<table>
<tr><td>姓名</td><td colspan="2"></td><td>题目名称</td><td colspan="3">加工中心主轴定向不稳故障诊断与维修</td></tr>
<tr><td>序号</td><td>项目</td><td>考核内容及要求</td><td>配分</td><td>评分标准</td><td>扣分内容</td><td>评分</td></tr>
<tr><td>1</td><td>任务准备</td><td>检查工具、资料是否准备齐全</td><td>5</td><td>工具准备（3 分）
资料准备（2 分）</td><td></td><td></td></tr>
<tr><td rowspan="2">2</td><td rowspan="2">故障现象勘察</td><td>观察主轴故障状态</td><td>5</td><td>能明确描述故障现象</td><td></td><td></td></tr>
<tr><td>观察报警信息，查阅相关手册</td><td>10</td><td>能明确主轴驱动原理</td><td></td><td></td></tr>
<tr><td>3</td><td>故障诊断</td><td>分别从不同故障类型诊断故障原因</td><td>30</td><td>正确应用故障的诊断维修流程图（15 分）
确定最终方案（15 分）</td><td></td><td></td></tr>
<tr><td rowspan="2">4</td><td rowspan="2">故障处理</td><td>对故障部位进行维修</td><td>20</td><td>工具使用（5 分）
思路清晰（10 分）
工时控制合理（5 分）</td><td></td><td></td></tr>
<tr><td>对维修效果试车进行验证</td><td>5</td><td>试车（2 分）
维修部位恢复（3 分）</td><td></td><td></td></tr>
<tr><td>5</td><td>安全文明生产</td><td>应符合国家安全文明生产的有关规定</td><td>5</td><td>违反安全文明生产有关规定不得分</td><td></td><td></td></tr>
<tr><td>6</td><td>实操过程记录</td><td>填写清晰、准确</td><td>5</td><td>填写不准确不得分</td><td></td><td></td></tr>
<tr><td>7</td><td>问题解答</td><td>回答清晰、准确（时间在 10 min 内满分，其余情况酌情扣分）</td><td>15</td><td>每位同学回答三题（每题 5 分）</td><td></td><td></td></tr>
<tr><td colspan="2">实际用时：12 学时</td><td>规定时间内完成</td><td colspan="2">每超时 1 h 扣 5 分，超时 4 h 此项目考核不得分</td><td></td><td></td></tr>
<tr><td>指导教师建议</td><td colspan="4"></td><td>总得分</td><td></td></tr>
</table>

任务拓展

任务拓展一：数控铣床主轴只有漂移转速

故障现象：一台配套 FANUC 7 系统的数控铣床，主轴在自动或手动操作方式下，转速达不到指令转速，仅有 1 ~ 2 r/min，正、反转情况相同，系统无任何报警。

故障诊断：由于本机床具有主轴换挡功能，为了验证机械传动系统动作，维修时在 MDI 方式下进行了高、低挡换挡动作试验，发现机床动作正常，说明机械传动系统的变速机构工作正常，排除了齿轮啮合不良的原因。

检查主轴驱动器的电缆连接和主轴驱动器上的状态指示灯，都处于正常工作状态，可以初步判定主轴驱动器工作正常。

进一步测量主轴驱动器的指令电压输入 U_{CMD}，发现在任何 S 指令下，U_{CMD}总是为“0”，不随 S 指令的变化而改变，即机床指令信号没有被输入到主轴驱动板上。

故障维修：检查 CNC 控制柜，发现位置控制板上的主轴模拟输出插头松动；重新安装后，机床恢复正常。

任务拓展二：数控车床安川变频主轴不能旋转

故障现象：某配套 FANUC 0 – TD 系统的数控车床，使用安川变频器作为主轴驱动装置，当输入指令 S＊＊M03 后，主轴旋转，但转速不能改变。

故障诊断：由于该机床主轴采用的是变频器调速，在自动方式下运行时，主轴转速是通过系统输出的模拟电压控制的。利用万用表测量变频器的模拟电压输入，发现在不同转速下模拟电压有变化，说明 CNC 工作正常。

……的方向输入信号正确，因此初步判定故障原因是变频器的参数设定不当……

……变频器参数设定，发现参数设定正确；检查外部控制信号，发现在主轴……级固定速度控制输入信号中有一个被固定为“1”，断开此信号后，主……

……数控机床主轴驱动系统的工作原理，不管是何种型号的车床、铣床或加工……障现象，逐一分析原因，由简及繁，由外到内，如此不难找出故障点，排……

变频器及其控制原理

……机床中，主轴控制装置通常是采用交流变频器来控制交流主轴电动机。变频……控制是根据电动机的特性参数及电动机运转要求，对电动机的电压、电流和……以达到负载的要求。

……器的基本结构

……把工频电源（50 Hz 或 60 Hz）变换成各种频率的交流电源，以实现电动机变……。它主要由控制电路、整流电路、直流中间电路和逆变电路等组成，其中控制电路完成对主电路的控制，整流电路将交流电变换成直流电，直流中间电路对整流电路的输出进行平滑滤波，逆变电路将直流电再逆变成交流电。对于诸如矢量控制变频器这种需要大量运算的变频器来说，有时还需要一个计算转矩的 CPU 以及相应的电路。变频器操作和显示面板如图 3—4—2 所示。

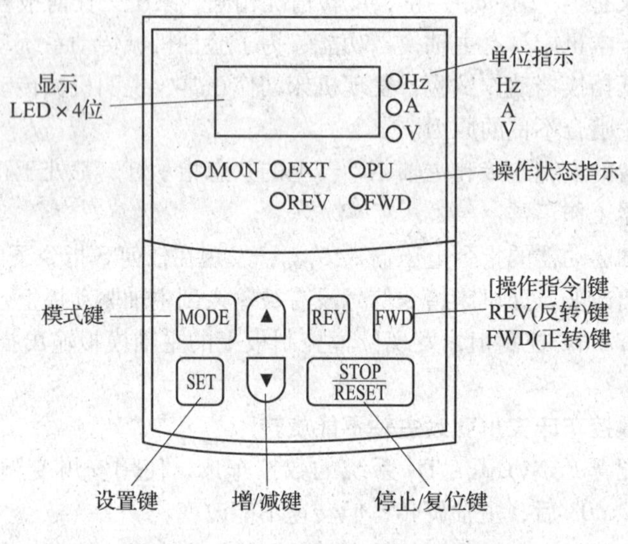

图 3—4—2　变频器操作和显示面板

2. 变频器的分类

变频器的分类方法有多种，按照主电路工作方式分类，可以分为电压型变频器和电流型变频器；按照开关方式分类，可以分为 PAM 控制变频器、PWM 控制变频器和高载频 PWM 控制变频器；按照工作原理分类，可以分为 V/F 控制变频器、转差频率控制变频器和矢量控制变频器等；按照用途分类，可以分为通用变频器、高性能专用变频器、高频变频器、单相变频器和三相变频器等。

3. 变频器常用的控制方式

变频调速技术是现代电力传动技术的重要发展方向，而作为变频调速系统的核心——变频器，其性能也越来越成为调速性能优劣的决定因素。除了变频器本身制造工艺的“先天”条件外，对变频器采用什么样的控制方式也是非常重要的。

在交流变频器中使用的控制方式一般有 V/F 协调控制、转差频率控制、矢量控制和直接转矩控制等。

目前较为简单的一类变频器是 V/F 控制（简称标量控制），它就是一种电压发生模式装置，对调频过程中的电压进行给定变化模式调节，常见的有线性 V/F 控制和平方 V/F 控制。标量控制的弱点在于低频转矩不够（需要转矩提升）、速度稳定性不好（调速范围1:10），因此在数控机床主轴变频使用过程中被逐步淘汰，而矢量控制的变频器正逐步被推广使用。

所谓矢量控制，是指为使笼型异步电动机像直流电动机那样具有优秀的运行性能及很高的控制性能，通过控制变频器输出电流的大小、频率及其相位，用以维持电动机内部的磁通为设定值，产生所需要的转矩。矢量控制相对于标量控制而言，其优点有：

（1）控制特性非常优良，可以与直流电动机的电枢电流加励磁电流调节相媲美。

（2）能适应要求高速响应的场合。

（3）调速范围大（1∶100）。

（4）可进行转矩控制。

矢量控制分无速度传感器和有速度传感器两种方式，区别在于后者具有更高的速度控制精度（万分之五），而前者控制精度为千分之五。在大多数数控机床中，无速度传感器的矢量变频器的控制性能已能符合控制要求。

变频器的控制方式代表着变频器的性能和水平，在数控机床应用中通常根据不同的负载及不同的控制要求，合理选择变频器以达到资源的最佳配置。

4．变频器的控制原理

交流电动机的同步转速表达式为

$$n = 60f\ (1 - s)\ /p$$

式中　n——异步电动机的转速；

f——异步电动机的频率；

s——电动机转差率；

p——电动机极对数。

可知，转速 n 与频率 f 成正比，只要改变频率 f 即可改变电动机的转速，当频率 f 在 0～50 Hz的范围内变化时，电动机转速调节范围非常宽。变频器就是通过改变电动机电源频率实现速度调节的，是一种理想的高效率、高性能的调速手段。

图 3—4—3 所示为变频器在数控机床中的应用，其中变频器与数控装置的联系通常包括：数控装置到变频器的正、反转信号，数控装置到变频器的速度或频率信号，变频器到数控装置的故障状态信号。因此，所有对变频器的操作和反馈均可在数控面板进行编程和显示。

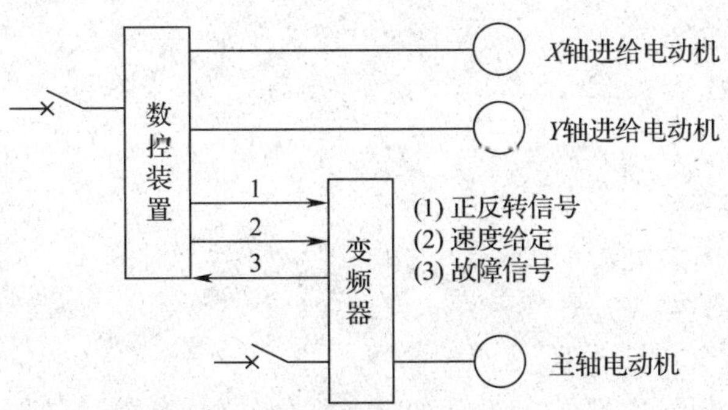

图 3—4—3　变频器在数控机床中的应用

5．主轴变频器的故障诊断

变频器出现故障时，可以通过故障代码和辅助诊断两种方法进行诊断维修。

（1）故障代码

当交流主轴驱动变频器在运行中发生故障时，变频器面板上的数码管会以代码的形式提示故障的类型，根据故障代码查阅变频器操作手册，可了解报警信息并维修。

（2）辅助诊断

除故障代码外，在控制和I/O模块还有测试插座，如图3—4—4所示，通过测试，可以获得电动机相电流、直流回路电流以及电动机总电流，进一步判断变频器是否缺相以及是否过电流。

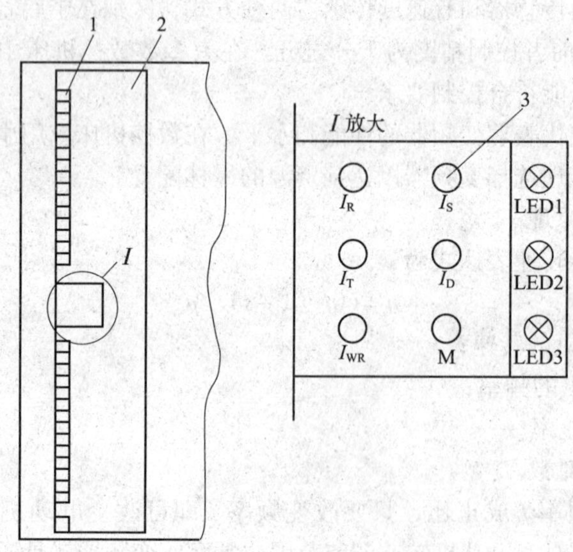

图3—4—4　I/O模块上的测试插座

1—接线端子　2—I/O模块　3—电流测试插孔

模块四

主轴传动系统故障的诊断与维修

任务1　数控车床主轴运转时振动、噪声很大

教学导航

教学目标	掌握数控车床主轴运转时振动、噪声很大故障的诊断思路及排除方法
知识要点	1．数控车床主传动系统工作原理 2．数控车床主轴部件结构 3．数控机床主轴常见故障分析
技能要点	1．故障现场的勘察及相关资料的查阅 2．主轴传动系统故障的综合诊断 3．故障部位的维修与排除
教学准备	1．设备：主轴存在运转时振动、噪声大这一故障现象的 CK7525 型数控车床若干台 2．资料：与设备对应的数控系统操作说明书，机床生产厂家提供的机械说明书、电气说明书、维修手册，机床使用单位提供的维修记录单等 3．工具：机床维修工具箱、百分表或千分表、测声计等
建议学时	18 学时

任务引入

在企业生产切削加工过程中，CK7525 型数控车床主轴出现以下故障现象：主轴运转时有振动，噪声很大，工件加工圆度、表面粗糙度差导致加工精度达不到要求，批量零件报废。

试从主轴主传动系统方面对故障现象产生的原因进行分析，并排除这一故障。

任务分析

数控机床的切削运动主要由主运动和进给运动来完成，机床的主运动承担主切削力，直接

影响加工的精度及效率。简单来说，只有主轴能按照工艺要求正常运转才能实现切削加工。

数控机床的主轴故障是比较常见的故障，诸如主轴不能旋转、主轴转速不稳、主轴不能变速、主轴飞车、主轴啸叫、主轴振动、主轴发热、主轴不能准停、加工工件圆度超差、表面粗糙度差等故障在工厂并不鲜见。

本任务主要针对 CK7525 型数控车床主轴传动系统故障现象展开，因此应首先了解主轴传动系统的工作原理，然后根据主轴部件结构，按顺序分步骤地进行排查，找到问题关键所在，应用正确的方法加以排除。

 相关知识

主传动系统是用来实现机床主运动的，它将主电动机的原动力变成可供主轴上刀具切削加工的切削力矩和切削速度。为适应各种不同的加工及加工方法，数控机床的主传动系统应具有较大的调速范围，以保证加工时能选用合理的切削用量，同时主传动系统还需要有较高的精度及刚度并尽可能降低噪声，从而获得最佳的生产效率、加工精度和表面质量。

一、CK7525 型数控车床主传动系统工作原理

1. 对主传动系统的要求

数控车床是高度自动化的机床，对主传动系统的要求是：

（1）机床有足够高的主轴转速和大的功率，以适应高效率加工的需要。

（2）主轴转速范围广，变速迅速可靠，一般能自动变速。

（3）主轴应有足够高的刚度和回转精度，低温升、小的热变形。

（4）主轴组件必须有足够的耐磨性、高刚度和抗振性。

2. 主轴传动形式

目前数控机床的主轴传动形式主要有电动机直接传动、齿轮传动、带传动、电主轴传动四种形式。本任务中 CK7525 型数控车床采用齿轮传动形式。

（1）电动机直接传动

电动机通过联轴器可以直联传动主轴，其优点是结构紧凑，但主轴转速的变化及转矩的输出和电动机的输出特性一致，因而使用上受到一定限制。

如图 4—1—1 所示为采用主电动机和主轴直连式的 KV60 型数控铣床，不仅提高了传动效率，降低了功耗，而且避免了平带传动使车尾主轴轴承受径向力造成发热和损坏，结构更简单，运行更可靠，维护更方便。

（2）齿轮传动

齿轮传动是通过变速齿轮变速降速，增大输出转矩，以满足主轴低速时对输出转矩特性的要求。滑移齿轮的移动大都采用液压缸带动齿轮来实现。这种传动方式与卧式车床基本相同，早期生产的经济型数控车床经常使用。变速齿轮如图 4—1—2 所示。

（3）带传动

带传动目前多用 V 带或同步带来完成，V 带的结构如图 4—1—3 所示，其优点是可以避免齿轮传动引起的振动和噪声，结构简单，安装调试方便，且在一定程度上能够满足转速与转矩输出要求，但主轴调速范围受电动机调速范围的约束。

图 4—1—1　采用主电动机和主轴直连式的 KV60 型数控铣床

图 4—1—2　变速齿轮

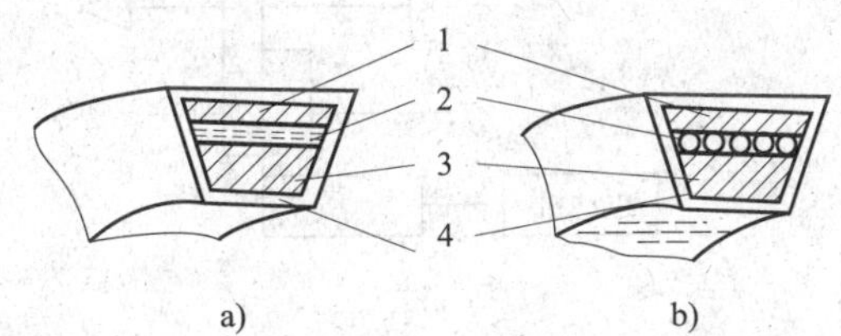

图 4—1—3　V 带的结构
a）帘布结构　b）线绳结构
1—伸张层　2—强力层　3—压缩层　4—包布层

（4）电主轴传动

电主轴如图 4—1—4 所示，通常作为现代机电一体化的功能部件，装备在高速数控机床上。其主轴部件结构紧凑、重量轻、惯量小，可提高启动、停止的响应特性，有利于控制振动和噪声；缺点是制造和维护困难，且成本较高。因电动机运转产生的热量直接影响主轴，主轴的热变形严重影响机床的加工精度，所以合理选用主轴轴承以及润滑、冷却装置十分重要。

图 4—1—4　电主轴

3．主轴变速方式

主轴变速方式一般有无级变速和分段无级变速两种，本任务中 CK7525 型数控车床采用分段无级变速方式。

（1）无级变速

数控机床一般采用直流或交流主轴伺服电动机实现主轴无级变速。

交流主轴电动机及交流变频驱动装置（笼型感应交流电动机配置矢量变频调速系统）没有电刷，不产生火花，使用寿命长，且性能已达到直流驱动系统的水平，甚至噪声也有所降低。

（2）分段无级变速

数控机床不需要在整个变速范围内采用无级变速，一般在交流或直流电动机无级变速的基础上配以齿轮变速，使之实现分段无级变速。

1）分段无级变速方式比较

分段无级变速通常有四种方式，如图 4—1—5 所示，本任务中 CK7525 型数控车床采用方式一，即通过变速齿轮进行变速的方式。

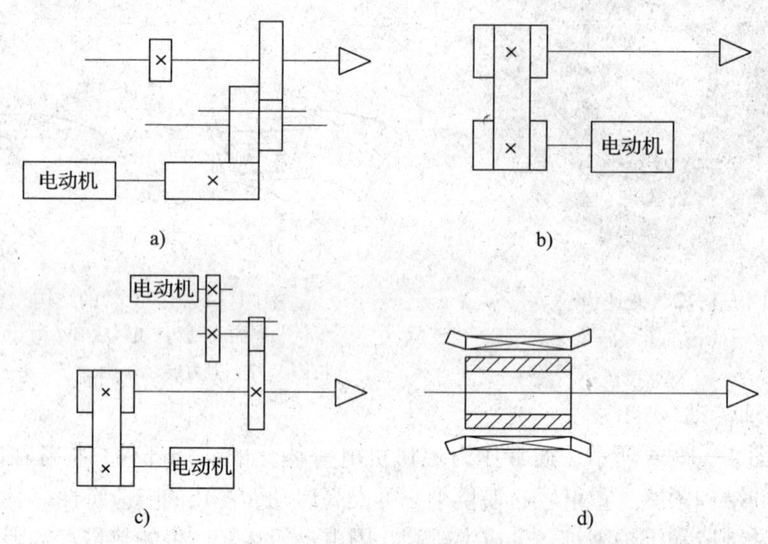

图 4—1—5　数控机床主传动的四种变速方式

a）方式一　b）方式二　c）方式三　d）方式四

方式一：通过变速齿轮进行变速。

方式二：通过带传动进行变速。

方式三：通过两个电动机分别驱动主轴进行变速。

方式四：通过电主轴直接变速。

四种变速方式适用范围和不足比较，见表 4—1—1。

2）分段无级变速机构

分段无级变速机构一般采用液压拨叉和电磁离合器两种变速机构，本任务中 CK7525 型数控车床采用液压拨叉分段无级变速机构。

表 4—1—1　　主传动四种变速方式比较

序号	变速方式	说明	适用范围或不足
方式一	通过变速齿轮进行变速	通过少数几对齿轮传动扩大变速范围	主要用于大、中型数控机床
方式二	通过带传动进行变速	常采用同步齿形带来带动主轴	主要用在转速较高、变速范围不大的机床上
方式三	通过两个电动机分别驱动主轴进行变速	高速时由一个电动机带动，采用带传动；低速时由另一个电动机带动，采用齿轮传动	两个电动机不能同时工作，浪费资源
方式四	通过电主轴直接变速	电动机转子固定在机床主轴上，结构紧凑，但需要考虑电动机的散热	多用于小型加工中心机床上

液压拨叉变速机构是通过改变通油方式来获得不同的变速位置，在带有齿轮传动的主传动系统中，齿轮的换挡主要靠液压拨叉来完成。电磁离合器是应用电磁效应接通或切断运动的元件，电磁离合器用于数控机床的主传动时，能简化变速机构，通过若干个安装在各传动轴上的离合器的吸合与分离的不同组合来改变齿轮的传动路线，实现主轴的变速。

二、CK7525 型数控车床主轴部件结构

CK7525 型数控车床主轴传动系统主要由主轴部件、主轴箱和主轴电动机三部分组成，它的主要功能是将主轴电动机的原动力通过该传动系统变成可供切削加工的切削力和切削速度。其中，主轴部件是机床的关键部件，是影响机床加工精度的主要部件，它的回转精度影响工件的加工精度，它的功率大小与回转速度影响加工效率，它的自动变速、准停和换刀等影响机床的自动化程度。因此，要求主轴部件具有与本机床工作性能相适应的高回转精度、刚度、抗振性、耐磨性和低的温升。在结构上，必须很好地解决刀具和工具的装夹、轴承的配置、轴承间隙的调整和润滑密封等问题。为了实现刀具在主轴上的自动装卸与夹持，还必须有刀具的自动夹紧装置、切屑清除装置和主轴准停装置等结构。

1. 主轴端部的结构形式

主轴端部用于安装刀具或夹持工件的夹具，在设计要求上，应能保持定位准确、安装可靠、连接牢固、装卸方便，并能传递足够的转矩。主轴端部的结构形状都已标准化，图 4—1—6 所示为数控机床通用的结构形式。

图 4—1—6a 所示为本任务中 CK7525 型数控车床采用的主轴端部结构，卡盘靠前端的短圆锥面和凸缘端面定位，用拔销传递转矩，卡盘上装有固定螺栓。卡盘装于主轴端部时，螺栓从主轴凸缘上的孔中穿过，转动快卸卡板即可将数个螺栓同时紧固，再拧紧螺母将卡盘固牢在主轴端部。主轴为空心，前端有莫氏锥度孔，用以安装顶尖或心轴。

图 4—1—6b 所示一般为数控铣床、加工中心的主轴端部结构形式，铣刀或刀杆在前端 7∶24 的锥孔内定位，并用拉杆从主轴后端拉紧，由前端的端面键传递转矩。

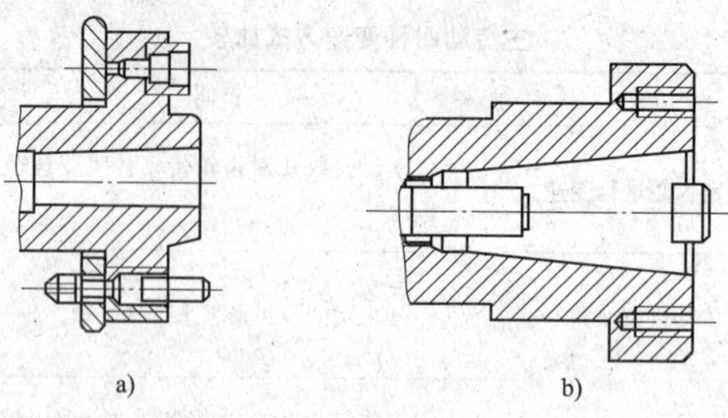

a)　　　　b)

图 4—1—6　主轴端部的结构形式

a）数控车床　b）数控铣床、加工中心

2．主轴部件的支撑

主轴根据数控机床的规格、精度采用不同的主轴轴承。一般中小规格数控机床的主轴部件多采用成组高精度滚动轴承，重型数控机床则采用液体静压轴承，高速主轴常采用氮化硅材料的陶瓷滚动轴承。主轴常用轴承如图 4—1—7 所示，图 4—1—7a 所示为高精度滚动轴承，图 4—1—7b 所示为氮化硅滚动轴承，本任务中 CK7525 型数控车床采用的是高精度滚动轴承。

a)

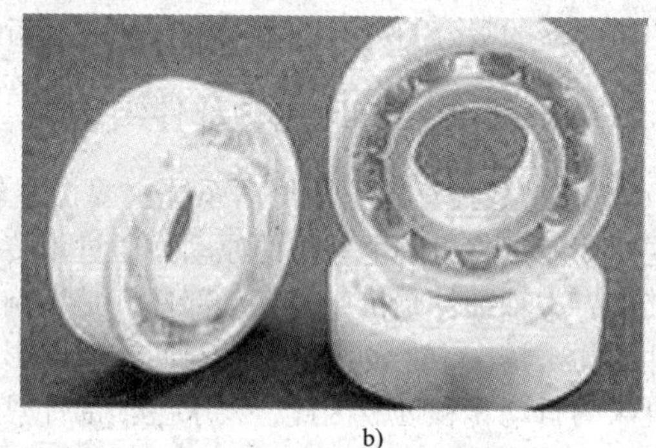

b)

图 4—1—7　主轴常用轴承

a）高精度滚动轴承　b）氮化硅滚动轴承

主轴上的切削力是通过支撑装置而传递给机床基础件的，主轴部件支撑装置的作用是在刀具或工件作回转运动时承受切削力（轴向、径向），同时保证主轴运动精度，所以为了保证加工精度，必须保证其旋转精度和相应的承载能力，即有足够的轴向和径向刚度。

主轴常用的支撑形式如图 4—1—8 所示，本任务中 CK7525 型数控车床多采用如图 4—1—8a 所示的锥孔双列圆柱滚子轴承。

在实际应用中，常见的数控机床主轴轴承配置有下列 3 种形式，如图 4—1—9 所示。

图 4—1—9a 所示为前后支撑采用不同轴承的配置形式，即前支撑采用双列短圆柱滚子轴承和 60°角接触双列向心推力球轴承组合，后支撑采用成对向心推力球轴承。这种配置形式能使主轴获得较大的径向和轴向刚度，可以满足机床强力切削的要求，普遍应用于各类数控机床的主轴，如数控车床、数控铣床、加工中心等。

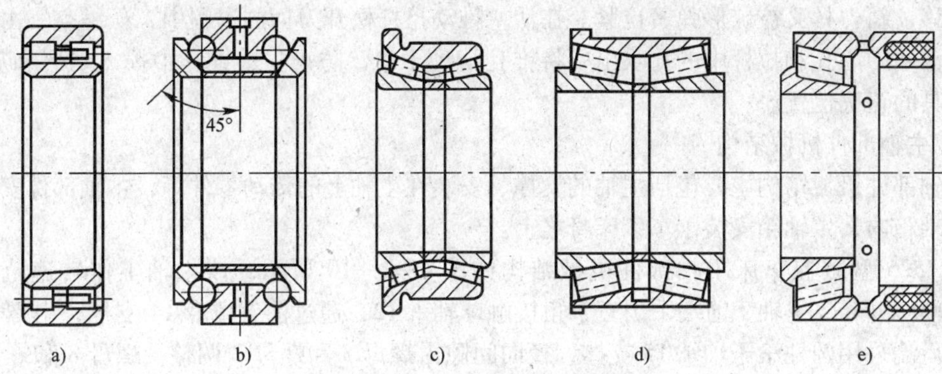

图 4—1—8　主轴部件支撑形式

a）锥孔双列圆柱滚子轴承　b）双列推力向心球轴承　c）双列圆锥滚子轴承
d）带凸肩的双圆柱滚子轴承　e）带预紧弹簧的单列圆锥滚子轴承

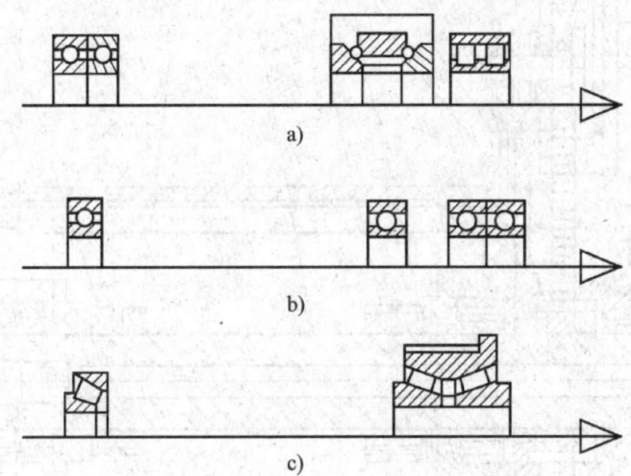

图 4—1—9　数控机床主轴轴承配置形式

图 4—1—9b 所示为采用高精度双列向心推力球轴承的配置形式，向心推力球轴承高速时性能良好，主轴最高转速可达 4 000 r/min，但是它的承载能力小。这种配置形式提高了主轴的转速，适合要求主轴在较高转速下工作的数控机床，目前这种配置形式在立式、卧式加工中心机床上得到了广泛应用。

图 4—1—9c 所示为采用双列和单列圆锥滚子轴承的配置形式，这种轴承径向和轴向刚度高，能承受载荷，尤其能承受较强的动载荷。这种配置形式能使主轴承受较重载荷，尤其是承受较强的动载荷，径向和轴向刚度高，安装和调整性好。但这种配置相对限制了主轴的最高转速和精度，适用于中等精度、低速与重载的数控机床主轴。

本任务中 CK7525 型数控车床采用图 4—1—9a 所示的配置形式。

3．主轴内刀具的自动夹紧和切屑的清除装置

在自动换刀机床的刀具自动夹紧装置中，刀杆常采用 7∶24 的大锥度锥柄，既利于定心，也方便松刀。用碟形弹簧通过拉杆及夹头拉住刀柄的尾部，使刀具锥柄和主轴锥孔紧密配合，夹紧力达 10 000 N 以上。松刀时，通过液压缸活塞推动拉杆来压缩碟形弹簧，使夹头胀开，夹头与刀柄上的拉钉脱离，刀具即可拔出进行新旧刀具的交换；新刀装入后，液压缸

活塞后移，新刀具又被碟形弹簧拉紧。在活塞推动拉杆松开刀柄的过程中，压缩空气由喷气头经过活塞中心孔和拉杆中的孔吹出，将锥孔清理干净，防止主轴锥孔中掉入切屑和灰尘，保证刀具的正确位置。

4．主轴部件机械结构

主轴部件机械结构主要包括主轴的支撑、安装在主轴上的传动零件等，主轴部件安装在车床主轴箱内，主轴箱安装于车床床身之上。

CK7525 型数控车床主轴部件机械结构如图 4—1—10 所示，该主轴工作转速范围为 15 ~4 000 r/min。主轴 9 前端采用三个角接触球轴承 12，通过前支撑套 14 支撑，由螺母 11 预紧。后端采用圆柱滚子轴承 15 支撑，径向间隙由螺母 3 和螺母 7 调整。螺母 8 和螺母 10 分别用来锁紧螺母 7 和螺母 11，防止螺母 7 和螺母 11 回松。传动轮 1，2 直接安装在主轴 9 上（不卸荷）。在主轴前端安装有液压卡盘或其他夹具。

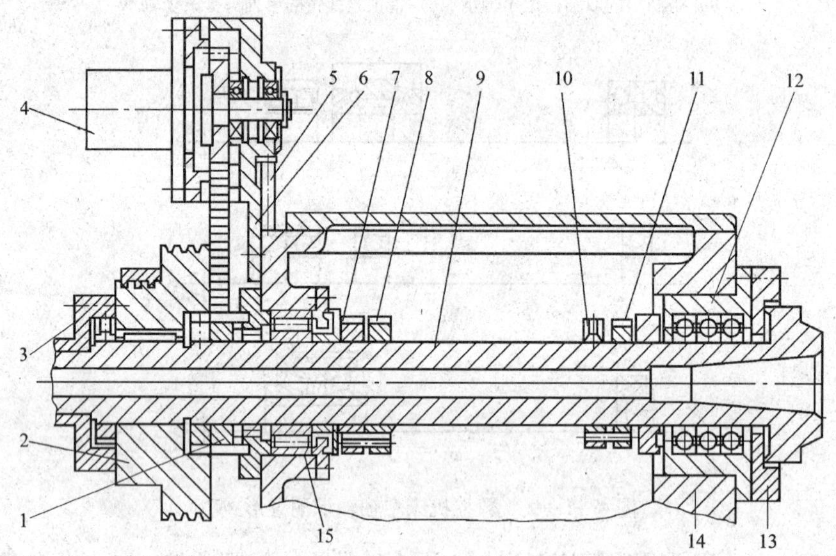

图 4—1—10　CK7525 型数控车床主轴部件机械结构

1，2—传动轮　3，7，8，10，11—螺母　4—主轴脉冲发生器　5—螺钉　6—支架　9—主轴　12—角接触球轴承　13—前端盖　14—前支撑套　15—圆柱滚子轴承

三、数控机床主轴常见故障分析

1．主轴常见故障现象

根据企业维修经验，在不同型号不同系统的数控机床上，出现主轴故障主要有以下 13 种现象：

（1）主轴发热。

（2）主轴噪声。

（3）主轴不转。

（4）主轴停转。

（5）主轴无变速或变挡。

（6）主轴振动。

(7) 主轴不能准停。

(8) 主轴准停位置不准。

(9) 刀具不能夹紧。

(10) 刀具不能松开。

(11) 主轴润滑油不能循环或润滑不足。

(12) 主轴润滑油泄漏。

(13) 液压变速时齿轮推不到位等。

2. 出现主轴故障原因

13 种故障现象可以归结为三大类，即主轴机械系统故障、主轴液压系统故障和主轴驱动系统故障，通常故障原因如下。

(1) 主轴机械系统故障

主要表现为主轴不能旋转或停转、主轴噪声、主轴振动、主轴发热、主轴不能准停、加工工件精度达不到要求等，原因一般有：

1) 主轴部件损坏，如轴承损伤或不清洁。

2) 连接主轴箱和床身的螺栓松动。

3) 轴承压紧螺母松动，游隙过大。

4) 主轴单元精度变差。

5) 电动机与主轴之间传动的传动带过松等。

(2) 主轴液压系统故障

主要表现为主轴不能变速、主轴发热、润滑油不能循环或泄漏、刀具不能卡紧或松开等，原因一般有：

1) 轴承油脂耗尽或油脂过多。

2) 油泵转向不正确。

3) 油管或滤油器堵塞、油压不足。

4) 液压阀损坏等。

(3) 主轴驱动系统故障

主要表现为主轴不能旋转或停转、主轴转速不稳、主轴不能准停等，原因一般有：

1) 主轴电动机驱动器参数变化。

2) 电气元件老化损坏。

3) 控制系统无检测信号等。

3. 常见故障分析点

针对主轴传动系统应重点检查分析的故障点有：

(1) 检查电动机是否正常。检查接线情况，看电动机能否正常运转。

(2) 检查连接件是否松动或损坏。查看主轴箱和床身连接螺栓有没有松动，传动键有没有损坏，V 带是否过松，制动器接线和线圈是否正常等。

(3) 检查齿轮和轴承是否损坏。主传动系统故障主要集中在齿轮或轴承上，应重点进行排查。

4. 常用故障分析方法

在进行数控机床主传动系统的维修工作时，首先依据故障现象列出各种可能造成故障的原因，并按主次之分拟定切实可行的排障方案。其次依据维修部位的工作原理，对这一部位的原理图进行分析，确定大体故障部位后，才可动手维修。对于不明确的故障，维修者要遵循先机械、后液压、再电气的途径进行维修。当然，要以不出现危险、不加大故障为前提。

总之，数控机床主轴故障是比较常见的故障，故障原因复杂，主要以出现机械故障的概率居多，只要我们掌握了主轴的机械结构和工作过程，认真分析故障现象，就一定能找到故障原因，检查维修并排除故障，最终使主轴传动系统恢复正常。

 任务实施

一、任务准备

设备：主轴存在运转时振动、噪声大这一故障现象的 CK7525 型数控车床若干台。

资料：与设备对应的数控系统操作说明书，机床生产厂家提供的机械说明书、电气说明书、维修手册，机床使用单位提供的维修记录单等。

工具：机床维修工具箱、百分表或千分表、测声计等。

二、故障勘察

经过现场勘察和询问，了解到该车床使用多年，采用齿轮变速传动。机床起初使用时噪声就较大，并且噪声声源主要来自主传动系统，使用多年后振动明显，噪声越来越大。查看主轴箱和床身连接螺栓，没有发现松动。查看控制面板，电气参数没有发生变化。当主轴以 4 000 r/min 的转速运转时，用测声计测得噪声为 85. 2 dB。检验加工的零件，圆度和表面粗糙度均达不到要求。该故障设备如图 4—1—11 所示。

图 4—1—11　CK7525 型数控车床故障设备

三、故障诊断

数控机床主传动系统的变速是在机床不停止工作的状态下由计算机控制完成的。因此，

在工作中会不可避免地产生振动噪声、摩擦噪声和冲击噪声，它比普通机床产生的噪声更为连续，更具有代表性。另外，不管机械系统受到任何激发力，该系统就会对此激发力产生响应而出现振动，而且振动能量在整个系统中传播，当传播到辐射表面，这个能量就转换成压力波经空气传播出去，即声辐射。因此，激发响应、系统内部传递及辐射三步骤是振动噪声、摩擦噪声和冲击噪声的形成过程。

该台数控车床的主传动系统在工作时正是由于齿轮、轴承等零部件经过激发响应，并在系统内部传递和辐射出现了振动，而这些部件又由于出现了异常情况，使激发力加大，从而使噪声增大。正是由于振动才导致加工圆度、表面粗糙度差，从而导致批量零件报废。

1．齿轮的噪声诊断

该台数控车床的主传动系统是由主电动机和齿轮来完成变速传动的。因此，齿轮的啮合传动是主要噪声源之一。

首先看一对齿轮的啮合情况。根据齿轮的啮合原理，任意瞬时 t 两齿轮齿间的相对滑动速度为：$v_s = v_{t1} - v_{t2}$。齿轮副在啮合区传动时，啮合点是沿啮合线移动的，当啮合点移向节点时相对滑动速度逐渐减小，在节点处，相对滑动速度方向发生了变化，造成了激振力。齿轮的各种误差加大、外界负荷波动及其他零部件影响，以及传动系统的共振、润滑条件不好等，都会加剧激振力。当啮合点远离节点时，相对滑动速度逐渐增大，齿面相对滑动速度正比于齿轮的回转速度。

机床主传动系统中齿轮在运转时产生噪声的原因主要有：

（1）齿轮受迫振动

齿轮在啮合中，齿与齿之间出现连续冲击而使齿轮在啮合频率下产生受迫振动并产生冲击噪声。

（2）齿轮自由振动

因齿轮受到外界激振力的作用而产生齿轮固有频率的瞬态自由振动并产生噪声。

（3）齿轮低频振动

因齿轮与传动轴及轴承的装配出现偏心引起的旋转不平衡，导致产生了与转速相一致的低频振动。随着轴的旋转，每转发出一次共鸣噪声。

（4）齿轮自激振动

因齿与齿之间的摩擦导致齿轮产生自激振动并产生摩擦噪声。如果齿面凹凸不平，会引起快速、周期性的冲击噪声。

2．轴承的噪声诊断

该台数控车床主传动系统多处用到轴承，包括主轴电动机轴承、主轴支撑轴承、主轴变速系统轴承等，多采用滚动轴承，由滚动轴承产生噪声的原因主要有两方面：

（1）轴承装配过程的影响

轴承与轴径及支撑孔的装配、预紧力、同心度、润滑条件以及作用在轴承上的负荷的大小、轴承径向间隙、轴承压盖螺母是否压紧等都对噪声有很大影响。

（2）轴承本身的制造误差

国家标准对滚动轴承零件都规定了相应的公差范围，因此轴承本身的制造偏差在很大程度上决定了轴承的噪声。可以说滚动轴承的噪声是该机床主轴变速系统的另一个主要噪声源，特别是在高转速下表现更为剧烈。滚动轴承最易产生变形的部位就是其内、外环。内、外环在外部因素和自身精度的影响下，有可能产生摇摆振动、轴向振动、径向振动、轴承环本身的径向振动和轴向弯曲振动。

四、故障维修

综上所述，大致可以从以下几个方面对主轴噪声进行控制维修。

1．齿轮的噪声维修

由于齿轮噪声的产生是多方面的，其中有些因素是齿轮的设计参数所决定的。针对该机床出现的主轴传动系统的齿轮噪声的特点，在不改变原设计的基础上，有下列在原有齿轮上进行修整和改进的一些做法。

方法一：齿形修缘

由于齿形误差和法向齿距的影响，在轮齿承载产生了弹性变形后，会使齿轮啮合时造成瞬时顶撞和冲击。因此，为了减小齿轮在啮合时由于齿顶凸出而造成啮合冲击，可进行齿顶修缘。齿顶修缘的目的是校正齿的弯曲变形和补偿齿轮误差，从而降低齿轮噪声。修缘量取决于法向齿距误差和承载后齿轮的弯曲变形量，以及弯曲方向等。齿形修缘时，可根据这几对齿轮的具体情况只修齿顶，或只修齿根，只有在修齿顶或修齿根达不到良好效果时，才既修齿顶又修齿根。

方法二：检测齿形误差

齿形误差是由多种因素造成的，观察该机床主传动系统中齿轮的齿形误差主要是由加工过程以及长期运行条件不好所致。因齿形误差而导致的在齿轮啮合时产生噪声在该机床中是比较明显的。一般情况下，齿形误差越大，产生的噪声也就越大。对于齿形误差较大的齿轮需要维修或更换。

方法三：调整啮合齿轮的中心距

啮合齿轮实际中心距的变化将引起压力角改变，如果啮合齿轮的中心距出现周期性变化，那么也将使压力角发生周期性变化，噪声也会周期性增大。对啮合中心距的分析表明，当中心距偏大时，噪声影响并不明显；而当中心距偏小时，噪声会明显增大。在控制啮合齿轮的中心距时，应将齿轮的外径、传动轴的弯曲变形及传动轴与齿轮、轴承的配合都控制在理想状态，这样可尽量消除由于啮合中心距的改变而产生的噪声。

方法四：控制润滑油油量

润滑油在润滑和冷却的同时还起一定的阻尼作用，噪声随润滑油的数量和黏度的增加而变小。若能在齿面上维持一定的油膜厚度，就能防止啮合齿面直接接触，就能衰减振动能量，从而降低噪声。实际上，齿轮润滑需油量很少，而大量给油是为了冷却。实验证明，齿轮润滑以侧面给油最佳，这样既起到了冷却作用，又在进入啮合区前，在齿面上形成了油膜；如果能控制油少量进入啮合区，降噪效果更佳。据此，将各个油管重新布置，使润滑油按理想状态溅入每对齿轮，以控制由于润滑不利而产生的噪声。

2．轴承的噪声维修

方法一：控制轴承与孔和轴的配合精度

在该机床的主传动系统中，轴承与轴和孔配合时，应保证轴承有必要的径向间隙。径向工作间隙的最佳数值，是由内环在轴上和外环在孔中的配合以及在运行状态下内环和外环所产生的温差决定的。因此，轴承初始间隙的选择对控制轴承的噪声具有重要意义。过大的径向间隙会导致低频部分的噪声增加，而过小的径向间隙又会引起高频部分的噪声增加。外环在孔中的配合形式会影响固体噪声的传播：较紧的配合能提高传声性，会使噪声加大，配合过紧，还会迫使滚道变形，从而加大轴承滚道的形状误差，使径向间隙减小，也导致噪声增加；但轴承外环过松的配合也会引起较大噪声。只有松紧适当的配合才有利，这样可使轴承与孔接触处的油膜对外环振动产生阻尼，从而降低噪声。配合部位的形位误差和表面粗糙度，应符合所选轴承精度等级要求。如果轴承很紧地安装在加工不精确的轴上，那么轴的误差就会传递给轴承内环滚道，并以较高的波纹度形式表现出来，噪声也就随之增大。另外，在装配过程中，如果轴承压盖没有压紧，需要及时调整螺母。

方法二：控制内、外环质量

在该数控车床的主传动系统中，所有轴承都是内环转动、外环固定。这时内环如出现径向偏摆就会引起旋转时的不平衡，从而产生振动噪声。如果轴承的外环与配合孔之间的形状误差和位置误差都较大，则外环就会出现径向摆动，这样就破坏了轴承部件的同心度。内环与外环端面的侧向出现较大跳动，还会导致轴承内环相对于外环发生歪斜。轴承的精度越高，上述的偏摆量就越小，产生的噪声也就越小。除控制轴承内、外环几何形状偏差外，还应控制内、外环滚道的波纹度，减小表面粗糙度值，严格防止在装配过程中使滚道表面磕伤、划伤，否则不可能降低轴承的振动噪声。经观察和实验发现，滚道的波纹度为密波或疏波时滚珠在滚动时的接触点明显不同，由此引起振动频率差别很大。对于内、外环质量不达标或损坏的轴承应及时更换。

通过上述对该数控车床主传动系统的噪声故障进行维修后，效果明显，诊断维修流程如图 4—1—12 所示。在同样条件下，用声级计对修复后的机床噪声进行测试，主传动系统噪声大大降低，并且经过几年的使用，该机床的噪声一直稳定在这个水平，加工零件的圆度、表面粗糙度也达到了精度要求。

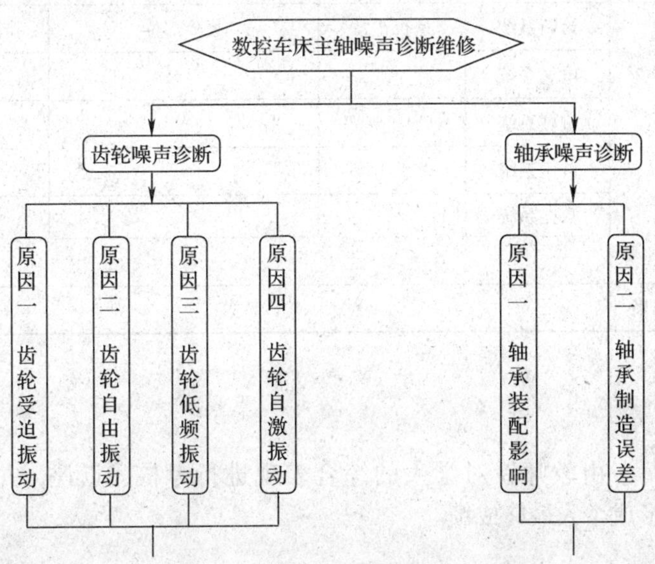

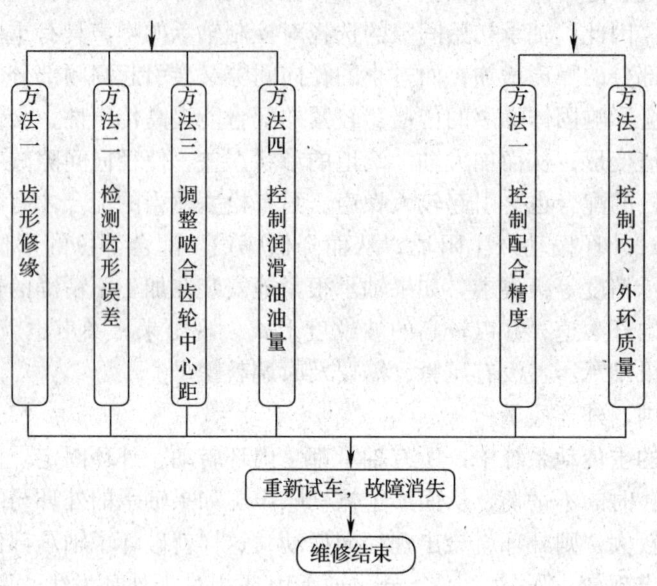

图 4—1—12　数控车床主轴噪声诊断维修流程图

五、故障维修记录单填写

故障维修记录单见表 4—1—2。

表 4—1—2　数控机床故障维修记录单

维修时间			维修人员		
设备名称	数控车床		设备型号	CK7525	
故障现象					
诊断与维修	诊断系统	是否正常	故障部位	排除方法	维修用零配件
	电气系统				
	机械系统				
	液压系统				
	数控系统				
维修小结					
维修后试车确认维修结果					

任务评价

任务实施完成后，由教师针对学生的综合表现进行考核、点评，并填写任务评价表（见表 4—1—3），形成个人最终成绩。

表 4—1—3　　任务评价表

姓名			题目名称	CK7525 型数控车床主轴运转时振动、噪声很大故障诊断与维修		
序号	项目	考核内容及要求	配分	评分标准	扣分内容	评分
1	任务准备	检查工具、资料是否准备齐全	5	工具准备（3 分） 资料准备（2 分）		
2	故障现象勘察	观察主轴故障状态	5	能明确描述故障现象		
		观察报警信息，查阅相关手册	10	能明确主轴传动原理		
3	故障诊断	分别从不同故障类型诊断故障原因	30	正确应用故障的诊断维修流程图（15 分） 确定最终方案（15 分）		
4	故障处理	对故障部位进行维修	20	工具使用（5 分） 思路清晰（10 分） 工时控制合理（5 分）		
		对维修效果试车进行验证	5	试车（2 分） 维修部位恢复（3 分）		
5	安全文明生产	应符合国家安全文明生产的有关规定	5	违反安全文明生产有关规定不得分		
6	实操过程记录	填写清晰、准确	5	填写不准确不得分		
7	问题解答	回答清晰、准确（时间在 10 min内满分，其余情况酌情扣分）	15	每位同学回答三题（每题 5 分）		
实际用时：18 学时		规定时间内完成	每超时 1 h 扣 5 分，超时 4 h 此项目考核不得分			
指导教师建议					总得分	

任务拓展

任务拓展一：数控铣床加工孔的表面粗糙度值太大

故障现象：某数控铣床加工零件孔的表面粗糙度值太大，无法使用。

故障诊断：此故障的主要原因是主轴轴承的精度降低或间隙增大。

故障维修：调整轴承的预紧量。经过几次调试，恢复主轴精度，加工孔的表面粗糙度达到了要求，故障排除。

任务拓展二：数控铣床主轴挂不上挡

故障现象：某数控铣床发出主轴箱变挡指令后，主轴处于慢速来回摇摆状态，一直挂不上挡。

故障诊断：该机床采用变速齿轮带动的主传动，为了保证滑移齿轮移动顺利并啮合于正确的位置，机床接到变挡指令后，主电动机将带动主轴慢速来回摇摆。此时，如果电磁阀发生故障（阀芯卡孔或电磁铁失效），油路不能切换，液压缸不动作，或者液压缸动作而发出反馈信号的无触点开关失效，或者滑移齿轮变挡到位后不能发出反馈信号，都会造成机床循环动作中断，主轴挂不上挡。

故障维修：更换新的液压阀或失效的无触点开关后，重新试车，主轴不再停转，能够正常工作，故障排除。

总之，理解了数控车床主传动系统的结构和原理，不管是何种型号的机床，总能依据故障现象逐一分析原因，由简及繁，由外到内，不难找出故障点，排除各种故障。

任务 2　数控车床加工途中突然停车

教学导航

教学目标	掌握数控车床加工途中突然停车故障的诊断思路及排除方法
知识要点	1. 光电脉冲编码器工作原理 2. 编码器与传动箱的连接
技能要点	1. 故障现场的勘察及相关资料的查阅 2. 主轴传动系统故障的综合诊断 3. 故障部位的维修与排除
教学准备	1. 设备：主轴存在突然停车故障现象的 CK7525 型数控车床若干台 2. 资料：与设备对应的数控系统操作说明书，机床生产厂家提供的机械说明书、电气说明书、维修手册，机床使用单位提供的维修记录单等 3. 工具：机床维修工具箱、数字转速表等
建议学时	12 学时

任务引入

在企业生产切削加工过程中，CK7525 型数控车床在加工途中出现停车故障，无任何报警。

试从主轴主传动系统方面对故障现象产生的原因进行分析，并排除这一故障。

任务分析

本任务主要是针对 CK7525 型数控车床主轴传动系统突然停车这一故障现象展开的，突然停车故障主要为主轴转速或检测有问题，而用于主轴转速检测的元件是主轴编码器。

因此，应首先了解主轴编码器的工作原理，再了解编码器与传动箱的连接，这样根据连接图，就可以按顺序分步骤地进行排查，找到问题关键所在，应用正确的方法加以排除。

相关知识

一、光电脉冲编码器工作原理

光电脉冲编码器是一种角度（角速度）检测装置，是一种通过光电转换将输出轴上的机械几何位移量转换成脉冲或数字量的传感器，它将输入轴的角度量利用光电转换原理转换成相应的电脉冲或数字量，具有体积小、精度高、工作可靠、接口数字化等优点。它广泛应用于数控机床、回转台、伺服传动、机器人、雷达、军事目标测定等需要检测角度的装置和设备中，是目前应用最多的传感器。光电脉冲编码器由光栅盘和光电检测装置组成。光栅盘是在一定直径的圆板上等分地开通若干个长方形孔。由于光栅盘与电动机同轴，电动机旋转时，光栅盘与电动机同速旋转，经发光二极管等电子元件组成的检测装置检测输出若干脉冲信号，其原理示意图如图 4—2—1 所示；通过计算每秒光电编码器输出脉冲的个数就能反映当前电动机的转速。根据检测原理，编码器可分为光学式、磁式、感应式和电容式；根据其刻度方法及信号输出形式，可分为增量式、绝对式以及混合式三种。

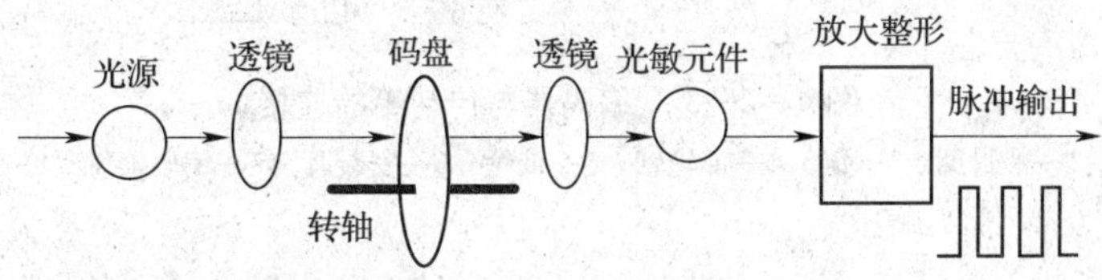

图 4—2—1 光电脉冲编码器原理示意图

本任务中检测器件使用的是 FANUC 增量式光电脉冲编码器。增量式光电脉冲编码器是直接利用光电转换原理输出三组方波脉冲 A、B 和 Z 相；A、B 两组脉冲相位差 90°，从而可方便地判断出旋转方向，而 Z 相为每转一个脉冲，用于基准点定位。它的优点是原理构造简单，机械平均寿命可在几万小时以上，抗干扰能力强，可靠性高，适合于长距离传输。其缺点是无法输出轴转动的绝对位置信息。

如图 4—2—2 所示，编码器的光学部分由光源、光栏板、脉冲码盘和光电（接收）元件组成。光源、光栏板和光电（接收）元件固定在外壳上。脉冲码盘右边与编码器轴相连。光栏板外圈位置上有彼此错开 1/4 节距的两组透光和不透光相间的条纹 A 和 B，用于产生方向和速度信号；里圈还有一组用于找零标志的条纹。码盘是一块玻璃圆盘，上面镀了一层不透光的金属膜，在与光栏板外圈径向相对应的位置刻有一圈透光和不透光相间的条纹，与光栏板里圈径向相对应的位置刻有一条零标志透光条纹。从光源发出的光通过光栏板、旋转的码盘后会产生明暗相间的变化。光电（接收）元件接收到它们并经

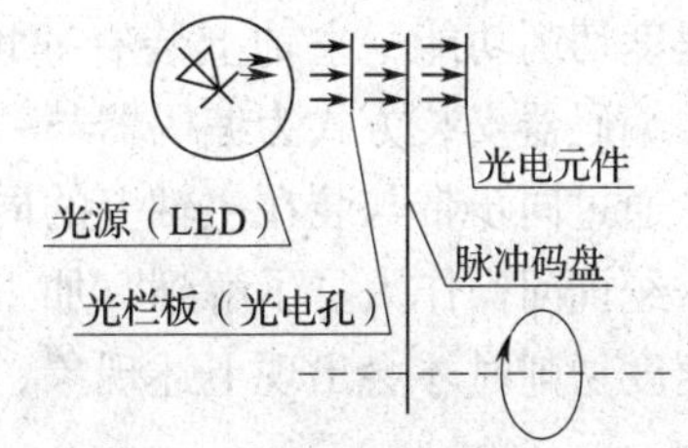

图 4—2—2 FANUC 增量式光电脉冲编码器光学原理

相关电路处理后就可产生能分辨起点、方向和旋转速度的电信号。

二、编码器与传动箱的连接

在本任务中，编码器安装方式为编码器与一传动箱直连，如图4—2—3所示，传动箱传动轴上的同步带轮通过同步带与装在主轴上的同步带轮相连。

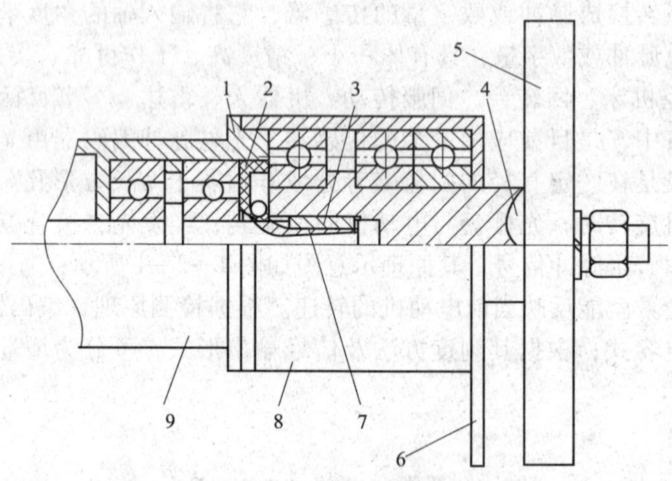

图4—2—3 编码器与传动箱的连接

1—编码器外壳隔环 2—密封圈 3—键 4—带轮轴 5—带轮 6—安装耳 7—编码器轴 8—传动箱 9—编码器

任务实施

一、任务准备

设备：主轴存在突然停车故障现象的CK7525型数控车床若干台。

资料：与设备对应的数控系统操作说明书，机床生产厂家提供的机械说明书、电气说明书、维修手册，机床使用单位提供的维修记录单等。

工具：机床维修工具箱、数字转速表等。

二、故障勘察

经过现场勘察了解到该数控车床采用FANUC 0i－TA系统，液压控制卡盘工作，具备恒线速度切削功能，主轴上装有速度检测装置，检测元件使用FANUC增量式光电脉冲编码器。编码器安装方式为编码器与一传动箱直连，如图4—2—3所示，传动箱传动轴上的同步带轮通过同步带与装在主轴上的同步带轮相连。

经询问操作人员了解到：加工途中无任何报警的停车故障偶尔会发生，并且只有采用恒线速度切削时才会出现上述现象，当不采用恒线速度切削时就不会发生此类故障。

三、故障诊断与维修

根据故障现象仔细观察发现，当采用恒定主轴转速运转时，设定转速在400 r/min以上，此时系统 CRT 显示的主轴转速不稳，转速越高，差异越大，而查看 SP 的 MON 画面发现电动机转速稳定，用数字转速表检测主轴实际转速也是稳定的（用数字转速表检测转速稳定，是因为数字表有采样周期，对短时速度变化不灵敏），怀疑主轴转速或检测有问题。

根据上述分析，故障诊断与维修步骤如下，诊断维修流程图如图 4—2—4 所示。

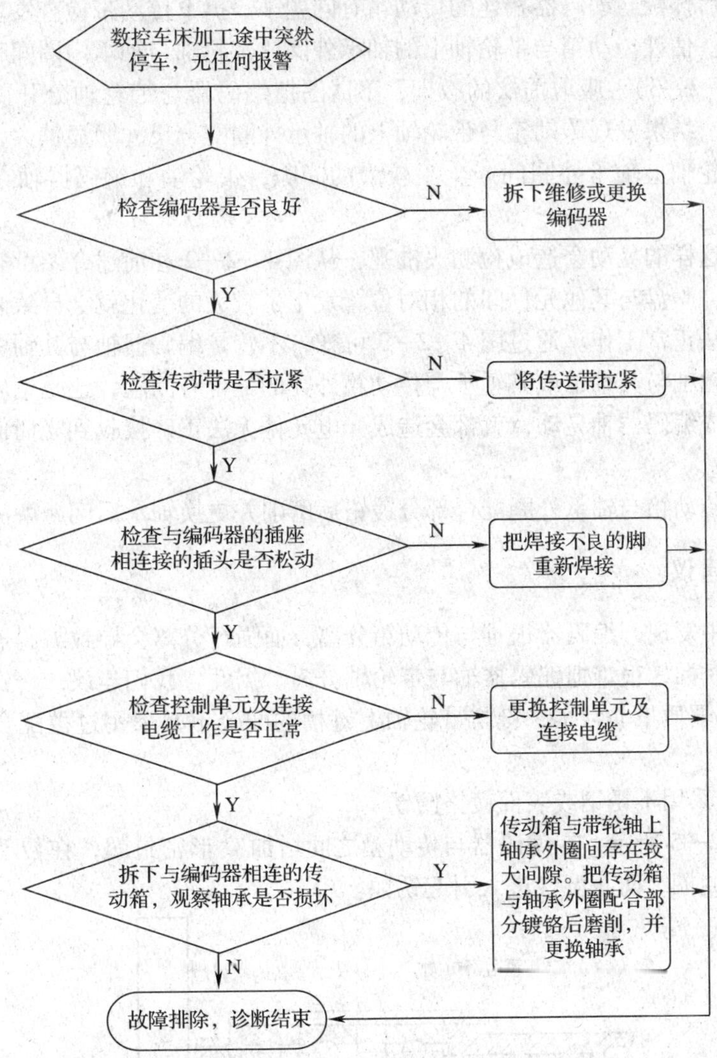

图 4—2—4　数控车床加工途中突然停车诊断维修流程图

第一步，悬挂“维修中，请勿靠近”警示牌，在机床断电状态下，拆下编码器并更换。

第二步，更换编码器后试车正常，但在更换中由于编码器轴与带轮轴之间锈死，拆下编码器时损坏了编码器的脉冲码盘（脉冲码盘装在编码器的轴上，参见图 4—2—2 和图 4—2—3）。

第三步，新的编码器装上只用了不到 10 天就发现故障依旧。这次不再怀疑是编码器的故障而检查了其他部分。把有点松的传动带紧了紧，似乎正常了，但只正常使用了几个小时就又故障依旧。

第四步，检查与编码器的插座相连接的插头，把焊接不良的脚重新焊接后正常工作了几天又故障依旧。

第五步，更换控制单元及连接电缆也不能解决问题。

第六步，最后怀疑与编码器相连的传动箱有问题了。拆下传动带检查发现带轮轴竟然有明显的晃动现象。估计传动箱与带轮轴上的轴承外圈或带轮轴与轴承内圈间存在间隙或轴承损坏（参见图 4—2—3）。吸取前次的教训，不试图把编码器与带轮轴分开而从带轮端把传动箱壳拆下检查，结果发现传动箱与带轮轴上的轴承外圈配合尺寸明显偏大，轴承损坏。这样，传动箱与带轮轴上轴承外圈间产生了较大的间隙，带轮轴和编码器轴在运转中才会晃动。

那么，为何这样的晃动会造成检测失准呢？从图 4—2—2 和前述介绍可知，由于光的直线传播，如果脉冲码盘与其他元件间的相对位置发生了较大的变化就会导致光电元件无法正确接收信号，无法正常工作。通过图 4—2—3 可知，不管是编码器轴与其轴承或其轴承与其外壳的配合、带轮轴与其轴承或其轴承与传动箱外壳的配合有问题，还是编码器与传动箱的配合有问题，造成编码器轴晃动，就都会造成光电元件无法正确接收到光而使编码器不能正常工作。

第七步，把传动箱与轴承外圈配合部分镀铬后磨削并更换轴承后问题解决。

四、维修改进建议

在检修过程中发现，编码器很难与传动箱分离，而强行分离会导致编码器损坏，主要原因是配合过紧或锈蚀，很难把编码器轴与带轮轴分离。据此，我们建议：

1. 由于编码器质量非常小，键与带轮轴上键槽的配合不必采用过盈配合，宜采用间隙配合。

2. 带轮轴宜采用不锈钢或表面镀铬防锈。

3. 如图 4—2—5 所示，在编码器与传动箱之间增加 O 形密封圈，在传动箱体与带轮轴之间增加 Y 形密封圈，防止湿气进入引起锈蚀。

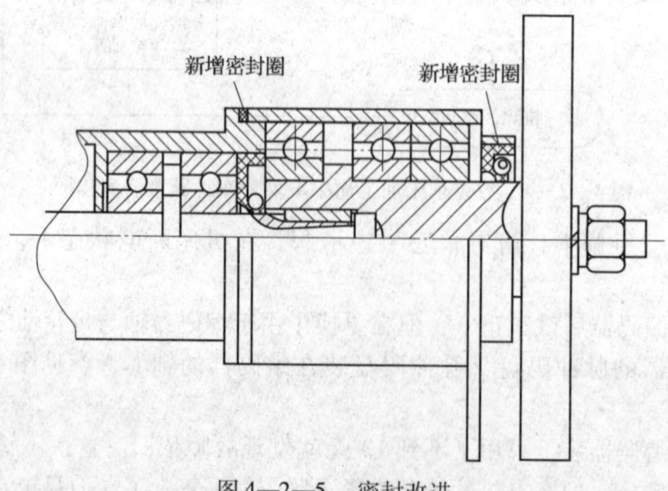

图 4—2—5　密封改进

由本维修案例可知，数控机床在加工过程中突然停车是常见故障。在维修实践中，需要综合考虑编码器、轴承等故障部位，对于初学者来说，需要循序渐进地摸索故障原因，并维修改进，方能彻底解决问题。

五、故障维修记录单填写

故障维修记录单见表4—2—1。

表4—2—1　　数控机床故障维修记录单

维修时间				维修人员		
设备名称	数控车床			、设备型号	CK7525 型	
故障现象						
诊断与维修	诊断系统	是否正常	故障部位	排除方法	维修用零配件	
	电气系统					
	机械系统					
	液压系统					
	数控系统					
维修小结						
维修后试车确认维修结果						

任务评价

任务实施完成后，由教师针对学生的综合表现进行考核、点评，并填写任务评价表（见表4—2—2），形成个人最终成绩。

表4—2—2　　任务评价表

姓名			题目名称	CK7525 型数控车床加工途中突然停车故障诊断与维修		
序号	项目	考核内容及要求	配分	评分标准	扣分内容	评分
1	任务准备	检查工具、资料是否准备齐全	5	工具准备（3分） 资料准备（2分）		
2	故障现象勘察	观察主轴故障状态	5	能明确描述故障现象		
		观察报警信息，查阅相关手册	10	能明确编码器工作原理		
3	故障诊断	分别从不同故障类型诊断故障原因	30	正确分析多种故障原因（15分） 确定最终方案（15分）		
4	故障处理	对故障部位进行维修	20	工具使用（5分） 思路清晰（10分） 工时控制合理（5分）		
		对维修效果试车进行验证	5	试车（2分） 维修部位恢复（3分）		

续表

序号	项目	考核内容及要求	配分	评分标准	扣分内容	评分
5	安全文明生产	应符合国家安全文明生产的有关规定	5	违反安全文明生产有关规定不得分		
6	实操过程记录	填写清晰、准确	5	填写不准确不得分		
7	问题解答	回答清晰、准确（时间在10 min内满分，其余情况酌情扣分）	15	每位同学回答三题（每题5分）		
实际用时：12 学时		规定时间内完成	每超时 1 h 扣5 分，超时 4 h 此项目考核不得分			
指导教师建议					总得分	

任务拓展

任务拓展一：加工中心主轴不能准停

故障现象：某加工中心主轴准停位置不准，引发换刀过程中断。

故障诊断：主轴发生准停错误时大都无报警，只能在换刀过程中断时才会被发现。发生主轴准停方面的故障应根据机床的具体结构进行分析处理，先检查电气部分，如确认正常再考虑机械部分。机械部分结构简单，最主要的是连接。

该加工中心采用编码器型主轴准停控制，主轴准停位置不准，引发换刀过程中断。开始时，故障出现次数不多，重新开机又能工作。经检查，主轴准停后发生位置偏移，且主轴在准停后如用手碰一下（与工作中换刀时刀具插入主轴时的情况相近）主轴会产生相反方向的漂移。检查电气部分无任何报警，所以从故障的现象和可能发生的部位来看，电气部分发生故障的可能性比较小。检查机械连接部分，当检查到编码器的连接时发现编码器上连接套的紧定螺钉松动，使连接套后退造成与主轴的连接部分间隙过大使旋转不同步。

故障维修：将编码器上连接套的紧定螺钉按要求固定好后，重新试车，未再发生换刀过程中断现象，主轴能够正常工作，故障排除。

任务拓展二：数控车床主轴慢转、“定向准停”不能完成

故障现象：一台采用 FANUC 10T 系统的数控车床，在加工过程中，主轴不能按指令要求进行正常的“定向准停”，主轴驱动器“定向准停”控制板上的 ERROR（错误）指示灯亮，主轴一直保持慢速转动，定位不能完成。

故障诊断：由于主轴在正常旋转时动作正常，故障只在进行主轴“定向准停”时才发生，由此可以初步判定主轴驱动器工作正常，故障的原因通常与主轴“定向准停”检测磁性传感器、主轴位置编码器等部件，以及机械传动系统的安装连接等因素有关。

根据机床与系统的维修说明书，对照故障的诊断流程，检查了 PLC 梯形图中各信号的状态，发现主轴在360°范围内旋转时，主轴“定向准停”检测磁性传感器信号始终为“0”，因此，故障原因可能与此信号有关。

检查该磁性传感器，用旋具作为“发信挡铁”进行试验，发现信号正常，但在实际发信挡铁靠近时，检测磁性传感器信号始终为“0”。

故障维修：重新调整检测磁性传感器的检测距离后，机床恢复正常。

知识链接

主轴准停装置

为了使数控机床完成 ATC（刀具自动交换）的动作过程，必须设置主轴准停机构。数控机床和加工中心，由于刀具装在主轴上，切削时切削转矩不可能仅靠锥孔的摩擦力来传递，因此在主轴前端设置一个凸键，当刀具装入主轴时，刀柄上的键槽必须与凸键对准才能顺利换刀。为此，主轴必须准确停在某固定的角度上。由此可知主轴准停是实现 ATC 过程的重要环节，主轴准停控制过程如图 4—2—6 所示。

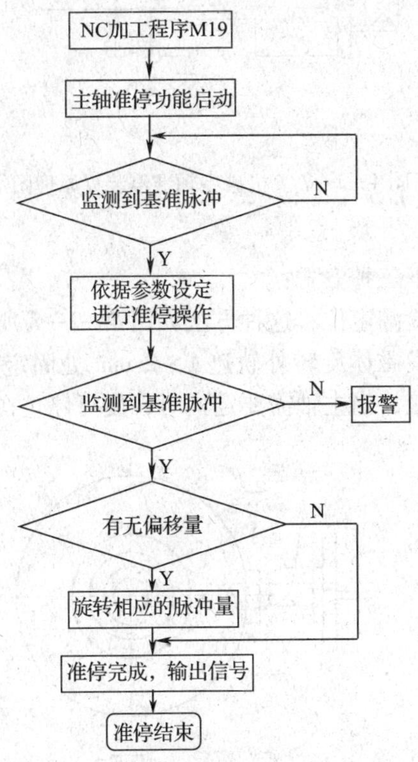

图 4—2—6　主轴准停控制流程图

通常主轴准停机构有两种方式，即机械准停与电气准停。

1．机械准停

机械准停采用机械凸轮机构或光电盘方式进行粗定位，然后有一个液动或气动的定位销插入主轴上的销孔或销槽实现精确定位，完成换刀后定位销退出，主轴才开始旋转。采用这种传统方法定位，结构复杂，在早期数控机床上使用较多，而现代数控机床采用电气方式定位较多，机械主轴准停装置原理如图 4—2—7 所示。

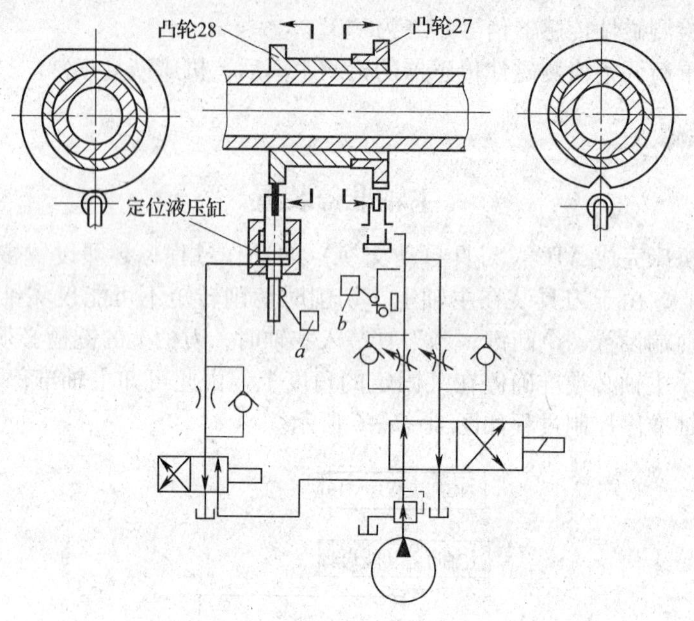

图 4—2—7　机械主轴准停装置原理图

2. 电气准停

电气准停定位一般有以下三种方式：

第一种是用磁性传感器检测定位，这种方法如图 4—2—8 所示，在主轴上安装一个发磁体与主轴一起旋转，在距离发磁体旋转外轨迹 1 ~ 2 mm 处固定一个磁性传感器，它经过放大器并与主轴控制单元相连接，当主轴需要定向时，便可停止在调整好的位置上。

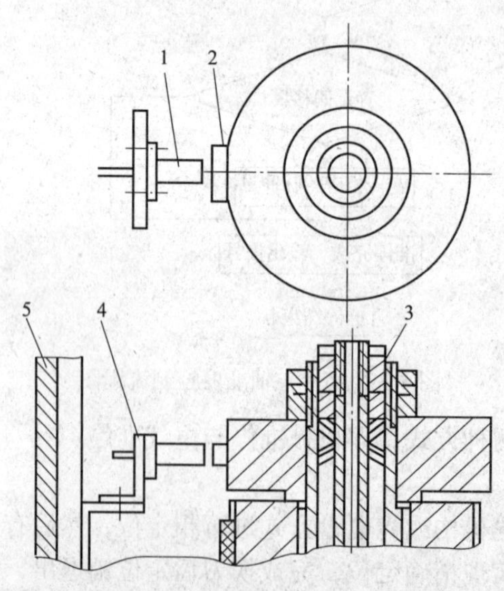

图 4—2—8　磁性传感器主轴准停装置原理图

1—磁性传感器　2—发磁体　3—主轴　4—支架　5—主轴箱

第二种是用位置编码器检测定位，如图 4—2—9 所示，这种方法是通过主轴电动机内置安装的位置编码器或在机床主轴箱上安装一个与主轴 1∶1 同步旋转的位置编码器来实现准停控制，准停角度可任意设定。

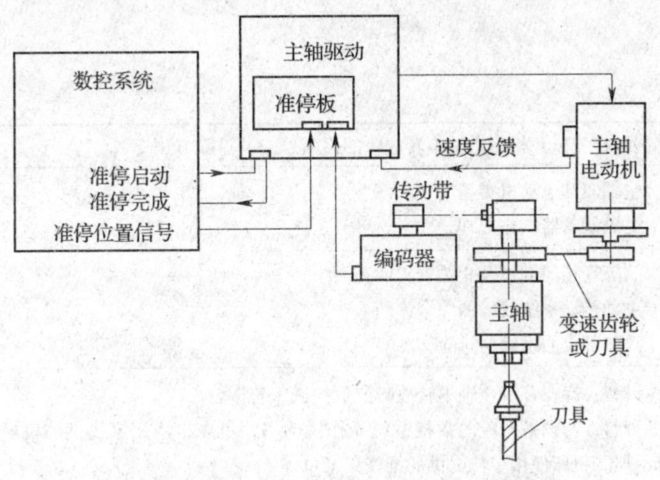

图 4—2—9　编码器型主轴准停装置原理图

第三种方法是数控系统控制主轴准停，如图 4—2—10 所示，准停的角度可由数控系统内部设定成任意值，准停由数控代码 M19 执行。当执行 M19 或 M19 S××时，数控系统先将 M19 送至 PLC，处理后送出控制信号，控制主轴电动机由静止迅速升速或在原来运行的较高速度下迅速降速到定向准停设定的速度，寻找主轴编码器零位脉冲 C，然后进入位置闭环控制状态，并按系统参数设定定向准停。若执行 M19 无 S 指令，则主轴准停于相对 C 脉冲的某一缺省位置；若执行 M19 S××指令，则主轴准停于指令位置，即相对零位脉冲某角度处。主轴定向准停的具体控制过程，不同的系统其控制执行过程略有区别，但大同小异。

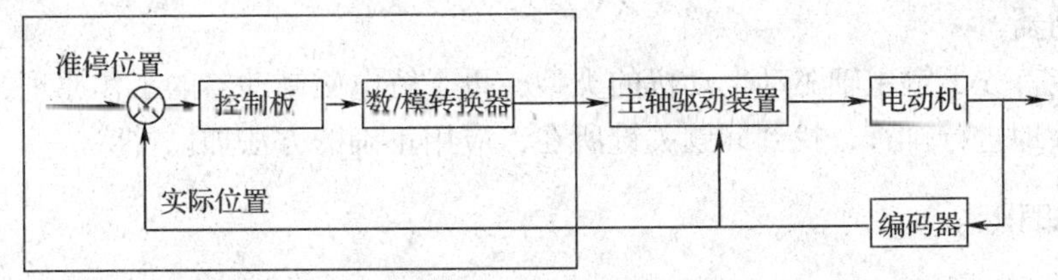

图 4—2—10　数控系统控制主轴准停装置原理图

对于数控机床准停装置的维修，要先分清本机床使用的是哪一种准停方式，然后再进行维修。

任务3　数控铣床开机后主轴不转

教学导航

教学目标	掌握数控铣床开机后主轴不转故障的诊断思路及排除方法
知识要点	1. 主轴驱动电动机类型 2. 电磁制动器工作原理
技能要点	1. 故障现场的勘察及相关资料的查阅 2. 主轴传动系统故障的综合诊断 3. 故障部位的维修与排除
教学准备	1. 设备：存在开机主轴不转故障的数控铣床若干台 2. 资料：与设备对应的数控系统操作说明书，机床生产厂家提供的机械说明书、电气说明书、维修手册，机床使用单位提供的维修记录单等 3. 工具：机床维修工具箱等
建议学时	18 学时

任务引入

在企业生产切削加工过程中，某台数控铣床开机后主轴不转，不能工作。

试从主轴主传动系统方面对故障现象产生的原因进行分析，并排除这一故障。

任务分析

本任务主要针对数控铣床开机后主轴不转这一故障现象展开，主轴不转的主要原因是主轴驱动电动机或制动器有问题，而用于主轴驱动的电动机是三相交流变频电动机，用于制动的是电磁制动器。

因此，应首先了解主轴驱动电动机的类型，再了解电磁制动器的工作原理，这样就可以按顺序分步骤地进行排查，找到问题关键所在，应用正确的方法加以排除。

相关知识

一、主轴驱动电动机类型

数控机床常用的主轴电动机有以下四种。

1. 普通三相交流电动机

普通三相交流电动机可以直接启动，采用机械换挡方式调整主轴转速。经济型数控车床普遍采用普通三相交流电动机。

2. 三相交流变频电动机

三相交流变频电动机采用变频器实现调速和其他控制功能。普通中低档数控机床经常采用此控制方式。但由于变频调速系统无法精确地控制其准停，且转速控制精度低，所以加工中心一般不采用这种控制方式。本任务数控铣床即采用这种电动机进行驱动。

三相交流变频电动机由三相交流变频电源供电，变频器供电电源为三相 380 V、50 Hz，变频器输出为 5 ~ 100 Hz（5 ~ 50 Hz、50 ~ 100 Hz）。电动机在 50 Hz 以下为恒转矩调速，在 50 Hz 以上为恒功率调速。变频调速电动机使用环境温度为 – 20 ~ 40℃，相对湿度小于 85%，海拔高度不大于 1 000 m。

3. 直流主轴电动机

直流主轴电动机采用直流放大器进行直流电动机驱动及控制。在启动转矩大、过载能力强、低速力学性能要求高的数控机床上常采用直流主轴电动机驱动系统。

4. 交流主轴电动机

交流主轴电动机采用交流主轴数字放大器进行控制，有一定的过载能力，该控制方式目前在高档数控机床上普遍采用。

二、电磁制动器工作原理

1. 电磁制动器功用和主要性能

电磁制动器（electromagnetic brake）是使机械中的运动件停止或减速的机械零件，俗称刹车、闸。制动器主要由制动架、制动件和操纵装置等组成。有些制动器还装有制动件间隙自动调整装置。为了减小制动力矩和结构尺寸，制动器通常装在设备的高速轴上，但对安全性要求较高的大型设备（如矿井提升机、电梯等）则应装在靠近设备工作部分的低速轴上。有些制动器已标准化和系列化，并由专业工厂制造以供选用。

电磁制动器是现代工业中一种理想的自动化执行元件，在机械传动系统中主要起传递动力和控制运动等作用。具有结构紧凑、操作简单、响应灵敏、寿命长、使用可靠、易于实现远距离控制等优点，它主要与系列电动机配套使用。单片电磁制动器如图 4—3—1 所示，组合式电磁离合制动器如图 4—3—2 所示。

使机械运转部件停止或减速所必须施加的阻力矩称为制动力矩。制动力矩是设计、选用制动器的依据，其大小由机械结构和工作要求决定。制动器上所用摩擦材料（制动件）的性能直接影响制动过程，而影响其性能的主要因素为工作温度和温升速度。摩擦材料应具有高而稳定的摩擦因数和良好的耐磨性。摩擦材料分金属和非金属两类。前者常用的有铸铁、钢、青铜和粉末冶金摩擦材料等，后者有皮革、橡胶、木材和石棉等。

2. 电磁制动器使用安装注意事项

（1）应在完全没有水分、油分等的状态下使用电磁制动器，如果摩擦部位沾有水分或油分等物质，会使摩擦力矩大为降低，制动的灵敏度也会变差，为了在使用中避免这些情况，应加设罩盖。

（2）在尘埃很多的场所使用时，应将制动器全部放入箱中。转矩为 588 N · m 以下的电磁制动器可以使用直立型。

图 4—3—1　单片电磁制动器

图 4—3—2　组合式电磁离合制动器

（3）用来安装制动器的长轴和用于安装轴的键，须选择国标规定的尺寸。

（4）考虑到热膨胀等因素，安装轴的推力间隙应选择在 0.2 mm 以下。

（5）安装时将吸引间隙调整为规定值的 ±20% 以内。

（6）保证托架重量轻，不使制动器的轴承承受过重的压力。

（7）组装用的螺钉，应利用弹簧金属片、接触剂等进行防松处理。

（8）在利用机械侧的框架维持引线的同时，还要利用端子板等确保各部分连接牢固。

3. 电磁制动器维护保养

为了保证电磁制动器不间断地运行，必须经常对其进行维护和保养。

（1）经常在电磁制动器的可动部分添加润滑剂。

（2）定期检查衔铁行程的长度。因为在制动器运行过程中，由于制动面的磨损，衔铁的行程长度将会增大。当衔铁行程长度达不到正常值时，必须进行调整，以恢复制动面与转盘之间的间隙。如果衔铁行程长度增大到正常值以上，就可能大大降低吸力。

（3）如果更换了磨损的制动面，应重新调整制动面与转盘之间的间隙。

（4）经常检查螺栓的紧固程度，特别要拧紧电磁铁的螺栓、电磁铁与外壳的螺栓、磁轭的螺栓、电磁铁线圈的螺栓和接线螺栓。

（5）定期检查可动部件的机械磨损情况，并清除电磁铁零件表面的灰尘、花毛和污垢。

任务实施

一、任务准备

设备：存在开机主轴不转故障的数控铣床若干台。

资料：与设备对应的数控系统操作说明书，机床生产厂家提供的机械说明书、电气说明书、维修手册，机床使用单位提供的维修记录单等。

工具：机床维修工具箱等。

二、故障勘察

经过现场勘察了解到该铣床采用三相交流变频电动机驱动，由 V 带传动、调速，主轴由滚动轴承支撑。开机后，主轴始终不转。

三、故障维修

主轴不转的原因一般有电动机损坏、传动键损坏、V 带过松、制动器损坏、轴承损坏等，需对以下部件进行逐一诊断排查，诊断维修流程如图 4—3—3 所示。

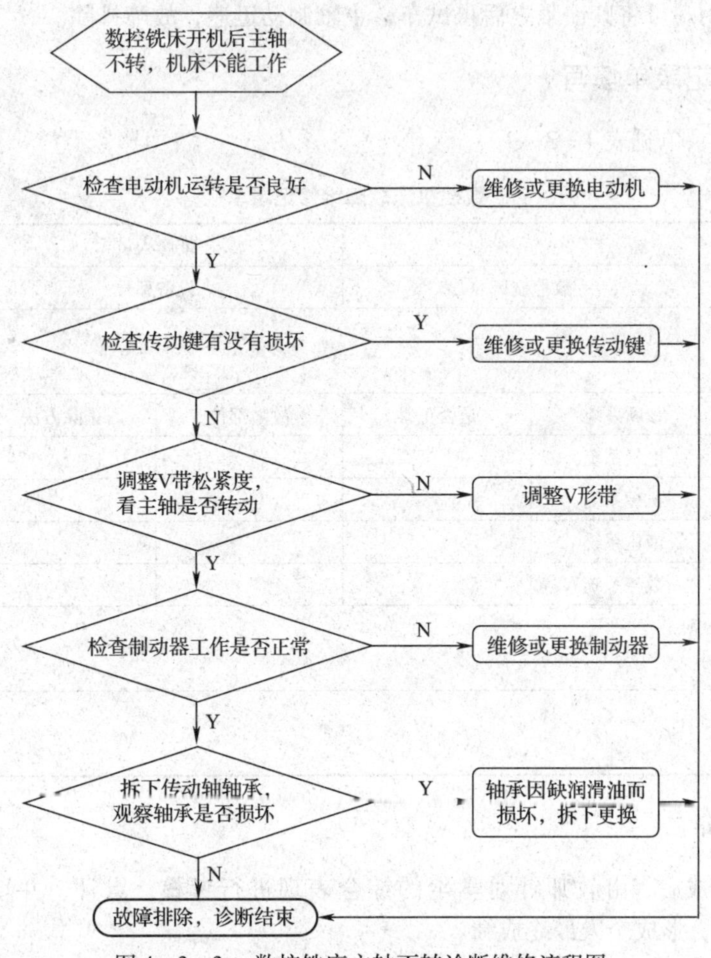

图 4—3—3　数控铣床主轴不转诊断维修流程图

第一步，悬挂“维修中，请勿靠近”警示牌，在机床断电状态下，检查电动机情况是否良好。

第二步，检查传动键有没有损坏。

第三步，调整 V 带松紧程度，看主轴是否转动。

第四步，检查测量电磁制动器的接线和线圈是否正常，并拆下制动器观察弹簧和摩擦盘是否完好。

第五步，拆下传动轴观察轴承是否损坏，其他部件是否卡死等。

经过逐步诊断排查，发现电动机运行良好，传动键没有损坏，调整 V 带松紧程度，主轴仍然不转，检查测量电磁制动器的接线和线圈均正常，拆下制动器发现弹簧和摩擦盘也完好，最后拆下传动轴发现轴承缺乏润滑油而损坏，将其拆下更换，用手盘转动主轴正常。可见故障原因是支撑主轴的轴承损坏导致主轴不转。

第六步，换上同型号的新轴承，重新装上后主轴转动正常，但因主轴制动时间较长，还需调整摩擦盘和衔铁之间的间隙。

具体做法是：先松开螺母，均匀地调整 4 个螺钉，使衔铁向上移动，将衔铁和摩擦盘间隙调至 1 mm，用螺母将其锁紧之后再试车，主轴制动迅速，故障排除。

四、故障维修记录单填写

故障维修记录单见表 4—3—1。

表 4—3—1　　数控机床故障维修记录单

维修时间			维修人员		
设备名称	数控铣床		设备型号		
故障现象					
诊断与维修	诊断系统	是否正常	故障部位	排除方法	维修用零配件
	电气系统				
	机械系统				
	液压系统				
	数控系统				
维修小结					
维修后试车确认维修结果					

任务评价

任务实施完成后，由教师针对学生的综合表现进行考核、点评，并填写任务评价表（见表 4—3—2），形成个人最终成绩。

表 4—3—2　　任务评价表

姓名			题目名称	数控铣床开机后主轴不转故障诊断与维修		
序号	项目	考核内容及要求	配分	评分标准	扣分内容	评分
1	任务准备	检查工具、资料是否准备齐全	5	工具准备（3 分） 资料准备（2 分）		

续表

序号	项目	考核内容及要求	配分	评分标准	扣分内容	评分
2	故障现象勘察	观察主轴故障状态	5	能明确描述故障现象		
		观察故障信息，查阅相关手册	10	能明确电磁制动器工作原理		
3	故障诊断	分别从不同故障类型诊断故障原因	30	正确应用故障的诊断维修流程图（15分） 确定最终方案（15分）		
4	故障处理	对故障部位进行维修	20	工具使用（5分） 思路清晰（10分） 工时控制合理（5分）		
		对维修效果试车进行验证	5	试车（2分） 维修部位恢复（3分）		
5	安全文明生产	应符合国家安全文明生产的有关规定	5	违反安全文明生产有关规定不得分		
6	实操过程记录	填写清晰、准确	5	填写不准确不得分		
7	问题解答	回答清晰、准确（时间在10 min内满分，其余情况酌情扣分）	15	每位同学回答三题（每题5分）		
实际用时：18学时		规定时间内完成	每超时1 h扣5分，超时4 h此项目考核不得分			
指导教师建议					总得分	

任务拓展

任务拓展一：数控铣床主轴不能准停

故障现象：数控铣床在工作过程中，主轴箱内机械变挡滑移齿轮自动脱离啮合，主轴停转。

故障诊断：该机床采用变速齿轮带动的主传动，采用液压缸推动滑移齿轮进行变速，液压缸同时也锁住滑移齿轮。变挡滑移齿轮自动脱离啮合，主要是由液压缸内压力变化引起的。控制液压缸的“O”形三位四通换向阀在中间位置时不能闭死，液压缸前后两腔油路相互渗漏，这样势必造成液压缸上腔推力大于下腔，使活塞杆渐渐向下移动，逐渐使滑移齿轮脱离啮合，造成主轴停转。

故障维修：更换新的三位四通换向阀后即可解决问题；或改变控制方式，采用二位四通电磁阀，使液压缸始终保持压力油。重新试车后，主轴不再停转，能够正常工作，故障排除。

任务拓展二：数控铣床主轴不能换挡

故障现象：一台型号为 XK5038 - 1 的数控铣床，随着气温升高，操作工反映主轴换挡时间变长，液压站油温升高后，主轴无法换到高速挡（1 000 r/min 以上）。从操作面板看，高速挡灯不亮，主轴手动钮闪亮，提示点动主轴；按点动按钮后，主轴转动，高速挡灯依旧不亮，主轴手动钮继续提示点动主轴。

故障诊断：高速挡灯不亮说明换挡机构不能换挡，或者 PLC 收不到高速挡在位感应器信号。考虑到听不见齿轮换挡声响，决定先检查换挡机构。打开主轴箱盖，见换挡齿轮落在低速挡，手动方式输入 1 200 r/min 转速听见换挡电磁阀动作，而换挡齿轮不动，用手拨，拨不动，估计存在卡死现象。将换挡摆动缸拆下，再拨动换挡齿轮，上下灵活。再拨动摆动缸轴端齿轮，无法拨动，打开检查发现其矩形密封断裂，造成泄漏，同时断裂密封卡在叶片与缸体之间，将其卡死。

故障维修：拆下换挡摆动缸，更换矩形密封配件，重新装好，调好精度并试车，发现主轴能够正常换挡，故障排除。

任务 4　加工中心电主轴高速旋转时发热

教学导航

教学目标	掌握加工中心电主轴高速旋转时发热故障的诊断思路及排除方法
知识要点	1. 电主轴系统 2. 内装式电主轴单元特点和结构 3. 电主轴所融合的技术 4. 主轴润滑方式
技能要点	1. 故障现场的勘察及相关资料的查阅 2. 主轴传动系统故障的综合诊断 3. 故障部位的维修与排除
教学准备	1. 设备：电主轴高速旋转时存在发热故障的加工中心若干台 2. 资料：与设备对应的数控系统操作说明书，机床生产厂家提供的机械说明书、电气说明书、维修手册，机床使用单位提供的维修记录单等 3. 工具：机床维修工具箱等
建议学时	12 学时

任务引入

在企业生产切削加工过程中，某台加工中心电主轴高速旋转时发热，导致主轴有轻微变形，加工的零件达不到精度要求，导致批量零件报废。

试从主轴主传动系统方面对故障现象产生的原因进行分析，并排除这一故障。

任务分析

高速主轴系统历来就是数控机床三大高新技术（高速主轴、数控系统、送给驱动）之一。随着数控技术的飞跃发展，越来越多的机械制造装备都在不断地向高速、高精、高效、高智能化方向发展，内装式电主轴单元已成为最适宜上述高性能工况的数控机床核心功能部件之一。尤其是在多轴联动、多面体加工、并联机床、复合加工机床等诸多先进产品中，内装式电主轴单元的优异特点是其他类型主轴单元不能替代的。电主轴实物图如图 4—4—1 所示，解剖图如图 4—4—2 所示。

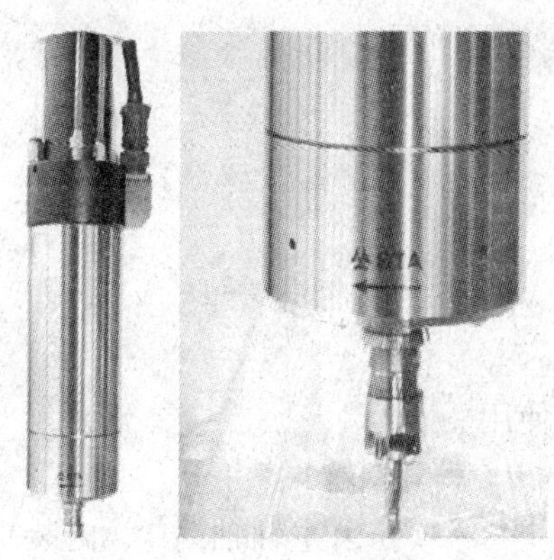

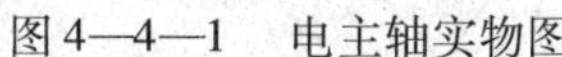

图 4—4—1　电主轴实物图

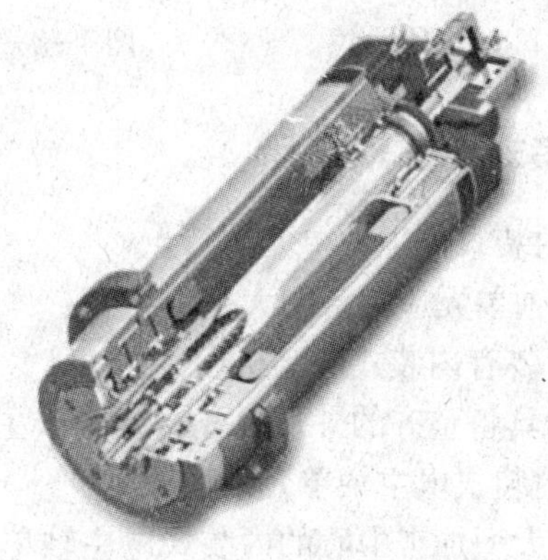

图 4—4—2　电主轴解剖图

本任务主要针对加工中心电主轴传动系统故障现象展开，因此应首先了解电主轴系统、内装式电主轴单元特点和结构、电主轴所融合的技术和主轴润滑方式，然后按顺序分步骤地进行排查，找到问题关键所在，应用正确的方法加以排除。

相关知识

一、电主轴系统

电主轴系统由内装式电主轴单元、驱动控制器、编码器、通信电缆和直流母线制动器等部分组成。能够将电网电能转变为电主轴单元的机械能，同时实现电主轴准停、准速、准位的系统称之为电主轴系统。常见的数控机床用电主轴系统的配置简图如图 4—4—3 所示。

电主轴系统品质的优劣是大型数控铣床、加工中心、数控车床品质优劣的关键因素之一，对闭环式配置的电主轴系统而言，其品质尤为重要。目前我国已能自行开发设计各类高速电主轴，选用优质的进口编码器和驱动控制器来匹配我国自行开发的电主轴单元，从而组成电主轴系统，以满足国内数控机床之急需，从而降低主机成本，提高主机的市场竞争力是一条可行之路。

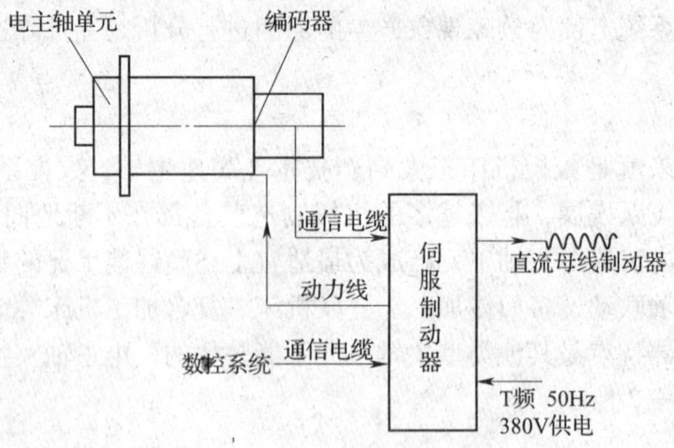

图4—4—3 电主轴系统简图

二、内装式电主轴单元

1. 内装式电主轴单元的特点

电主轴单元应具备两大基本特点：

（1）装有内装式电动机。

（2）具备整齐的外形尺寸，以利于主机厂安装使用。

2. 内装式电主轴单元结构

用于大型加工中心的内装式电主轴单元（见图4—4—4）由主轴轴系1、内装式电动机2、支撑及其润滑系统3、冷却系统4、松拉刀系统5、轴承自动卸载系统6、编码器安装调整系统7组成。

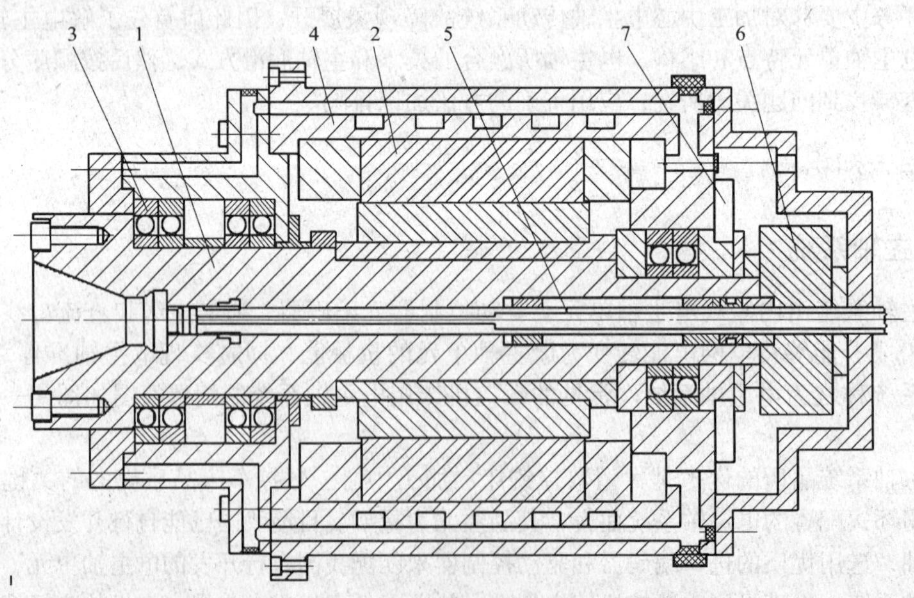

图4—4—4 加工中心用电主轴结构简图

1—主轴轴系 2—内装式电动机 3—支撑及其润滑系统 4—冷却系统
5—松拉刀机构 6—轴承自动卸载系统 7—编码器安装调整系统

主轴轴系 1 是高速、高精度主轴的本体。为使主轴轴系在极宽的转速范围内正常平稳工作，必须对该轴系进行全面的轴系结构分析，找出该轴系的临界转速，使其工作转速远离其固有频率。同时应对旋转轴系的选材及热处理工艺方案等加以详细分析，以期获得理想的尺寸稳定性。

内装式电动机 2 用于接受驱动控制器提供的中频电，并将其转换成主轴的机械能。为保证数控机床在宽转速范围内实现低速大扭矩的特性，大型数控铣床、加工中心和数控车床用电主轴的电动机通常被设计成恒功率控制的。

高转速电主轴的支撑 3 通常选用角接触球轴承。转速为 15 000 r/min 以下的电主轴轴承 *dn* 值一般小于 800 000 mm · r/min，为方便用户，通常使用脂润滑。高转速电主轴的轴承 *dn* 值大于 800 000 mm · r/min，通常采用油气润滑。这样可减轻油雾废气对环境的污染。超高速的电主轴建议选用陶瓷球混合型轴承，以提高滚动体的强度及耐热性。

高速电主轴的转轴上不能安装风扇，其外壳是功能部件的安装表面，也无法设置贯通的散热筋。因此，必须设置必要的冷却系统 4，将电主轴运行过程中由电动机和轴承座产生的热量带走，使电主轴在某一温度达到热平衡。

用于加工中心的电主轴由安装在尾端的气、液缸产生松刀力，经安放在转轴内腔的松拉刀机构 5，通过拉刀器来实现松拉刀。其拉刀器可视电主轴转速及传递转矩的不同选用 HSK、卡爪、钢球等不同形式。

用于加工中心的电主轴松刀时，尾端气、液缸产生的强大松刀力顶动松拉刀机构的拉杆向前运动，同时也使电主轴轴承承受强大的推力。为避免电主轴轴承损伤，应在电主轴上设计一套理想的卸载系统 6，将松刀力转换为转轴的内力。

大型加工中心用电主轴需具备准停、准位、准速功能，因此必须在电主轴单元中安装能实现速度反馈和传递位置信号的磁性编码器。其钢质码盘应安装在转轴本体上，接收器应牢固地安装在电主轴外壳上，同时应便于调整。

三、电主轴所融合的技术

电主轴是最近几年在数控机床领域出现的将机床主轴与主轴电动机融为一体的新技术，它与直线电动机技术、高速刀具技术一起，将会把高速加工推向一个新时代。电主轴是一套组件，它包括电主轴本身及其附件：高频变频装置、油雾润滑器、冷却装置、内置编码器、换刀装置等。

1. 高速轴承技术

电主轴通常采用复合陶瓷轴承，耐磨、耐热，寿命是传统轴承的几倍；有时也采用电磁悬浮轴承或静压轴承，内外圈不接触，理论上寿命无限。

2. 高速电动机技术

电主轴是电动机与主轴融合在一起的产物，电动机的转子即为主轴的旋转部分，理论上可以把电主轴看做一台高速电动机，关键技术是高速度下的动平衡。

3. 润滑

电主轴的润滑一般采用定时定量油气润滑，也可以采用脂润滑，但相应地速度会低些。所谓定时，就是每隔一定的时间间隔注一次油。所谓定量，就是通过一个叫定量阀的器件，精确地控制每次润滑油的油量。而油气润滑，指的是润滑油在压缩空气的携带下，被吹入陶瓷轴承。

油量控制很重要，太少，起不到润滑作用；太多，在轴承高速旋转时会因油的阻力而发热。

4. 冷却装置

为了尽快给高速运行的电主轴散热，通常对电主轴的外壁通以循环冷却剂，冷却装置的作用是保持冷却剂的温度。

5. 内置脉冲编码器

为了实现自动换刀以及刚性攻螺纹，电主轴内置一脉冲编码器，以实现准确的相角控制以及与进给的配合。

6. 自动换刀装置

为了应用于加工中心，电主轴配备了自动换刀装置，包括碟形弹簧、拉刀油缸等。

7. 高速刀具的装卡方式

广为熟悉的 BT、ISO 刀具，已被实践证明不适合于高速加工，这种情况下出现了 HSK、SKI 等高速刀具。

8. 高频变频装置

要实现电主轴每分钟几万转甚至十几万转的转速，必须用一高频变频装置来驱动电主轴的内置高速电动机，变频器的输出频率必须达到上千或几千赫兹。

四、主轴润滑方式

为了保证主轴有良好的润滑，减少摩擦发热，同时又能把主轴组件的热量带走，通常采用循环式润滑系统。近年，数控机床的主轴轴承大多采用高级油脂封闭式润滑，每加一次油脂可以使用 7 ~ 10 年，简化了结构，降低了成本且维护保养简单。

常见的主轴轴承润滑方式主要有油气润滑、喷注润滑和突入滚道润滑三种方式。

1. 油气润滑方式

如图 4—4—5 所示，油气润滑方式是通过压缩空气定时定量地把油雾或小油滴送进轴承空隙中，这样既实现了润滑，又不至于使油雾太多而污染周围空气。本任务采用的就是油气润滑方式。

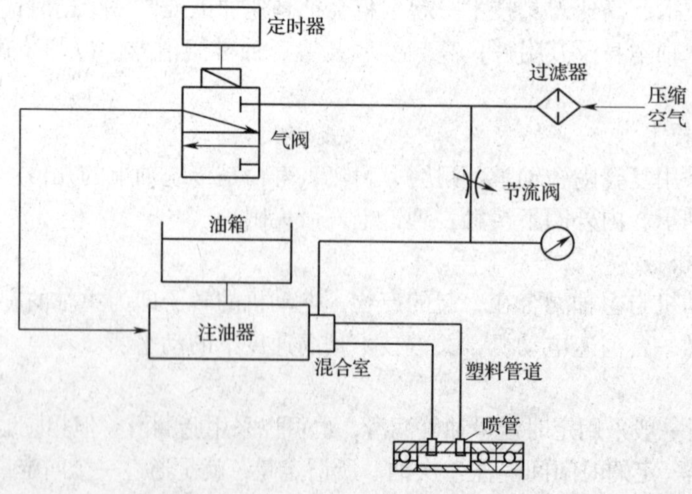

图 4—4—5　数控机床油气润滑方式

2. 喷注润滑方式

如图 4—4—6 所示，喷注润滑方式是通过将较大流量的恒温油（每个轴承 3 ~ 4 L/min）喷注到主轴轴承上，以达到润滑和冷却的目的。这里需要特别指出的是，较大流量喷注的油，不是自然回流，而是用排油泵强制排油，同时，采用专用高精度大容量恒温油箱，将油温变动量控制在 ±0.5℃以内。

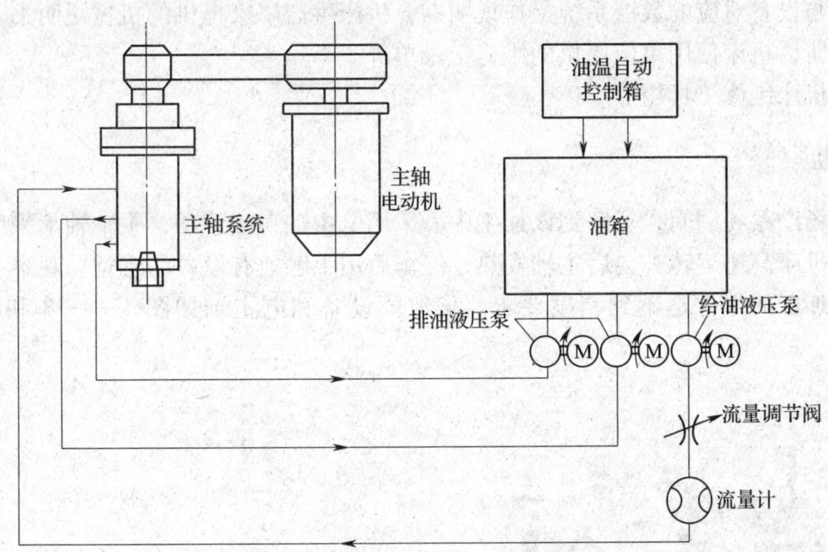

图 4—4—6　数控机床喷注润滑方式

3. 突入滚道润滑方式

突入滚道润滑方式是利用高速轴承的泵效应，把内滚道附近的润滑油吸入滚道，以达到润滑的目的。润滑油的进油口在内滚道附近，若进油口较高则泵效应差，若进油口接近外滚道则成为排放口了，润滑油将不能进入轴承内部。突入滚道润滑轴承如图 4—4—7 所示。

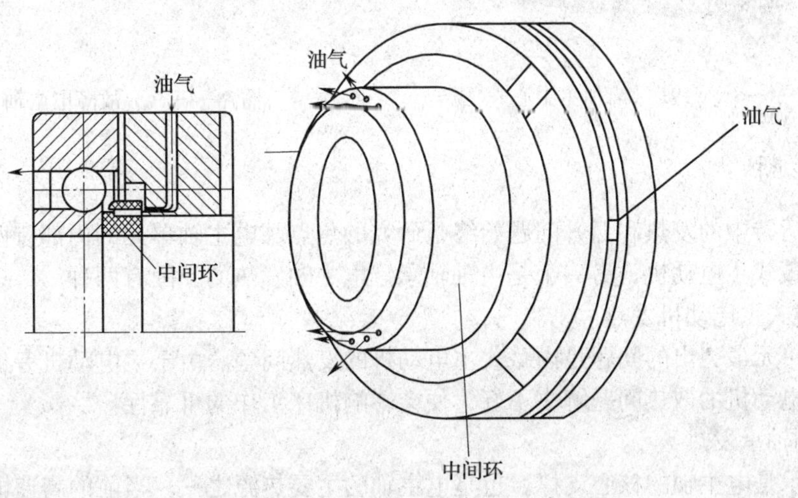

图 4—4—7　数控机床突入滚道润滑轴承

任务实施

一、任务准备

设备：电主轴高速旋转时存在发热故障的加工中心若干台。

资料：与设备对应的数控系统操作说明书，机床生产厂家提供的机械说明书、电气说明书、维修手册，机床使用单位提供的维修记录单等。

工具：机床维修工具箱等。

二、故障勘察

经过现场勘察和询问，了解到该加工中心采用电主轴直接传动，主轴轴承采用角接触陶瓷球轴承。机床高速运转一会后主轴发热，停车后用手触摸有发烫的感觉。观察主轴有轻微变形，检验加工的零件达不到精度要求。该故障设备和电主轴如图 4—4—8 和图 4—4—9 所示。

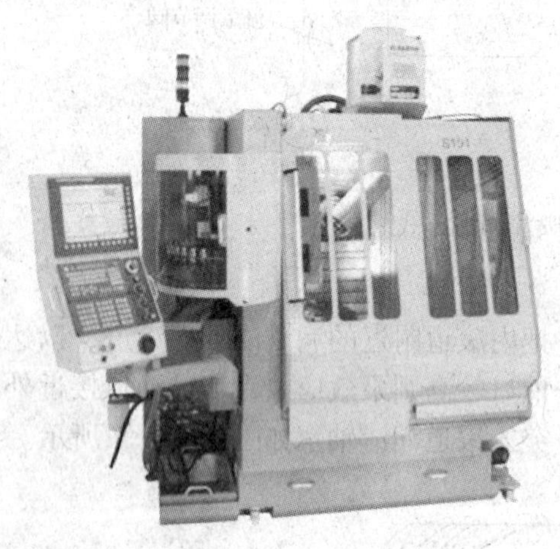

图 4—4—8　S191 故障加工中心

图 4—4—9　故障电主轴

三、故障诊断

电主轴运转中的发热和温升问题始终是研究的焦点。电主轴单元的内部有两个主要的热源：一是内藏式主电动机，另一个是主轴轴承。电主轴发热的原因有两种。

1. 内藏式主电动机发热

电主轴单元最突出的问题是内藏式主电动机的发热问题。由于主电动机旁边就是主轴轴承，如果主电动机的散热问题解决不好，便会影响机床工作的可靠性。

2. 主轴轴承发热

主轴轴承是电主轴的核心支撑，也是电主轴的主要热源之一。当前的高速电主轴，大多数采用角接触陶瓷球轴承，如图 4—4—10 所示，因为陶瓷球轴承具有以下特点：

图 4—4—10　角接触陶瓷球轴承

（1）滚珠重量轻，离心力小，动摩擦力矩小。

（2）因温升引起的热膨胀小，使轴承的预紧力稳定。

（3）弹性变形量小，刚度高，寿命长。

（4）轴承内、外圈均带斜坡，超高速，适用于油气润滑、油雾润滑、脂润滑。

（5）可以同时承受径向负荷和轴向负荷，也可以承受纯轴向负荷。

（6）运转平稳，径向游隙可调。

由于电主轴的运转速度高，因此对主轴轴承的动态、热态性能有严格要求。合理的预紧力、良好而充分的润滑是保证主轴正常运转的必要条件。

四、故障维修

综上所述，可以采用循环冷却和油气润滑两种方法对主轴过热故障进行维修，诊断维修流程如图 4—4—11 所示。

方法一：循环冷却

主要的解决方法是采用循环冷却结构，分外循环和内循环两种，冷却介质可以是水或油，使电动机与前、后轴承都能得到充分冷却。

方法二：油气润滑

采用油气润滑，润滑方式如图 4—4—5 所示，雾化发生器进气压为 0. 25 ~ 0. 3 MPa，选用 20# 透平油，油滴速度控制在 80 ~ 100 滴/min。润滑油气在充分润滑轴承的同时，还带走了大量热量。前、后轴承的润滑油分配是非常重要的问题，必须加以严格控制。进气口截面应大于前后喷油口截面的总和，排气应顺畅，各喷油小孔的喷射角与轴线成

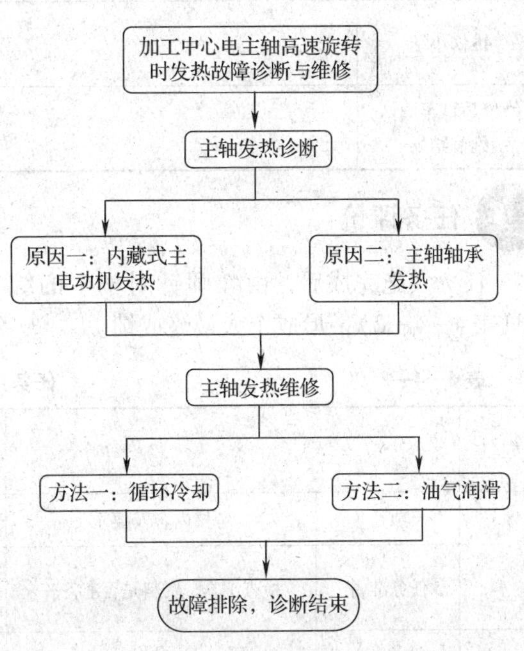

图 4—4—11　数控加工中心主轴发热诊断维修流程图

15°夹角，使油气直接喷入轴承工作区。

由以上四个典型维修任务可知，数控机床主传动系统故障很多，主轴噪声、主轴振动、主轴发热、主轴不转等都是常见故障。在维修实践中，这些故障尤以机械故障居多，主要原因是轴承损坏。装配质量差、缺润滑油、润滑脂过多或过少，都易造成轴承损坏。若发现轴承损坏，应更换主轴轴承，严格按主轴装配工艺装配主轴轴承后，一定要按磨合规程进行主轴磨合，以便及时发现装配问题，并且延长轴承使用寿命。

五、故障维修记录单填写

故障维修记录单见表4—4—1。

表4—4—1　　数控机床故障维修记录单

<table>
<tr><td>维修时间</td><td colspan="2"></td><td colspan="2">维修人员</td><td></td></tr>
<tr><td>设备名称</td><td colspan="2">加工中心</td><td colspan="2">设备型号</td><td>S191</td></tr>
<tr><td>故障现象</td><td colspan="5"></td></tr>
<tr><td rowspan="5">诊断与维修</td><td>诊断系统</td><td>是否正常</td><td>故障部位</td><td>排除方法</td><td>维修用零配件</td></tr>
<tr><td>电气系统</td><td></td><td></td><td></td><td></td></tr>
<tr><td>机械系统</td><td></td><td></td><td></td><td></td></tr>
<tr><td>液压系统</td><td></td><td></td><td></td><td></td></tr>
<tr><td>数控系统</td><td></td><td></td><td></td><td></td></tr>
<tr><td>维修小结</td><td colspan="5"></td></tr>
<tr><td>维修后试车确认
维修结果</td><td colspan="5"></td></tr>
</table>

任务评价

任务实施完成后，由教师针对学生的综合表现进行考核、点评，并填写任务评价表（见表4—4—2），形成个人最终成绩。

表4—4—2　　任务评价表

<table>
<tr><td>姓名</td><td colspan="2"></td><td>题目名称</td><td colspan="3">加工中心电主轴高速旋转时发热
故障诊断与维修</td></tr>
<tr><td>序号</td><td>项目</td><td>考核内容及要求</td><td>配分</td><td>评分标准</td><td>扣分内容</td><td>评分</td></tr>
<tr><td>1</td><td>任务准备</td><td>检查工具、资料是否准备齐全</td><td>5</td><td>工具准备（3分）
资料准备（2分）</td><td></td><td></td></tr>
<tr><td rowspan="2">2</td><td rowspan="2">故障现象勘察</td><td>观察电主轴故障状态</td><td>5</td><td>能明确描述故障现象</td><td></td><td></td></tr>
<tr><td>观察故障信息，查阅相关手册</td><td>10</td><td>能明确电主轴工作原理</td><td></td><td></td></tr>
</table>

续表

序号	项目	考核内容及要求	配分	评分标准	扣分内容	评分
3	故障诊断	分别从不同故障类型诊断故障原因	30	正确应用故障的诊断维修流程图（15 分） 确定最终方案（15 分）		
4	故障处理	对故障部位进行维修	20	工具使用（5 分） 思路清晰（10 分） 工时控制合理（5 分）		
		对维修效果试车进行验证	5	试车（2 分） 维修部位恢复（3 分）		
5	安全文明生产	应符合国家安全文明生产的有关规定	5	违反安全文明生产有关规定不得分		
6	实操过程记录	填写清晰、准确	5	填写不准确不得分		
7	问题解答	回答清晰、准确（时间在 10 min内满分，其余情况酌情扣分）	15	每位同学回答三题（每题 5 分）		
实际用时：12 学时		规定时间内完成	每超时 1 h 扣 5 分，超时 4 h 此项目考核不得分			
指导教师建议					总得分	

任务拓展

任务拓展一：加工中心主轴无法变速

故障现象：TH5840 立式加工中心换挡变速时，变速气缸不动作，无法变速。

故障诊断：变速气缸不动作的原因有：

①气动系统压力太低或流量不足。

②气动换向阀未得电或换向阀有故障。

③变速气缸有故障。

通过分析，首先检查气动系统的压力，压力表显示气压为 0.6 MPa，压力正常；检查换向阀电磁铁已带电，用手动换向阀，变速气缸动作，故判定气动换向阀有故障。TH5840 立式加工中心如图 4—4—12 所示。

故障维修：拆下气动换向阀，检查发现有污物卡住阀芯，清洗后重新装好，试车后主轴能够变速，故障排除。

任务拓展二：加工中心刀柄和主轴接触不良

故障现象：TH5840 立式加工中心换刀时，向主轴锥孔吹气，把含有铁锈的水分子吹出，并附着在主轴锥孔和刀柄上，导致刀柄和主轴接触不良。

图 4—4—12　TH5840 立式加工中心

故障维修：故障产生的原因是压缩空气中含有水分。如采用空气干燥机，使用干燥后的压缩空气问题即可解决。若受条件限制，没有空气干燥机，也可在主轴锥孔吹气的管路上进行两次分水过滤，设置自动放水装置，并对气路中的相关零件进行防锈处理，故障即可排除。

知识链接

一、主传动系统常见故障

数控机床主传动系统常见故障诊断与维修见表 4—4—3。

表 4—4—3　　主传动系统常见故障诊断与维修

序号	故障现象	故障诊断	故障维修
1	主轴发热	主轴轴承预紧力过大	调整预紧力
		轴承损伤或不干净	更换轴承，清除脏物
		润滑油脏或有杂质	清洗主轴箱，重新换油
		轴承润滑油脂耗尽或过多	涂抹润滑脂，每个轴承 3 mL
		主轴前端盖与主轴箱压盖研伤	修磨主轴前端盖使其压紧主轴前轴承
2	主轴噪声	主轴部件动平衡不良	重做动平衡
		齿轮磨损	修理或更换齿轮
		齿轮啮合间隙不均匀或齿轮损坏	调整齿轮啮合间隙或更换齿轮
		轴承拉毛或损坏	更换轴承
		传动带松弛或磨损	调整或更换传动带
		主轴与电动机连接的传动带过紧	调整传动带张紧力
		润滑不良	调整润滑油量，保证主轴箱清洁度

续表

序号	故障现象	故障诊断	故障维修
3	主轴不转	传动轴上的轴承损坏	更换轴承
		保护开关没有压合或失灵	压合保护开关或更换
		主轴与电动机连接的传动带过松	调整或更换传动带
		主轴拉杆未拉紧夹持刀具的拉钉	调整主轴拉杆、拉钉结构
		卡盘未夹紧工件	调整或修理卡盘
		变挡复合开关损坏	更换复合开关
		变挡电磁阀体内泄漏	更换电磁阀
4	主轴停转	电动机与主轴连接的传动带过松	张紧传动带
		传动带表面有油	用汽油清洗后擦干净
		传动带使用过久而失效	更换传动带
		摩擦离合器调整过松或磨损	调整离合器，修磨或更换摩擦片
5	主轴无变速	变挡液压缸压力不足	检测工作压力，若低于额定压力应调整
		变挡液压缸研伤或卡死	修去毛刺和修磨研伤表面，清洗后重装
		变挡电磁阀卡死	检修电磁阀并清洗
		变挡液压缸拨叉脱落	修复或更换
		变挡液压缸串油或内泄	更换密封圈
		变挡复合开关失灵	更换开关
6	主轴振动	轴承预紧力不够，游隙过大	重新调整轴承游隙，但预紧力不宜过大
		轴承预紧螺母松动，使主轴窜动	紧固螺母，确保主轴精度合格
		轴承拉毛或损坏	更换轴承
		主轴箱和床身连接螺钉松动	恢复精度后紧固连接螺钉
		主轴与箱体精度超差	修理主轴或箱体，使其精度达到要求
		车床转搭刀架运动部位松动	调整修理
		其他因素	检查刀具或切削工艺
7	主轴不准停	传感器或编码器损坏	更换传感器或编码器
		连接套上的紧定螺钉松动	紧固连接套上的紧定螺钉
		插接件和电缆损坏或接触不良	更换或使之接触良好
8	主轴准停位置不准	重装后传感器或编码器位置不准	调整元件位置或对机床参数进行调整
		编码器与主轴的连接部分间隙过大使旋转不同步	调整间隙到指定值

续表

序号	故障现象	故障诊断	故障维修
9	刀具不能夹紧	碟形弹簧位移量太小	调整碟形弹簧行程长度
		弹簧夹头损坏	更换新弹簧夹头
		碟形弹簧失效	更换新碟形弹簧
		刀柄上拉钉过长	更换拉钉，并正确安装
		拉刀液压缸动作不到位	调整拉刀液压缸行程
		刀具松夹弹簧上的螺母松动	拧紧螺母，使其最大工作载荷为 13 kN
10	刀具不能松开	松刀液压缸压力不够	调整液压缸压力
		松刀液压缸行程不够	调整活塞行程开关位置
		碟形弹簧压合过紧	调整碟形弹簧上的螺母，减小弹簧压合量
11	主轴润滑不足	液压泵转向不正确或间隙过大	改变液压泵转向或修理液压泵
		吸油管没有插入油箱的油面以下	吸油管插入油箱油面以下 2/3 处
		油管或滤油器堵塞	清除堵塞物
		润滑油压力不足	调整供油压力
12	润滑油泄漏	润滑油量多	调整供油量
		检查各处密封件是否有损坏	更换密封件
		管件损坏	更换管件
13	液压变速时齿轮推不到位	主轴箱内拨叉磨损	选用球墨铸铁做拨叉材料
			在每个垂直滑移齿轮下方安装塔簧作为辅助平衡装置，减轻对拨叉的压力
			使活塞的行程与滑移齿轮的定位相协调
			若拨叉磨损，予以更换

二、主传动系统的维护

为保证主传动系统正常工作，减少出故障率，需要及时进行维护，维护内容如下：

（1）熟悉数控机床主传动系统的结构、性能参数，严禁超性能使用。

（2）主传动系统出现不正常现象时，应立即停机排除故障。

（3）操作者应注意观察主轴油箱温度，检查主轴润滑恒温油箱，调节温度范围，使油量充足。

（4）使用带传动的主轴系统，需定期观察调整主轴驱动传动带的松紧程度，防止因传动带打滑造成丢转现象。具体维护方法为：

◆ 用手在垂直于 V 带的方向上拉 V 带，作用力必须在两轮中间。

◆ 拧紧电动机底座上的 4 个安装螺栓。

◆ 拧动调整螺栓，移动电动机底座使 V 带具有适度的松紧度。

◆ V 带轮槽必须清理干净，V 带轮槽内若有油、污物、灰尘等会使 V 带打滑，缩短 V 带的使用寿命。

（5）用液压系统平衡主轴箱质量的平衡系统，需定期观察液压系统的压力表，当油压低于要求值时须补油。

（6）使用液压拨叉变速的主传动系统，必须在主轴停车后变速。

（7）使用啮合式电磁离合器变速的主传动系统，离合器必须在 1 ~2 r/min 的转速下变速。

（8）注意保持主轴与刀柄连接部位及刀柄的清洁，防止对主轴的机械撞击。

（9）每年对主轴润滑恒温油箱中的润滑油更换一次，并清洗过滤器。

（10）每年清理润滑油池底一次，并更换液压泵滤油器。

（11）每天检查主轴润滑恒温油箱，使其油量充足，工作正常。

（12）防止各种杂质进入润滑油箱，保持油液清洁。

（13）经常检查轴端及各处密封，防止润滑油泄漏。

（14）刀具夹紧装置经长时间使用后，会使活塞杆和拉杆间的间隙加大，需要及时调整液压缸活塞的位移量。

（15）经常检查压缩空气气压，并调整到标准要求值。足够的气压才能将主轴锥孔中的切屑和灰尘清理彻底。

模块五

进给驱动系统故障的诊断与维修

任务1 数控铣床 Z 轴发烫

教学导航

教学目标	掌握数控铣床 Z 轴发烫故障的诊断思路及排除方法
知识要点	1. 数控机床对进给驱动系统的要求 2. 数控机床对进给驱动系统的基本控制方式 3. 数控机床常用进给驱动系统介绍 4. 数控机床伺服系统的常见故障分析点和分析方法
技能要点	1. 故障现场的勘察及相关资料的查阅 2. 进给伺服驱动系统故障的综合诊断 3. 故障部位的维修与排除
教学准备	1. 设备：存在 Z 轴发烫故障现象的数控铣床若干台 2. 资料：与设备对应的数控系统操作说明书，机床生产厂家提供的机械说明书、电气说明书、维修手册，机床使用单位提供的维修记录单等 3. 工具：机床维修工具箱、万用表、百分表或千分表等
建议学时	18 学时

任务引入

在企业生产切削加工过程中，某台二手数控铣床，开机后 X、Y 轴工作正常，手动移动 Z 轴，发现在较小的范围内 Z 轴可以运动，但继续移动 Z 轴，系统出现伺服报警。

试主要从进给驱动系统方面对故障现象产生的原因进行全面分析，并排除这一故障。数控机床单元式伺服驱动系统结构示意图如图 5—1—1 所示。

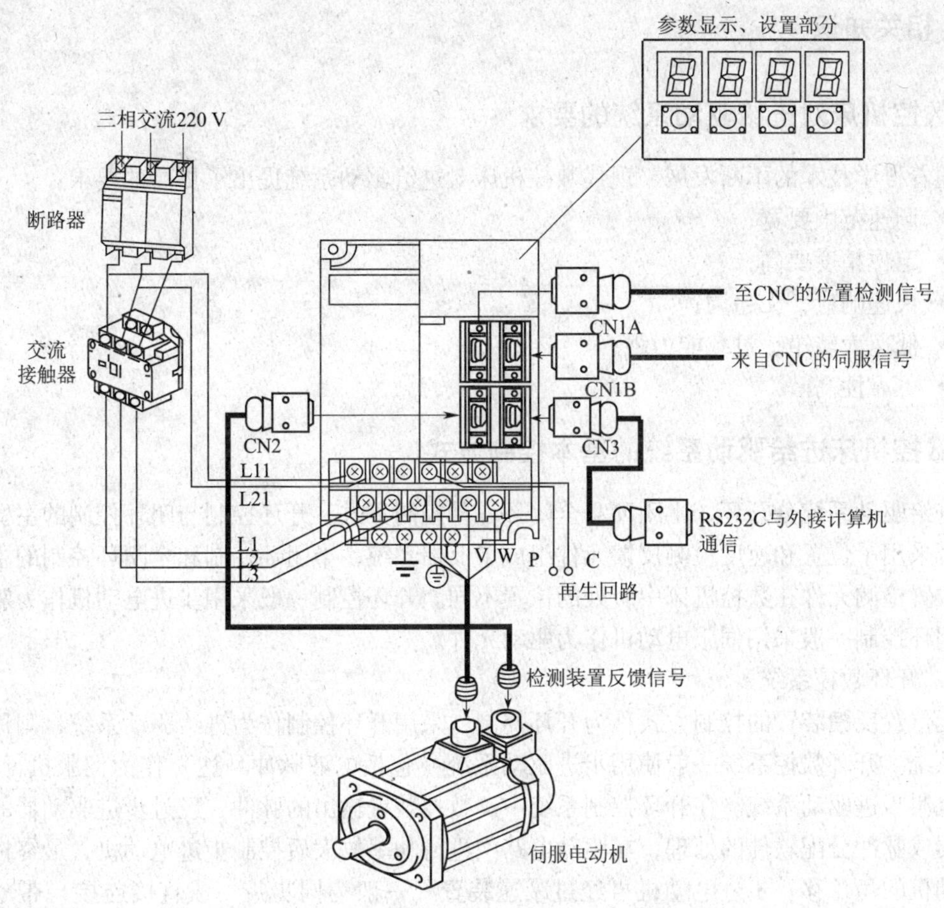

图 5—1—1　数控机床单元式伺服驱动系统结构示意图

任务分析

数控系统所发出的控制指令，是通过进给驱动系统来驱动机械执行部件，最终实现机床精确的进给运动的。数控机床的进给驱动系统是一种位置随动与定位系统，它的作用是快速、准确地执行由数控系统发出的运动命令，精确地控制机床进给传动链的坐标运动。它的性能决定了数控机床的许多性能，如数控系统的性能、最高移动速度、轮廓跟随精度、定位精度等，并直接影响加工工件的精度。

数控机床的进给驱动系统一般由驱动控制单元、驱动元件（如电动机）、机械传动部件、执行元件和检测反馈装置等组成。驱动控制单元和驱动元件组成伺服驱动系统；机械传动部件和执行元件组成机械传动系统；检测元件和反馈电路组成检测系统。本任务主要针对进给驱动系统的故障现象展开，所以应首先了解数控机床对进给驱动系统的要求、数控机床进给驱动系统的基本控制方式、数控机床常用的进给驱动系统等知识，然后根据伺服系统的常见故障分析点和分析方法，按顺序分步骤地进行排查，找到问题关键所在，应用正确的方法加以排除。

相关知识

一、数控机床对进给驱动系统的要求

随着科学技术的不断发展，现代数控机床对进给驱动系统提出了更高的要求：

- ◆ 调速范围要宽；
- ◆ 定位精度要高；
- ◆ 快速响应，无超调；
- ◆ 低速大转矩，过载能力强；
- ◆ 可靠性高。

二、数控机床进给驱动系统的基本控制方式

进给驱动系统分开环、半闭环和全闭环三种控制方式。开环控制与闭环控制的主要区别为是否采用了位置和速度检测反馈元件组成了反馈系统，半闭环控制和全闭环控制的主要区别是位置检测元件在数控机床中所处的位置不同。开环控制一般采用步进电动机作为驱动元件，闭环控制一般采用伺服电动机作为驱动元件。

1. 开环数控系统

无位置反馈装置的控制方式称为开环控制，采用开环控制作为进给驱动系统，则称开环数控系统。开环数控系统一般使用步进驱动系统（包括电液脉冲马达）作为伺服执行元件，所以也叫步进驱动系统。在开环控制系统中，数控装置输出的脉冲，经过步进驱动器的环形分配器或脉冲分配软件的处理，在驱动电路中进行功率放大后控制步进电动机，最终控制步进电动机的角位移。步进电动机再经过减速装置（一般为同步带，或直接连接）带动丝杠旋转，通过丝杠将角位移转换为移动部件的直线位移。因此，控制步进电动机的转角与转速，就可以间接控制移动部件的移动，俗称位移量。图5—1—2所示为开环控制进给驱动示意图。

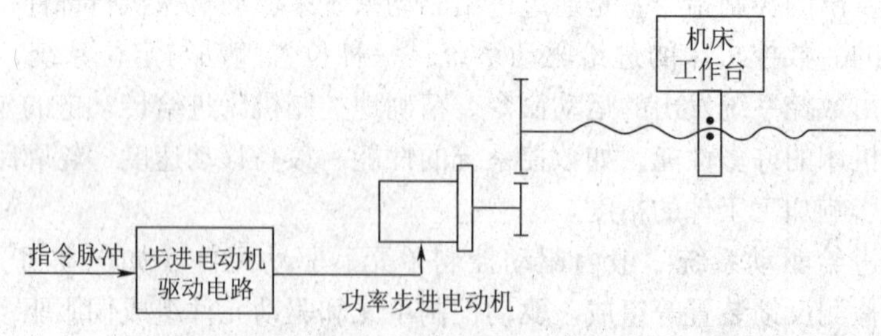

图5—1—2　开环控制进给驱动示意图

采用开环控制系统的数控机床结构简单，制造成本较低，但是由于系统对移动部件的实际位移量不进行检测，因此无法通过反馈自动进行误差检测和校正。另外，步进电动机的步距角误差、齿轮与丝杠等部件的传动误差，最终都将影响被加工零件的精度。特别是在负载转矩超过输出转矩时，将导致“丢步”，使加工出错。因此，开环控制仅适用于加工精度要求不高，负载较轻且变化不大的简易、经济型数控机床上。

2. 半闭环数控系统

半闭环位置检测方式一般将位置检测元件安装在电动机的轴上（通常已由电动机生产厂家安装好），用以精确控制电动机的角度，然后通过滚珠丝杠等传动机构，将角度转换成工作台的直线位移，如果滚珠丝杠的精度足够高，间隙小，机床精度要求一般可以得到满足。而且传动链上有规律的误差（如间隙及螺距误差）可以由数控装置加以补偿，因而可进一步提高精度，因此在精度要求适中的中、小型数控机床上半闭环控制得到了广泛的应用。图 5—1—3 所示为半闭环控制伺服进给驱动示意图。本任务中数控铣床采用的是半闭环数控系统。

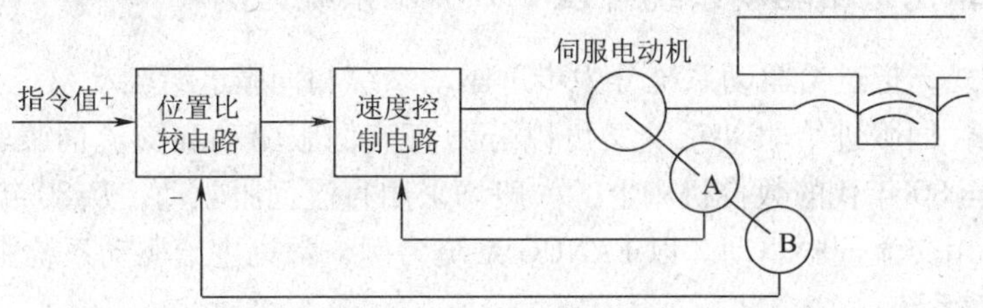

图 5—1—3　半闭环控制伺服进给驱动示意图

半闭环控制方式的优点是它的闭环环路短，因而系统容易达到较高的位置增益，不发生振荡现象。它的快速性也好，动态精度高，传动机构的非线性因素对系统的影响小。但如果传动机构的误差过大或误差不稳定，则数控系统难以补偿。由制造安装所引起的重复定位误差，以及由于环境温度与丝杠温度的变化所引起的丝杠螺距误差也不能补偿。因此要进一步提高精度，只有采用全闭环控制方式。

3. 全闭环数控系统

全闭环控制方式是直接从机床的移动部件上获取位置的实际移动值，因此其检测精度不受机械传动精度的影响。但不能认为全闭环控制方式可以降低对传动机构的要求。因闭环环路包括机械传动机构，它的闭环动态特性不仅与传动部件的刚度、惯性有关，而且还取决于阻尼、油的黏度、滑动面的摩擦因数等因素。这些因素对动态特性的影响在不同条件下还会发生变化，这给位置闭环控制的调整和保持稳定带来了困难，导致调整闭环环路时必须要降低位置增益，从而对跟随误差与轮廓加工误差产生了不利影响。所以采用全闭环控制方式时必须增大机床的刚度，改善滑动面的摩擦特性，减小传动间隙，这样才有可能提高位置增益。全闭环控制方式广泛应用在精度要求较高的大型数控机床上。图 5—1—4 所示为全闭环控制伺服进给驱动示意图。

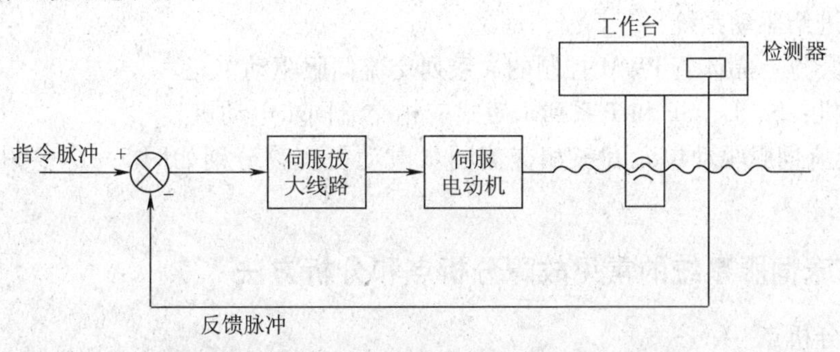

图 5—1—4　全闭环控制伺服进给驱动示意图

由于全闭环控制系统的工作特点，它对机械结构以及传动系统的要求比半闭环更高，传动系统的刚度、间隙、导轨的爬行等各种非线性因素将直接影响系统的稳定性，严重时甚至产生振荡。解决以上问题的最佳途径是采用直线电动机作为驱动系统的执行器件。采用直线电动机驱动，可以完全取消传动系统中将旋转运动变为直线运动的环节，大大简化机械传动系统的结构，实现了所谓的零传动。它从根本上消除了传动环节对精度、刚度、快速性、稳定性的影响，故可以获得比传统进给驱动系统更高的定位精度、快进速度和加速度。

三、数控机床常用进给驱动系统（以 FANUC 系统为例）

根据控制方式，把进给驱动系统分为步进驱动系统和伺服进给驱动系统。按使用的伺服电动机类型不同，伺服进给驱动系统又可以分为直流伺服驱动和交流伺服驱动两大类。在 20 世纪 70 年代至 80 年代的数控机床上，一般均采用直流伺服驱动，从 80 年代中、后期起，数控机床上多采用交流伺服驱动。以 FANUC 系统为例，常见进给驱动系统主要有：

1．步进驱动系统

◆ STEPDRIVE 步进驱动装置及五相步进电动机。五相步进电动机和小型步进电动机实物图分别如图 5—1—5 和图 5—1—6 所示。

图 5—1—5　五相步进电动机实物图

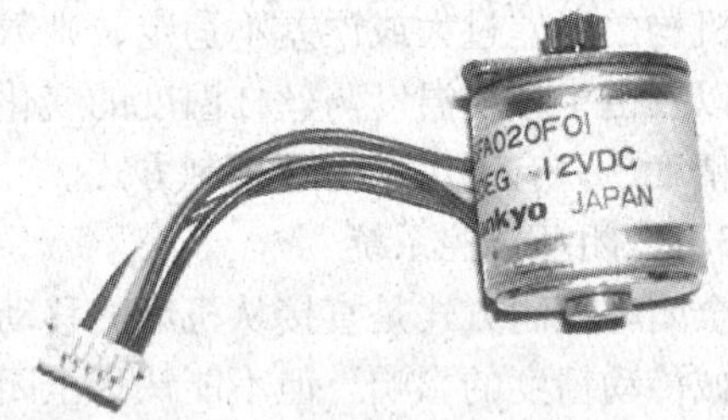

图 5—1—6　小型步进电动机实物图

2．直流进给驱动系统

◆ 小惯量 L、中惯量 M 系列直流伺服电动机，采用 PWM 速度控制单元。

◆ 大惯量 H 系列直流伺服电动机，采用晶闸管速度控制单元。

L、M、H 三种系列直流伺服电动机均有过速、过流、过载等多种保护功能。杯形电枢永磁直流伺服电动机和直流无刷电动机实物分别如图 5—1—7 和图 5—1—8 所示。

3．交流进给驱动系统

◆ 驱动装置：晶体管 PWM 控制的 a 系列交流伺服驱动单元。

◆ 电动机：S、L、SP 和 T 系列永磁式三相交流同步电动机。

a 系列交流伺服驱动单元和三相交流同步电动机实物分别如图 5—1—9 和图 5—1—10 所示。

四、数控机床伺服系统的常见故障分析点和分析方法

1．故障分析点

数控机床伺服系统出现故障的机会较多，一般都是由伺服控制单元、伺服电动机、测速

电动机、编码器等出现问题引起的，有些则是由机械、液压、油污等环境因素综合引起的伺服系统故障（本任务主要针对机床伺服系统电气故障而展开，但由于对机床而言，电气、机械是不分家的，其中涉及机械部分的详见模块六，后面不再另作说明）。

图 5—1—7　杯形电枢永磁直流伺服电动机实物图

图 5—1—8　直流无刷电动机实物图

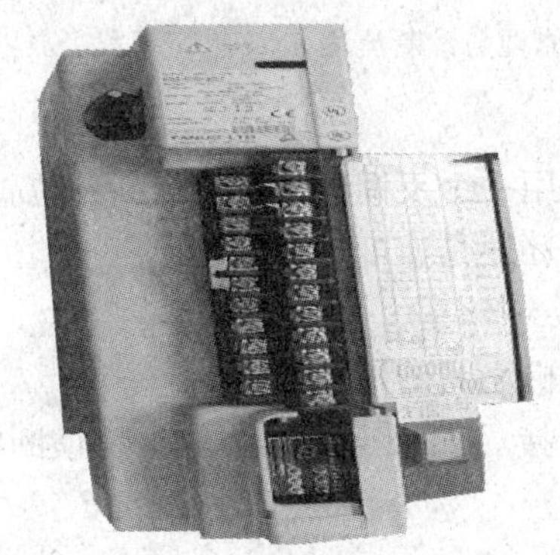

图 5—1—9　a 系列交流伺服驱动单元实物图

图 5—1—10　三相交流同步电动机实物图

在本任务维修过程中应重点检查的项目有伺服控制单元、伺服电动机、测速电动机、编码器等部件。

2. 故障分析方法

伺服系统的故障诊断，虽然由于伺服驱动系统生产厂家不同，在具体做法上可能有所区别，但其基本检查方法与诊断原理却是一致的。诊断伺服系统的故障，一般可利用状态指示灯诊断法、数控系统报警显示诊断法、系统诊断信号检查法、原理分析法、位置环诊断法、速度环诊断法、模块交换法等。下面介绍两种最常用伺服系统故障的诊断维修方法。

◆ 模块交换法

由于伺服系统的各个环节都已模块化，不同轴的模块具有互换性，X 轴和 Y 轴的驱动单元一样，如图 5—1—11a 所示，当一轴发生故障时，用另一轴代替，查看故障的转移情况，所以可采用模块交换法来判断一些故障，但要注意以下问题：模块的插拔可能会造成系统参数丢失，所以应采取相应措施；各轴模块的设定可能有所区别。模块交换法的具体诊断流程如图 5—1—11b 所示。

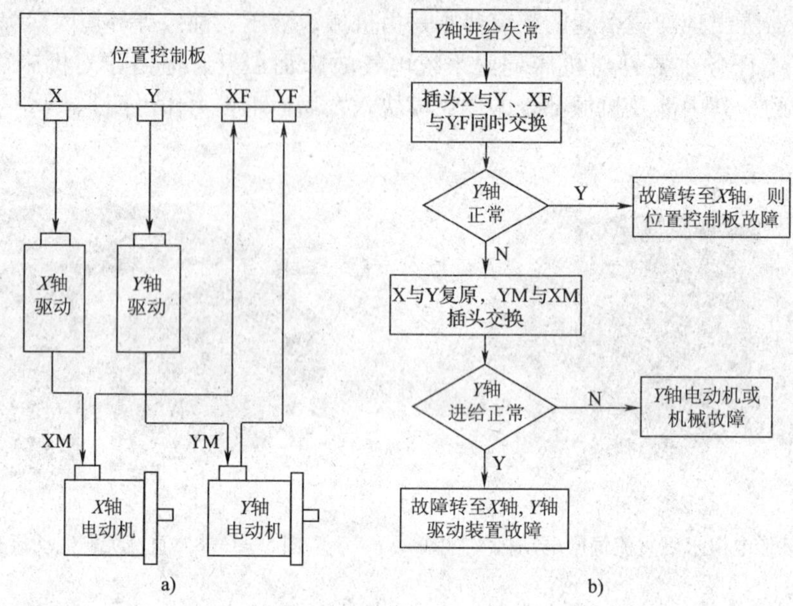

图 5—1—11　模块交换法诊断原理与诊断流程

◆ 位置环诊断法

如果位置伺服系统的位置反馈和速度反馈各自采用一个反馈器件，可以断开位置环的控制作用，让速度环单独运行，以便判断故障出自位置环还是速度环。

可以采用两种方法断开位置环的控制作用：

①机械断开，即断开位置反馈编码器与伺服电动机之间的传动连接。

②电气断开，即断开位置反馈编码器与系统的连接。如果需要屏蔽位置反馈断线报警，应按图 5—1—12 所示连接位置反馈输入信号线。

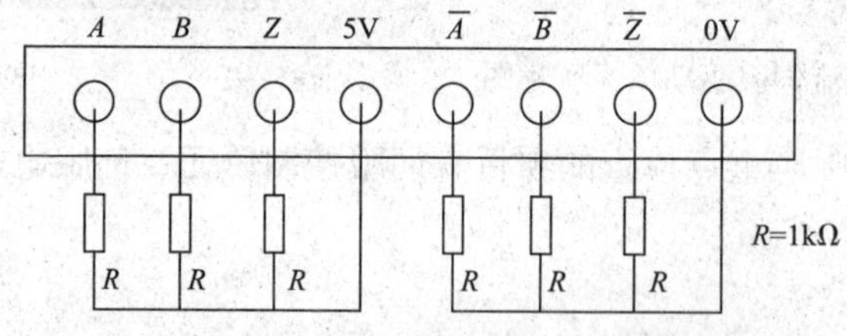

图 5—1—12　位置反馈输入信号连线图

在位置开环状态下进行维修测试时，不允许给被测试轴任何方式的移动指令，否则将引起伺服电动机失控。

如果位置反馈和速度反馈由一只反馈元件完成，位置反馈信号经转换电路变为速度控制信号，则要根据系统硬件具体特性和故障信息对故障部位作出灵活判断。

任务实施

一、任务准备

设备：存在 Z 轴发烫故障现象的数控铣床若干台。

资料：与设备对应的数控系统操作说明书，机床生产厂家提供的机械说明书、电气说明书、维修手册，机床使用单位提供的维修记录单等。

工具：机床维修工具箱、万用表、百分表或千分表等。

二、故障勘察

先查看发生故障的机床，了解故障的基本现象。

通过现场咨询和观察，了解到该数控铣床开机后 X 轴、Y 轴工作正常，手动移动 Z 轴，发现在较小的范围内 Z 轴可以运动，但继续移动 Z 轴，系统出现伺服报警。

再结合相关信息，深入了解故障现象。

该数控车床配套 FANUC M0 系统，采用 FANUC S 系列三轴一体型伺服驱动器；根据故障现象检查机床实际工作情况，发现开机后 Z 轴只能少量运动，不久温度迅速上升，表面发烫。

最后，查阅发生故障铣床的机械及电气说明书，了解其进给驱动系统的类型及控制原理。

三、故障诊断

分析引起以上故障的原因，可能是机械传动系统不良或机床电气控制系统故障。机械传动系统方面主要是查看伺服电动机与丝杠连接是否良好，机床电气控制系统方面主要是查看伺服电动机本身、驱动器、制动器等是否工作正常。具体诊断维修流程如图 5—1—13 所示。

为了确定故障部位，考虑到本机床采用的是半闭环结构，诊断时应按下述步骤进行：

第一步，首先松开伺服电动机与丝杠的连接，并再次开机试验，发现故障现象不变，故确认报警是由于电气控制系统不良引起的。

第二步，由于机床 Z 轴伺服电动机带有制动器，开机后测量制动器的输入电压正常，在系统、驱动器关机的情况下，对制动器单独加入电源进行试验，手动转动 Z 轴，发现制动器已松开，手动转电动机轴平稳、轻松，证明制动器工作良好。

第三步，为了进一步缩小故障部位，确认 Z 轴伺服电动机的工作情况，维修时利用同规格的 X 轴电动机在机床侧进行了互换试验，发现换上的电动机同样出现发热现象，且工作时的故障现象不变，从而排除了伺服电动机本身的原因。

第四步，为了确认驱动器的工作情况，维修时在驱动器侧对 X、Z 轴的驱动器进行了互换试验，即将 X 轴驱动器与 Z 轴伺服电动机连接，Z 轴驱动器与 X 轴电动机连接。经试验发现故障转移到了 X 轴，Z 轴工作恢复正常。

根据以上试验，可得到如下结果：

◆ 机床机械传动系统正常。

◆ 制动器工作良好。

◆ 数控系统工作正常，因为当 Z 轴驱动器带 X 轴电动机时，机床无报警。

◆ Z 轴伺服电动机工作正常，因为将它在机床侧与 X 轴电动机互换后，工作正常。

◆ Z 轴驱动器工作不正常，因为通过与 X 轴驱动器（无故障）在驱动器侧互换，控制 X 轴电动机后，X 轴发生同样的故障；而用 X 轴驱动器控制 Z 轴电动机后，Z 轴工作恢复正常。

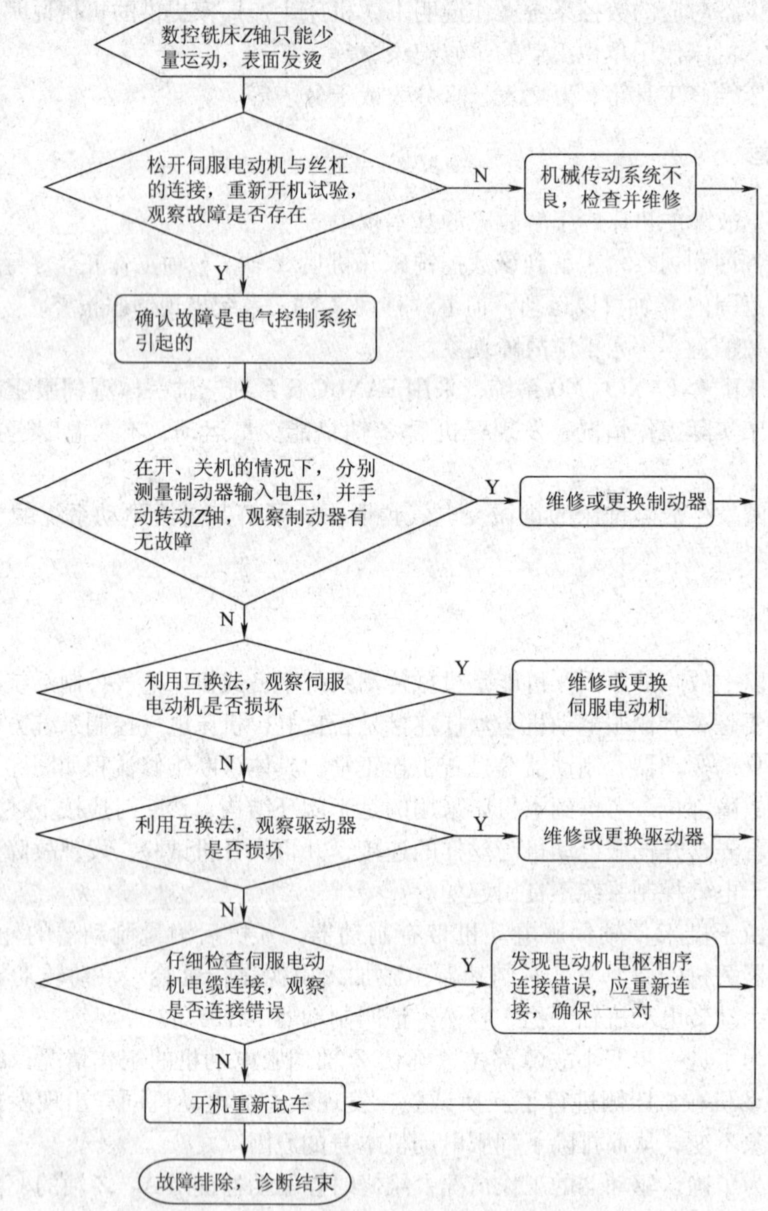

图 5—1—13　数控铣床 Z 轴发烫故障诊断维修流程图

结论：经过上述的检查、调整、试车后，故障消除。这说明报警主要是由于 Z 轴伺服电动机的电缆连接引起的。仔细检查伺服电动机的电缆连接，发现该机床在改造时电动机的电枢线连接错误，即驱动器的 L/M/N 端子未与电动机插头的 A/B/C 连接端一一对应，相序存在错误。

四、故障维修

通过上述分析可知本案例任务中的故障是由于机床在改造时电动机的电枢线连接相序错

误造成的，即驱动器的 L/M/N 端子未与电动机插头的 A/B/C 连接端一一对应，所以具体的维修步骤为：

第一步，首先悬挂“维修中，请勿靠近”警示牌，机床断电后开始操作。

第二步，将驱动器的 L/M/N 端子与电动机插头的 A/B/C 连接端一一对应连接。

第三步，仔细检查电缆连接后，通电试车，故障消失，*Z* 轴可以正常工作。

五、故障维修记录单填写

故障维修记录单见表 5—1—1。

表 5—1—1　　数控机床故障维修记录单

维修时间			维修人员		
设备名称	数控铣床		设备型号		
故障现象					
诊断与维修	诊断系统	是否正常	故障部位	排除方法	维修用零配件
	电气系统				
	机械系统				
	液压系统				
	数控系统				
维修小结					
维修后试车确认维修结果					

任务评价

任务实施完成后，由教师针对学生的综合表现，进行考核、点评，并填写任务评价表（见表 5—1—2），形成个人最终成绩。

表 5—1—2　　任务评价表

姓名			题目名称	数控铣床 *Z* 轴发烫故障诊断与维修		
序号	项目	考核内容及要求	配分	评分标准	扣分内容	评分
1	任务准备	检查工具、资料是否准备齐全	5	工具准备（3 分） 资料准备（2 分）		
2	故障现象勘察	观察进给驱动系统故障状态	5	能明确描述故障现象		
		观察报警信息，查阅相关手册	10	能明确进给驱动原理		
3	故障诊断	分别从不同故障类型诊断故障原因	30	正确应用故障的诊断维修流程图（15 分） 确定最终方案（15 分）		
4	故障处理	对故障部位进行维修	20	工具使用（5 分） 思路清晰（10 分） 工时控制合理（5 分）		
		对维修效果试车进行验证	5	试车（2 分） 维修部位恢复（3 分）		

续表

序号	项目	考核内容及要求	配分	评分标准	扣分内容	评分
5	安全文明生产	应符合国家安全文明生产的有关规定	5	违反安全文明生产有关规定不得分		
6	实操过程记录	填写清晰、准确	5	填写不准确不得分		
7	问题解答	回答清晰、准确（时间在10 min内满分，其余情况酌情扣分）	15	每位同学回答三题（每题5分）		
实际用时：18 学时		规定时间内完成	每超时 1 h 扣 5 分，超时 4 h 此项目考核不得分			
指导教师建议					总得分	

任务拓展

任务拓展一：数控车床步进电动机功率管损坏

故障现象：一台经济型数控车床在工作过程中功率管损坏，该数控车床采用步进电动机驱动进给系统。

故障诊断：步进电动机驱动单元的常见故障为功率管损坏。功率管损坏的原因主要是功率管过热或过流。要重点检查功率管的电压是否过高，功率管散热环境是否良好，步进电动机驱动单元与步进电动机的连线是否可靠，有没有短路现象等，如有故障要逐一排除。如果步进电动机驱动单元接入的电压波动范围较大或者有电气干扰、散热环境不良等，就可能引起功率管损坏。

故障维修：为了改善步进电动机的高频特性，步进电动机驱动单元一般采用大于 80 V 的交流电压供电（以前有 50 V），经过整流后，功率管上承受较高的直流工作电压。对于开环控制的数控机床，重要的指标是可靠性，因此，可以适当降低步进电动机驱动单元的输入电压，以换取步进电动机驱动器的稳定性和可靠性。

任务拓展二：数控铣床进给轴频繁报警

故障现象：一台配套 FAGOR 8025MG，型号为 XK5038－1 的数控铣床，频繁出现进给轴报警，多则一天一次，少则 5～6 天一次，停机断电半小时后开机又正常。

故障诊断：根据故障现象判断为电气接触有问题。先查供电，停机用万用表测伺服电源 BUG 电压正常，+24 V 供电正常；再查控制线路，CNC 到 PLC、到 *X* 轴伺服单元电缆接触良好，*X* 轴伺服到 *X* 轴电动机电缆正常；测电动机也无断路、短路、发热现象，故确认电气无问题。再查机械传动，用手转 *X* 轴丝杠，转动轻松、灵活，无阻滞、卡死现象，则判断机械传动没问题。鉴于伺服断电半小时后开机又正常，有时几天不报警，故判断伺服及电动机不应有大问题，检查陷入困境。因任务紧，机床暂时带病工作。后加工时无意中测量一控制变压器进线 380 V 电压，发现只有 290 V，比正常值低 90 V 左右，且不稳定；跟踪查到电柜总断路器，测其进线电压正常，出线有两线线电压偏低且波动较大；机床各轴停下时，电压又上升至380 V左右。至此，找到故障根源。

故障维修：停电拆下该断路器，发现有一触点烧蚀，造成接触不良。机床不加工时，总电流小，断路器不良触点压降小，看上去供电正常，不易察觉；机床切削加工时，总电流大，不良触点压降相应增大，造成伺服单元电源不正常而报警停机。

任务拓展三：加工中心伺服电动机不转

故障现象：某台加工中心，配置FANUC－10M系统，在运行过程中突然停电之后造成主轴伺服单元不能工作。

故障诊断：数控系统至进给驱动单元除了速度控制信号外，还有使能控制信号，当发生伺服电动机不转的故障时，可从以下方面检查原因：

①检查数控系统是否有速度控制信号输出，检查使能信号是否接通。

②通过CRT观察I/O状态，分析PLC梯形图（或流程图），以确定进给轴的启动条件，如润滑冷却等是否满足。

③对带电磁制动的伺服电动机，应检查制动是否释放。

④进给驱动单元故障。

⑤伺服电动机故障。

对主轴伺服单元进行检查，发现三个交流输入熔断器全部烧毁。按照系统维修说明书的维修指示检查，均未发现有异常。按交流主轴伺服单元的工作原理分析，因故障是在加工中心正常工作时突然停电造成的，而在突然停电时，主轴电动机内的电感能量必然要立即释放，而能量释放产生的反电动势太高，可能会造成能量回收回路损坏。根据分析，检查有关回路部分，发现两个晶闸管损坏。

故障维修：更换已损坏的两个晶闸管，故障排除。

 **知识链接**

一、步进驱动系统的特点和分类

简单来说，步进驱动系统包括步进电动机和步进驱动器。

1．步进驱动系统的优点

◆ 步进电动机流行于20世纪70年代，系统结构简单、控制容易、维修方便，且采用全数字化控制。

◆ 是一种能将数字脉冲转化成一个步距角增量的电磁执行元件。

◆ 能很方便地将电脉冲转换为角位移，具有较好的定位精度，无漂移和无积累定位误差。

◆ 能跟踪一定频率范围的脉冲列，可做同步电动机使用。

◆ 随着计算机技术的发展，除功率驱动电路之外，其他部分均可由软件实现，从而进一步简化了结构。

因此，至今国内外对这种系统仍在进一步开发研究。

2．步进驱动系统的缺点

◆ 由于步进电动机基本上是采用开环系统，精度不高，不能应用于中高档数控机床。

◆ 步进电动机耗能大、速度低（远不如交、直流电动机）。因此，目前步进电动机仅用于小容量、低速、精度要求不高的场合，如经济型数控机床、打印机、绘图机等计算机的外部设备。

3．步进电动机分类

◆ 步进电动机按转矩产生的原理可分为反应式、永磁式及混合式步进电动机。

◆ 按控制绕组的数量可分为二相、三相、四相、五相、六相步进电动机。

◆ 按电流的极性可分为单极性和双极性步进电动机。

◆ 按运动的形式可分为旋转、直线、平面步进电动机。

二、步进驱动控制原理

步进电动机驱动控制系统的作用是把输入脉冲转换成环形脉冲，以控制步进电动机的转向，它包括缓冲寄存器、环形分配器、控制逻辑及正、反转向控制门等；功率放大器是把环形脉冲放大，以驱动步进电动机转动；步进电动机所用的驱动器主要包括脉冲发生器、环形分配器和功率放大器等几大部分。步进电动机驱动器的原理框图如图 5—1—14 所示。

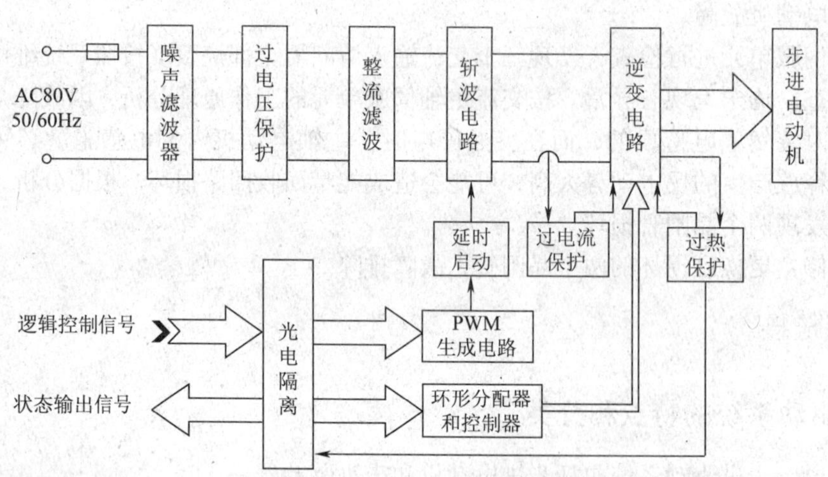

图 5—1—14　步进电动机驱动器原理框图

步进电动机包括定子和转子两部分，现以图 5—1—15 所示的三相反应式步进电动机为例加以说明。定子上有六个磁极，每个磁极上绕有励磁绕组，每相对的两个磁极组成一相，分成 A、B、C 三相。转子无绕组，它是由带齿的铁心做成的。该三相反应式步进电动机有三种工作方式：

◆ 单三拍，通电顺序为：A→B→C→A。

◆ 双三拍，通电顺序为：AB→BC→CA→AB。

◆ 三相六拍，通电顺序为：A→AB→B→BC→C→CA→A。

步进电动机的旋转方向与绕组的通电顺序相关，改变通电顺序可以改变电动机的转向。

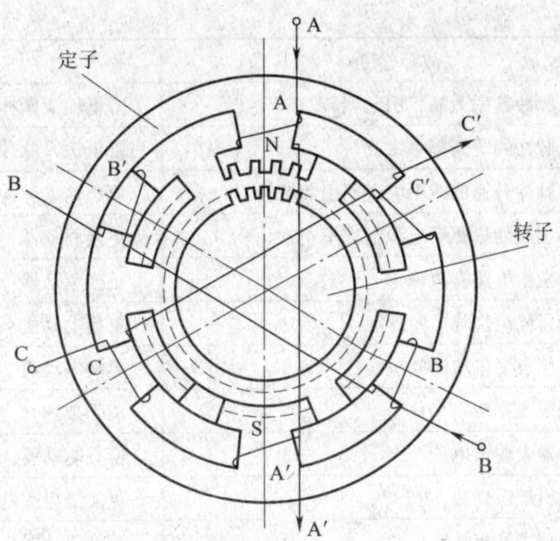

图 5—1—15　三相反应式步进电动机工作原理图

三、步进驱动系统常见故障诊断与维修

步进驱动是开环控制系统中最常选用的伺服驱动系统。开环进给系统的结构较简单，调试、维修、使用都很方便，工作可靠，成本低廉。在要求精度不太高的机床上曾得到广泛应用。使用过程中，步进驱动系统常见故障及其诊断与维修见表 5—1—3。

表 5—1—3　步进驱动系统常见故障及其诊断与维修一览表

序号	故障现象	故障诊断	故障维修
1	启动后步进电动机不转	驱动器与电动机连线断线	确定连线正常
		熔丝熔断	更换熔丝
		动力线断线	确保动力线的连接正常
		驱动器报警	按相关报警方法解除
		通过 PLC 观察驱动器使能信号被封锁	解除使能信号封锁
		驱动器电路有故障	用交换法确定故障部位，更换驱动器电路板或驱动器
		接口信号线接触不良	重新连接好信号线
		工作方式等参数设置不正确	依照说明书重新设置相关参数
		电动机卡死	主要是机械故障，排除卡死原因，确保正常后方可使用
		长期存放在潮湿场所造成电动机生锈	更换步进电动机
		指令脉冲太窄、频率过高、电平太低	会出现“尖叫”后不转的现象，按“尖叫”后不转的故障处理
		外部安装不正确	重新安装调试
		电动机本身、轴承等机械部分故障	调整维修电动机、轴承等机械部分

续表

序号	故障现象	故障诊断	故障维修
2	工作中“尖叫”后不转	输入脉冲频率太高，引起堵转	降低输入脉冲频率
		输入脉冲的突调频率太高	降低输入脉冲的突调频率
		输入脉冲升速曲线不够理想引起堵转	调整输入脉冲的升速曲线
3	工作过程中突然停车	用万用表测量驱动电源输出不正常	更换驱动器
		脉冲发生电路有故障	更换驱动器
		电动机绕组烧坏	更换电动机
		用万用表测量线圈间短路	更换电动机
		目测发现有杂物卡住	消除杂物
4	工作中某轴有可能突然停止，俗称“闷车”	驱动器未输出电压	检查驱动器，确保有电压输出
		电动机绕组烧毁	更换绕组或电动机
		驱动器本身有故障	更换驱动器
		电动机绕组碰到机壳，相间短路或者线头脱落	重新连接绕组，避免短路
		电动机轴断	更换电动机
		电动机定子与转子之间的气隙过大	调整气隙或更换电动机
		电压不稳	重新考虑负载和切削条件
		负载过大或切削条件恶劣	重新考虑负载和切削条件
5	电动机过热	工作环境过于恶劣，环境温度过高	考虑应用条件，改善工作环境
		参数选择不当，如电流过大超过相电流	根据参数说明书重新设置参数
		电压过高	建议使用稳压电源
6	噪声大，加工有进二退一现象	检查电动机相序，连接有误	正确连接动力线
		电动机运行在低频区或共振区	分析电动机速度及电动机频率后，调整加工切削参数
		纯惯性负载、正反转频繁	重新考虑机床的加工能力
		磁路混合式或永磁式转子磁钢退磁后以单步运行或在失步区运行	更换电动机
		永磁式单向旋转步进电动机定向机构损坏	更换电动机
7	步进电动机失步或多步	负载过大，超过电动机的承载能力	重新调整加工程序切削参数
		负载忽大忽小，毛坯余量分配不均匀	调整加工条件
		负载的转动惯量过大，启动时失步、停车时过冲	重新考虑负载的转动惯量
		传动间隙不均	进行螺距误差补偿
		由于存在传动间隙导致加工的零件有弹性变形	消除传动间隙
		电动机工作在振荡失步区	分析电动机速度及电动机频率，调整加工切削参数
		存在外界干扰	处理好接地，做好屏蔽处理
		电动机故障，如定子和转子相摩擦	更换电动机

续表

序号	故障现象	故障诊断	故障维修
8	加工的工件有振纹，表面粗糙度差	通过示波器观察指令脉冲，发现指令脉冲不均匀或太窄	从数控系统找故障并排除
		通过万用表观测指令脉冲电平，发现指令脉冲电平不正确	从数控系统找故障并排除
		用万用表测量指令脉冲电平，比较发现指令脉冲电平与驱动器不匹配	确保电平能匹配
		用示波器观测脉冲信号存在噪声	确保电平变化不要太频繁，消除噪声
		目测发现脉冲频率与机械发生共振	调节数控系统参数，避免共振
9	电动机定位不准	加/减速时间太短 利用示波器检查指令信号，发现正常指令信号存在干扰噪声	根据参数说明书重新设置参数，如果示波器显示信号只是小幅度变化，可加磁环或抗干扰的元器件，同时处理好接地，做好屏蔽处理
		系统屏蔽不良	

任务2 数控车床 Z 轴剧烈振荡

教学导航

教学目标	掌握数控车床 *Z* 轴剧烈振荡故障的诊断思路及排除方法
知识要点	1. 伺服系统工作原理 2. 交流进给伺服驱动系统的分类与组成 3. 交流伺服驱动系统工作原理 4. 模拟式交流速度控制单元的故障检测与维修 5. 数字式交流伺服驱动单元的故障诊断与维修 6. 交流伺服电动机的维修
技能要点	1. 故障现场的勘察及相关资料的查阅 2. 进给伺服驱动系统故障的综合诊断 3. 故障部位的维修与排除
教学准备	1. 设备：*Z* 轴存在剧烈振荡现象的数控车床若干台 2. 资料：与设备对应的数控系统操作说明书，机床生产厂家提供的机械说明书、电气说明书、维修手册，机床使用单位提供的维修记录单等 3. 工具：机床维修工具箱、万用表、百分表或千分表等
建议学时	15 学时

任务引入

在企业生产切削加工过程中，某台数控车床开机时全部动作正常，伺服进给系统高速运动平稳、低速无爬行，加工的零件精度全部符合要求。当机床正常工作 5 ~ 7 h 后，*Z* 轴出现剧烈振荡，CNC 报警，机床无法正常工作。

试主要从进给驱动系统方面对故障现象产生的原因进行全面分析，并排除这一故障。

任务分析

本任务是在任务 1 的基础之上，更加深入地分析交流伺服驱动系统的分类、组成与工作原理、模拟式交流速度控制单元的故障检测与维修、数字式交流伺服驱动单元的故障诊断与维修以及交流伺服电动机的维修，从而进一步掌握数控车床 *Z* 轴剧烈振荡故障的诊断思路及排除方法。

相关知识

一、伺服系统工作原理

数控机床的伺服是指以机床移动部件的位置和速度作为控制量的自动控制系统，又称随动系统。如果说数控系统是数控机床的大脑，是发布“命令”的指挥机构，那么伺服系统就是数控机床的“四肢”，是执行机构，它忠实而准确地执行由数控系统发出的命令，控制数控机床运动部件的位置和速度，加工出所需工件的外形和尺寸。伺服控制系统的性能直接影响数控机床的精度、稳定性、可靠性和生产效率，因此伺服系统的性能决定了数控机床的性能。在实际应用中，数控机床伺服系统出现故障的概率较高，因此充分认识伺服系统的重要性，掌握伺服系统的故障诊断与维修方法是很有必要的。

伺服系统是一个反馈控制系统，它以指令脉冲为输入给定值与反馈脉冲进行比较，利用比较后产生的偏差值对系统进行自动调节，以消除偏差，使被调量跟踪给定值。进给伺服系统的任务是完成各坐标轴的位置控制，在整个系统中它又分为位置环、速度环和电流环，如图 5—2—1 所示。

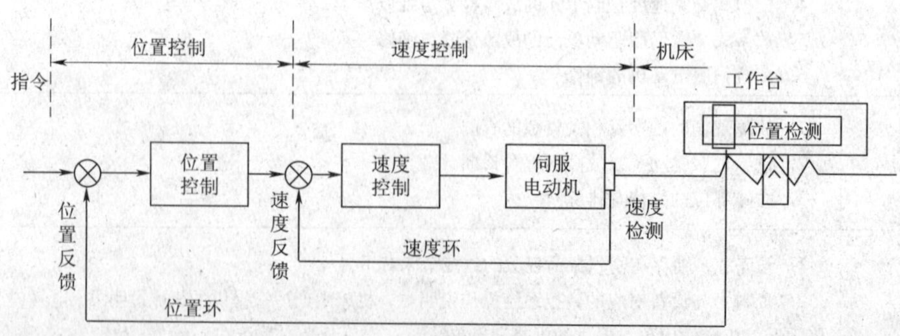

图 5—2—1　进给伺服系统控制结构图

位置环（外环）：输入信号为 CNC 的指令和位置检测器反馈的位置信号。

速度环（中环）：输入信号为位置环的输出信号和测速发电机经反馈网络处理的信号。

电流环（内环）：输入信号为速度环的输出信号和经电流互感器得到的电流信号。

在三环系统中，位置环的输出是速度环的输入，速度环的输出是电流环的输入，电流环的输出直接控制功率变换单元，这三个环的反馈信号都是负反馈。位置环检测装置有光栅、光电编码器、感应同步器、旋转变压器和磁栅等，速度环检测装置有测速发电机和光电编码器等。位置检测装置检测到的实际位置信号通过位置环反馈到数控系统，速度检测装置检测到的实际速度信号通过速度环反馈到数控系统，从而构成了半闭环或闭环控制系统。

二、交流进给伺服驱动系统的分类与组成

在 1985 年以后生产的数控机床上一般都采用交流伺服驱动，其配套的控制系统有 FANUC 的 FS0、FS11、FS15/16 系统等。目前，交流伺服已占据了机床进给伺服的主导地位，并随着新技术的发展而不断完善，具体体现在三个方面：

一是系统功率驱动装置中的电力电子器件不断向高频化方向发展，智能化功率模块得到普及与应用。

二是基于微处理器嵌入式平台技术的成熟，将促进先进控制算法的应用。

三是网络化制造模式的推广及现场总线技术的成熟，将使基于网络的伺服控制成为可能。

1．交流伺服驱动系统分类

交流伺服驱动系统一般均采用 PWM 调制信号控制功率晶体管进行驱动放大的主回路，并按其指令信号与控制形式分为模拟式伺服与数字式伺服两类。初期的交流伺服系统一般是模拟式伺服系统，而目前使用的交流伺服通常都是采用数字量控制的全数字式交流伺服系统。数字式交流伺服驱动系统如图 5—2—2 所示，GSK DA98B 系列全数字式交流伺服驱动单元如图 5—2—3 所示。

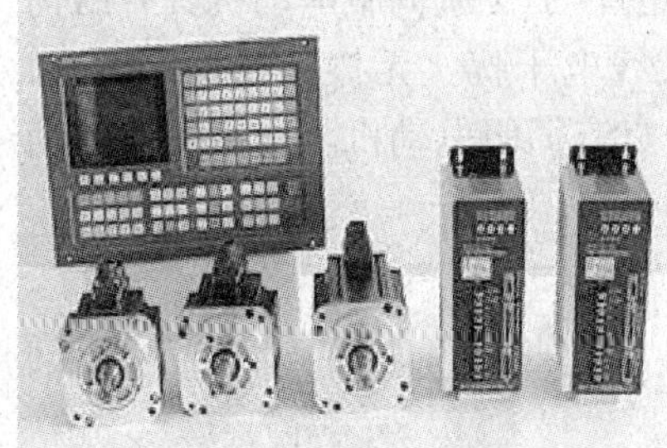

图 5—2—2　数字式交流伺服驱动系统

图 5—2—3　GSK DA98B 系列全数字式交流伺服驱动单元

2．交流伺服系统的组成

交流伺服系统主要由交流伺服电动机、PWM 功率逆变器、微处理器控制器、位置传感器、电源及能耗制动电路、键盘及显示电路、接口电路、故障检测及保护电路共八部分构成，如图 5—2—4 所示。

（1）交流伺服电动机。可分为永磁交流同步伺服电动机、永磁无刷直流伺服电动机、感应伺服电动机及磁阻式伺服电动机。

（2）PWM 功率逆变器。可分为功率晶体管逆变器、功率场效应管逆变器、IGBT 逆变器（包括智能型 IGBT 逆变器模块）等。

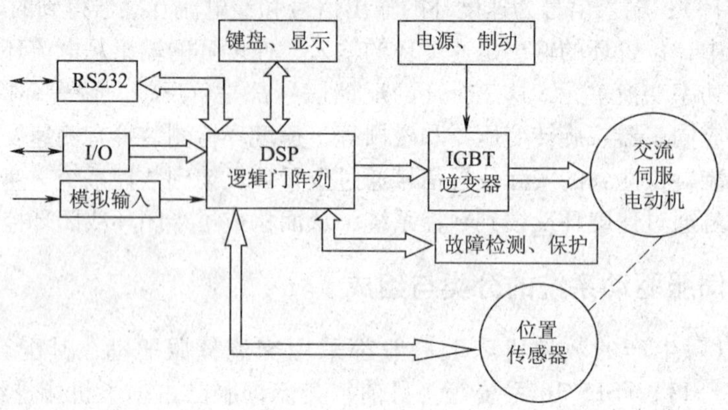

图 5—2—4 交流伺服系统组成结构图

（3）微处理器控制器及逻辑门阵列。可分为单片机、DSP 数字信号处理器、DSP + CPU、多功能 DSP（如 TMS320F240）等。

（4）位置传感器（含速度）。可分为旋转变压器、磁性编码器、光电编码器等。

（5）接口电路。包括模拟电压、数字 I/O 及串口通信电路。

三、交流伺服驱动系统工作原理

交流伺服电动机的工作原理和单相异步电动机相似，它的定子上装有两个在空间相差 90°电角度的绕组，即励磁绕组和控制绕组。运行时，励磁绕组上始终加有一定的交流励磁电压，控制绕组上则加大小或相位随信号变化的控制电压。它的转子的结构形式也分为笼型转子和空心杯型转子两种。笼型转子交流伺服电动机具有励磁电流较小、体积较小、机械强度高等特点，但是低速运行不够平稳，有抖动现象。空心杯型转子交流伺服电动机具有结构简单、维护方便、转动惯量小、运行平滑、噪声小、没有无线电干扰、无抖动现象等优点，但是励磁电流较大，体积也较大，转子易变形，性能上不及直流伺服电动机。交流伺服驱动系统原理如图 5—2—5 所示。

1. 转速控制方式

交流伺服电动机有以下三种转速控制方式：

（1）幅值控制

控制电流与励磁电流的相位差保持 90°不变，改变控制电压的大小。

（2）相位控制

控制电压与励磁电压的大小，使之保持额定值不变，改变控制电压的相位。

（3）幅值 - 相位控制

同时改变控制电压幅值和相位，交流伺服电动机转轴的转向随控制电压相位的正反相而改变。

2. 工作特性和用途

交流伺服电动机有三个显著特点：

（1）启动转矩大

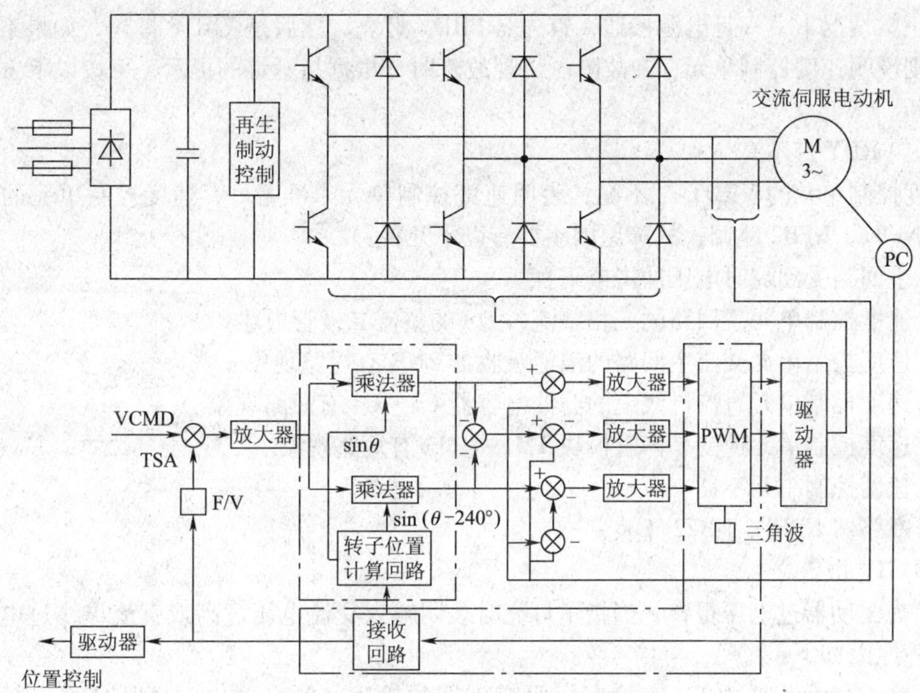

图 5—2—5　交流伺服驱动系统原理图

由于转子导体电阻很大，可使临界转差率 $S_m>1$，一旦给定子加上控制电压，转子立即启动运转。

（2）运行范围宽

在转差率从 0 到 1 的范围内都能稳定运转。

（3）无自转现象

控制信号消失后，迅速停止运转，这是交流伺服电动机与异步电动机的重要区别。

四、模拟式交流速度控制单元的故障检测与维修

FANUC 模拟式交流速度控制单元的故障诊断与维修方法与直流速度控制单元类似。对于“CRT 无报警显示”故障维修的分析、处理方法与直流 PWM 速度控制单元一致，如前所述。

1．速度控制单元上的指示灯报警

与直流 PWM 速度控制单元一样，FANUC 模拟式交流速度控制单元也设有报警指示灯，这些状态指示灯的含义见表 5—2—1。

表 5—2—1　速度控制单元状态指示灯一览表

代号	含义	备注	代号	含义	备注
PRDY	位置控制准备好	绿色	OVC	驱动器过载报警	红色
VRDY	速度控制单元准备好	绿色	TG	速度控制单元断线报警	红色
HC	驱动器过电流报警	红色	DC	直流母线过电压报警	红色
HV	驱动器过电压报警	红色	LV	驱动器欠电压报警	红色

在正常情况下，一旦电源接通，首先是PRDY灯亮，然后是VRDY灯亮，如果不是这种情况，则说明速度控制单元存在故障。出现故障时，根据指示灯的提示，可按以下方法进行故障诊断。

（1）VRDY灯不亮

速度控制单元的VRDY灯不亮，表明速度控制单元未准备好，速度控制单元的主回路断路器NFB1、NFB2跳闸，故障原因主要有以下几种：

1）主回路受到瞬时电压冲击或干扰。

2）速度控制单元主回路的三相整流桥DS的整流二极管损坏。

3）速度控制单元交流主回路的浪涌吸收器ZNR有短路现象。

4）速度控制单元直流母线上的滤波电容器C1～C4有短路现象。

5）速度控制单元逆变晶体管模块TM1～TM3有短路现象。

6）速度控制单元不良。

7）断路器NBF1、NBF2不良。

（2）HV报警

HV为驱动器过电压报警，当指示灯亮时表明输入交流电压过高或直流母线过电压。可能的故障原因如下：

1）输入交流电压过高。应检查伺服变压器的输入、输出电压，必要时调节变压器变比。

2）直流母线的直流电压过高。应检查直流母线上的斩波管Q1、制动电阻RM2、二极管D2以及外部制动电阻是否损坏。

3）加/减速时间设定不合理。故障在加/减速时发生，应检查系统机床参数中的加/减速时间设定是否合理。

4）机械传动系统负载过重。检查机械传动系统的负载、惯量是否太高，机械摩擦阻力是否正常。

（3）HC报警

HC为驱动器过电流报警，指示灯亮表示速度控制单元过电流。可能的原因如下：

1）主回路逆变晶体管TM1～TM3模块不良。

2）电动机不良，电枢线间短路或电枢对地短路。

3）逆变晶体管的直流输出端短路或对地短路。

4）速度控制单元不良。

（4）OVC报警

OVC为驱动器过载报警，指示灯亮表示速度控制单元发生了过载，其可能的原因是电动机过流或编码器连接不良。

（5）LV报警

LV为驱动器欠电压报警，指示灯亮表示速度控制单元的各种控制电压过低，其可能的原因如下：

1）速度控制单元的辅助控制电压输入AC18 V过低或无输入。

2）速度控制单元的辅助电源控制回路故障。

3）速度控制单元的 +5 V 熔断器熔断。

4）瞬间电压下降或电路干扰引起偶然故障。

5）速度控制单元不良。

（6）TG 报警

TG 为速度控制单元断线报警，指示灯亮表示伺服电动机或脉冲编码器断线、连接不良，或速度控制单元设定错误。

（7）DC 报警

DC 为直流母线过电压报警，与其相关的原因主要是直流母线的斩波管 Q1、制动电阻 RM2、二极管以及外部制动电阻不良。维修时应注意：如果在电源接通的瞬间就发生 DC 报警，则不可以频繁通、断电源，否则易引起制动电阻损坏。

2. 系统 CRT 上有报警的故障

FANUC 模拟式交流伺服通常与 FANUC 0A/B、FANUC 10/11/12 等系统配套使用，当伺服系统报警时，在 CNC 上一般也有相应的报警显示。相应的报警号及意义可以查阅相关系统维修手册。

五、数字式交流伺服驱动单元的故障诊断与维修

1. 驱动器上的状态指示灯报警

FANUC S 系列数字式交流伺服驱动器设有 11 个状态及报警指示灯，指示灯的状态以及含义见表 5—2—2。

表 5—2—2　　FANUC S 系列数字式交流伺服驱动器状态指示灯一览表

代号	含义	备注	代号	含义	备注
PRDY	位置控制准备好	绿色	DC	直流母线过电压报警	红色
VRDY	速度控制单元准备好	绿色	LV	驱动器欠电压报警	红色
HC	驱动器过电流报警	红色	OH	速度控制单元过热	红色
HV	驱动器过电压报警	红色	OFAL	数字伺服存储器溢出	红色
OVC	驱动器过载报警	红色	FBAL	脉冲编码器连接出错	红色
TG	速度控制单元断线报警	红色			

以上状态指示灯中，PRDY、VRDY、HC、HV、OVC、TG、DC、LV 的含义与模拟式交流速度控制单元相同，主回路结构与原理也与模拟式交流速度控制单元相同，不再赘述。表 5—2—2 中，OH、OFAL、FBAL 为 S 系列伺服驱动器增添的报警指示灯，其含义如下。

（1）OH 报警

OH 为速度控制单元过热报警，发生这个报警的可能原因有：

1）印制电路板上 S1 设定不正确。

2）伺服单元过热。散热片上热动开关动作，在驱动器无硬件损坏或不良时，可通过改变切削条件或负载排除报警。

3）再生放电单元过热。可能是 Q1 不良，当驱动器无硬件不良时，可通过改变加/减速

频率减轻负荷，排除报警。

4）电源变压器过热。当变压器及温度检测开关正常时，可通过改变切削条件减轻负荷，排除报警，或更换变压器。

5）电柜散热器的过热开关动作，原因是电柜过热。若在室温下开关仍动作，则需要更换温度检测开关。

（2）OFAL 报警

OFAL 是数字伺服存储器溢出报警，数字伺服参数设定错误，这时需改变数字伺服有关参数的设定。对于 FANUC 0 系统，相关参数是 8100，8101，8121，8122，8123 以及 8153 ~ 8157 等；对于 FANUC 10/11/12/15 系统，相关参数为 1804，1806，1875，1876，1879，1891 以及 1865 ~ 1869 等。

（3）FBAL 报警

FBAL 是脉冲编码器连接出错报警，出现报警的原因通常有以下几种：

1）编码器电缆连接不良或脉冲编码器本身不良。

2）外部位置检测器信号出错。

3）速度控制单元的检测回路不良。

4）电动机与联轴器间的间隙太大。

2. 伺服驱动器上的 7 段数码管报警

FANUC C 系列、α/αi 系列数字式交流伺服驱动器通常无状态指示灯显示，驱动器的报警是通过驱动器上的 7 段数码管显示的。根据 7 段数码管的不同显示状态，可以确定驱动器报警的原因，见表 5—2—3。

表 5—2—3　FANUC C/α/αi 系列（SVU 型）7 段数码管状态一览表

数码管显示	含义	备注
—	速度控制单元未准备好	开机时显示
0	速度控制单元准备好	
1	速度控制单元过电压报警	同 HV 报警
2	速度控制单元欠电压报警	同 LV 报警
3	直流母线欠电压报警	主回路断路器跳闸
4	再生制动回路报警	瞬间放电能量超过额定值，或再生制动单元不良或不合适
5	直流母线过电压报警	平均放电能量超过额定值，或伺服变压器过热、过热检测元器件损坏
6	动力制动回路报警	动力制动继电器触点短路
8	L 轴的 IPM 模块过热、过流、控制电压低	第一轴速度控制单元出现报警
9	M 轴的 IPM 模块过热、过流、控制电压低	第二轴速度控制单元出现报警
b	L/M 轴的 IPM 模块过热、过流、控制电压低	

六、交流伺服电动机的维修

原则上说，交流伺服电动机不需要维修，因为它没有易损件。但由于交流伺服电动机内含有精密检测器，因此当发生碰撞、冲击时可能会引起故障。FANUC 各类交流伺服驱动单元维修实例如图 5—2—6 所示，各类交流伺服电动机拆装维修实例如图 5—2—7 所示。

图 5—2—6　各类交流伺服驱动单元维修实例

图 5—2—7　各类交流伺服电动机拆装维修实例

交流伺服电动机拆装维修时应作如下检查：

第一步，检查是否受到任何机械损伤。

第二步，检查旋转部分是否可用手正常转动。

第三步，检查带制动器的电动机，制动器是否正常。

第四步，检查是否有任何松动螺钉或间隙。

第五步，检查是否安装在潮湿、温度变化大和有灰尘的地方。

第六步，维修完成后，安装伺服电动机时要注意以下几点：

◆ 由于伺服电动机的防水结构不是很严密，如果切削液、润滑油等渗入其内部，会引起绝缘性能降低或绕组短路，因此，应注意避免切削液飞溅到电动机上。

◆ 若伺服电动机安装在齿轮箱上，加注润滑油时应注意齿轮箱的润滑油油面高度必须低于伺服电动机的输出轴，防止润滑油渗入电动机内部。

◆ 固定伺服电动机联轴器、齿轮、同步带等连接件时，在任何情况下，作用在电动机上的力不能超过电动机容许的径向、轴向负载，见表 5—2—4。

表 5—2—4　　交流伺服电动机容许的径向、轴向负载

电动机形式	容许的径向负载（kg）	电动机形式	容许的径向负载（kg）
1—0，2—0	25	10，20，30，30R	450
0，5	75		

按说明书规定，正确连接伺服电动机和控制电路（见机床连接图）。连接错误可能引起电动机失控或振荡，也可能使电动机或机械件损坏。当完成接线后，在通电之前，必须对电源线和电动机壳体之间的绝缘进行测量，采用量程为 500 的兆欧表进行。然后，用

万能表检查信号线和电动机壳体之间的绝缘。注意：不能用兆欧表测量脉冲编码器输入信号的绝缘。

任务实施

一、任务准备

设备：Z 轴存在剧烈振荡现象的数控车床若干台。

资料：与设备对应的数控系统操作说明书，机床生产厂家提供的机械说明书、电气说明书、维修手册，机床使用单位提供的维修记录单等。

工具：机床维修工具箱、万用表、百分表或千分表等。

二、故障勘察

先查看发生故障的机床，了解故障的基本现象。

通过现场咨询，了解到该数控车床开机时全部动作正常，伺服进给系统高速运动平稳、低速无爬行，加工的零件精度全部达到要求。当机床正常工作 5 ~ 7 h 后，Z 轴出现剧烈振荡，CNC 报警，机床无法正常工作。

再结合相关信息，深入了解故障现象。

通过现场勘察，了解到该数控车床配套 FANUC 0T 数控系统，X、Z 轴分别采用 FANUC 5、10 型 AC 半闭环交流伺服电动机驱动，采用 FANUC 8SAC 主轴驱动，机床带液压夹具、液压尾架和 15 把刀的自动换刀装置，全封闭防护，自动排屑，控制线路设计比较复杂，机床功能较强。现场勘察时，关机再启动，只要手动或自动移动 Z 轴，在所有速度范围内，Z 轴都发生剧烈振荡。但是，如果关机时间足够长（如第二天开机），机床又可以正常工作 5 ~ 7 h，之后再次出现以上故障，如此周期性重复。

最后，查阅发生故障数控车床的机械及电气说明书，了解其进给驱动系统的类型及控制原理。

三、故障诊断

当数控机床发生振动故障时，要分析机床振动周期是否与进给速度有关：如与进给速度有关，则可能是该轴的速度环增益太高或速度反馈存在故障；若与进给速度无关，则可能是位置环增益太高或位置反馈存在故障；如振动在加/减速过程中产生，往往是系统加/减速时间设定过小造成的。根据以上故障现象，首先从大的方面考虑，分析可能的原因不外乎机械、电气两个方面。

在机械方面（详见模块六），可能是由于贴塑导轨的热变形、脱胶，滚珠丝杠、丝杠轴承的局部损坏或调整不当等原因引起的非均匀性负载变化，导致进给系统不稳定。在电气方面，可能由于某个元器件的参数变化，引起系统的动态特性改变，导致系统不稳定。鉴于本机床采用的是半闭环伺服系统，为了分清原因，需逐步诊断排除，诊断维修流程如图 5—2—8 所示。

第一步，区分是机械故障还是电气故障。

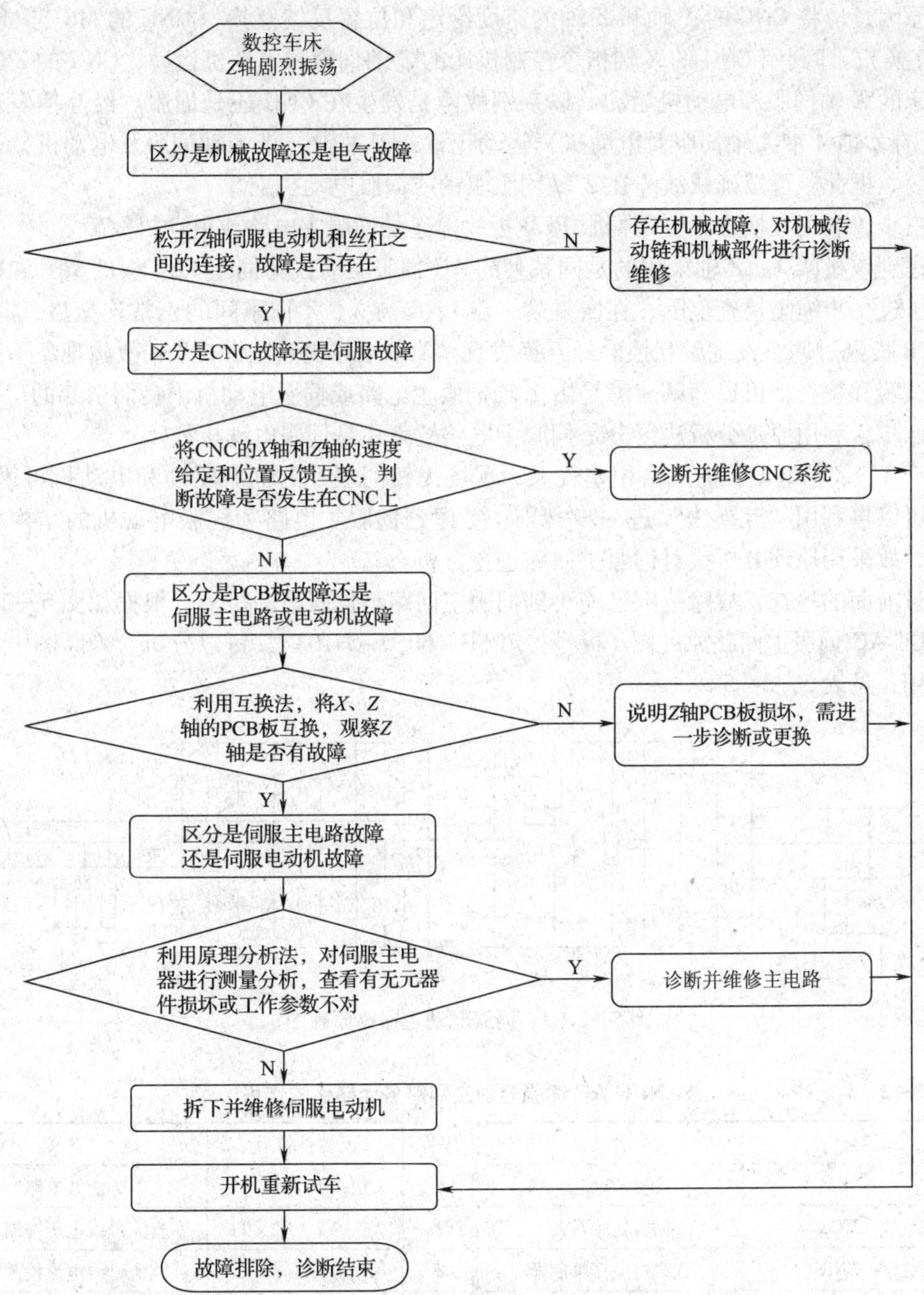

图 5—2—8　数控车床 Z 轴剧烈震荡故障诊断维修流程图

松开 Z 轴伺服电动机和滚珠丝杠之间的机械连接，在 Z 轴无负载的情况下运行加工程序，以区分机械、电气故障。经试验发现故障仍然存在，但发生故障的时间有所延长，因此，可以确认为是电气原因，并且与负载大小或温升有关。

第二步，区分是 CNC 故障还是伺服故障。

由于数控机床伺服进给系统包含 CNC、伺服驱动器和伺服电动机三大部分，为了进一步分清原因，应将 CNC 的 X 轴和 Z 轴的速度给定和位置反馈互换（CNC 的 M6 与 M8、M7 与 M9 互换），即利用 CNC 的 X 轴指令控制机床的 Z 轴伺服和电动机运动，CNC 的 Z 轴指令控制机床的 X 轴伺服和电动机运动，以判别故障是发生在 CNC 还是伺服。经互换发现，此时 CNC 的 Z 轴（带 X 轴伺服及电动机）运动正常，但 X 轴（带 Z 轴伺服及电动机）运动时出现振荡。据此，可以确认故障在 Z 轴伺服驱动或伺服电动机上。

第三步，利用互换法区分是伺服 PCB 板故障还是伺服主电路或电动机故障。

考虑到该机床 X、Z 轴采用的是同系列的 AC 伺服驱动，其伺服 PCB 板的型号和规格相同，为了进一步缩小检查范围，在恢复第二步 CNC 与 X、Z 伺服间的正常连接后，将 X、Z 轴的 PCB 板经过调整设定后互换。经互换发现，X 轴工作仍然正常，Z 轴故障现象不变。根据以上试验和检查，可以确认故障是由 Z 轴伺服主电路或伺服电动机不良而引起的。

第四步，利用原理分析法区分是伺服主电路故障还是伺服电动机故障

由于 X、Z 轴电动机的规格相差较大，现场无相同型号的伺服驱动和电动机可供交换，因此不可以再利用“互换法”进一步判别。考虑到伺服主电路和伺服电动机的结构相对比较简单，故采用原理分析法对伺服主回路进行分析。

经过前面的检查，故障范围已缩小到伺服主回路与伺服电动机上。根据如图 5—2—9 所示 FANUC AC 伺服主回路原理图（板号：A06B－6050－H103），可以分析、判断图中各元器件的作用，见表 5—2—5。

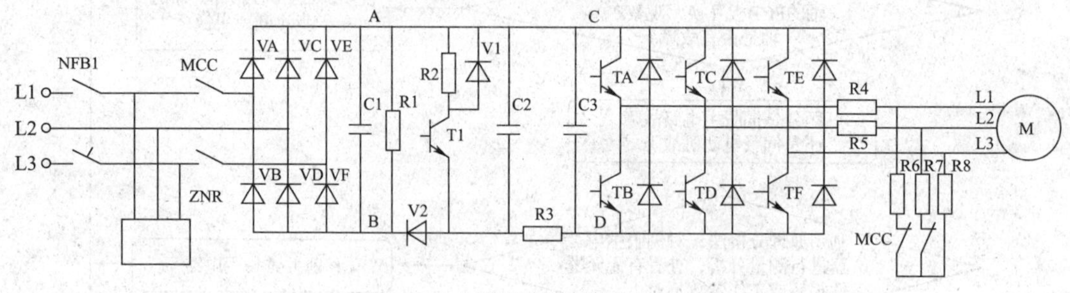

图 5—2—9　伺服驱动主回路原理图

表 5—2—5　　FANUC AC 伺服驱动主回路各元器件的作用

序号	元器件符号	含义	序号	元器件符号	含义
1	NFB1	进线断路器	6	C1、C2、C3、R1	滤波电路
2	MCC	伺服主接触器	7	V1、V2、R2、T1	直流母线电压控制回路
3	ZNR	进线过电压抑制器	8	R3	直流母线电流检测电阻
4	VA ~ VF	直流整流电路	9	R4、R5	伺服电动机相电流检测电阻
5	TA ~ TF	PWM 逆变主回路	10	R6 ~ R8	伺服电动机能耗制动电阻

经静态测量，以上元器件在开机时及发生故障停机后其参数均无明显变化，且在正常范围。为进一步分析判断，在发生故障时，对主回路的实际工作情况进行了如下分析测量。

（1）对于直流整流电路，若 VA ~ VF 正常，则当输入线电压 U_1 为 200 V 时，A、B 间的直流平均电压应为：

$$U_{AB} = 1.35 \times U_1 = 270\ \mathrm{V}$$

考虑到电容器 C1 的作用，直流母线的实际平均电压应为整流电压的 1.1～1.2 倍，即 300～325 V。实际测量（在实际伺服单元上，为 CN3 的 5 脚与 CN4 的 1 脚间），此值为正常，可以判定 VA～VF 无故障。

主要元件参数如下。

C1：680 μF	C2：1 200 μF	C3：3.3 μF
R1：20 kΩ	R2：16 Ω	R3：0.12 Ω
R4/R5：0.05 Ω	R6/R7/R8：0.6 Ω	

（2）对于直流母线控制回路，若 V1、V2、T1、R2、R3 工作正常，则 C、D 间的直流电压应略低于 A、B 间的电压，实际测量（在实际伺服单元上，为 CN4 的 1 脚与 CN4 的 5 脚间），此值正常，可以判断以上元件无故障。

（3）对于 PWM 逆变主回路，测量 TA～TF 组成的 PWM 逆变主回路的输出（T1 的 5、6、7 端子）时，发现 V 相电压有时通时断的现象，由此判断故障应在 V 相。

（4）为了进一步确认，将 U 相的逆变晶体管（TA、TB）与 V 相的逆变晶体管（TC、TD）互换，但故障现象不变。

结论：经过上述逐步诊断排查，可以确认故障原因在伺服电动机上。

四、故障维修

故障范围确认后，对伺服电动机进行仔细检查，发现电动机的 V 相绝缘电阻在发生故障时变小，当放置较长时间后，又恢复正常。为此，维修时按以下步骤拆开伺服电动机。伺服电动机结构示意如图 5—2—10 所示。

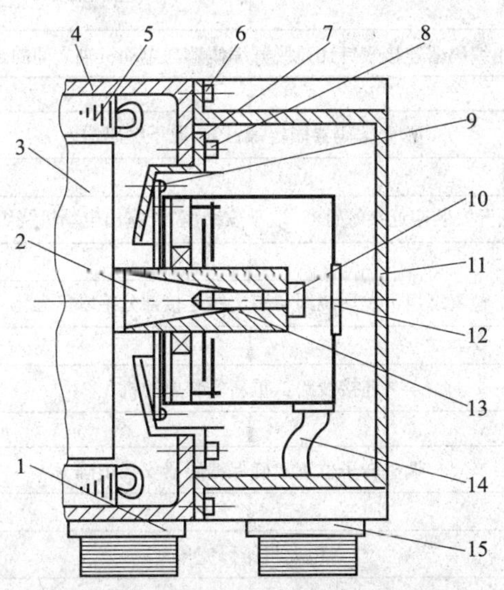

图 5—2—10　伺服电动机结构示意图

1—电枢线插座　2—连接轴　3—转子　4—外壳　5—绕组　6—后盖连接螺钉　7—安装座　8—安装座连接螺钉　9—编码器固定螺钉　10—编码器连接螺钉　11—后盖　12—橡胶盖　13—编码器轴　14—编码器电缆　15—编码器插座

维修流程如图 5—2—11 所示，维修步骤如下：

第一步，首先悬挂“维修中，请勿靠近”警示牌。

第二步，机床断电后拆下伺服电动机，并维修。

第三步，松开后盖连接螺钉 6，取下后盖 11。

第四步，取出橡胶盖 12。

第五步，取出编码器连接螺钉 10，脱开编码器和电动机轴之间的连接。

第六步，松开编码器固定螺钉 9，取下编码器。注意：由于编码器和电动机轴之间是锥度配合，连接较紧，取编码器时应使用专用工具并小心取下。

第七步，松开安装座连接螺钉 8，取下安装座 7，这时露出电动机绕组 5。

第八步，经检查，发现由于长时间冷却水渗漏，该电动机绕组和引出线中间的连接部分绝缘已经老化。

第九步，经过重新连接、处理，再根据图 5—2—10 重新装配安装座 7，并固定编码器连接螺钉 10，使编码器和电动机轴配合准确。

第十步，完成伺服电动机维修工作后，为了保证编码器安装正确，又进行了转子位置的检查和调整工作，方法如下：

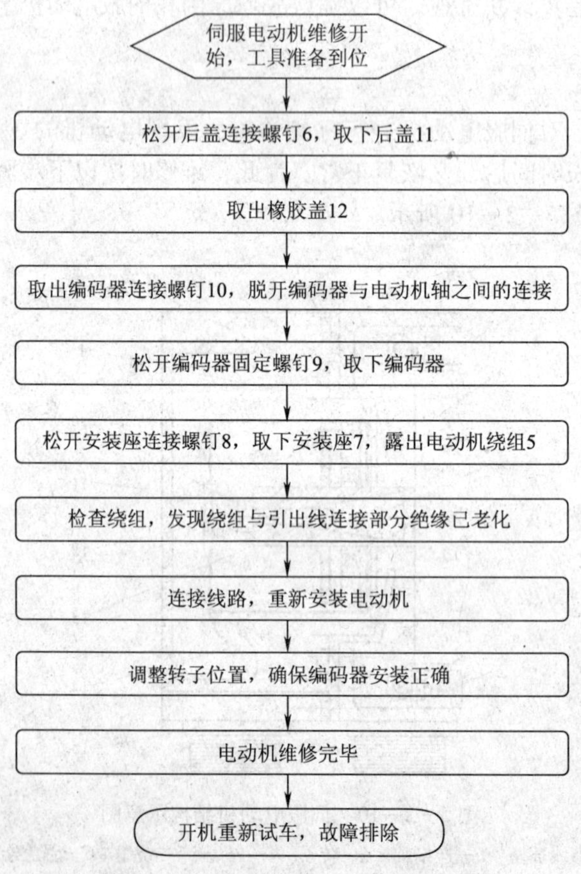

图 5—2—11　伺服电动机维修流程图

（1）将电动机电枢线的 V、W 相（电枢插头的 B、C 脚）相连。

（2）将 U 相（电枢插头的 A 脚）和直流调压器的“+”端相连，V、W 和直流调压器的“-”端相连，如图 5—2—12a 所示，对编码器加入 +5 V 电源（编码器插头的 J、N 脚间）。

（3）通过调压器对电动机电枢加入励磁电流。这时，因为 $I_U = I_V + I_W$，且 $I_V = I_W$，事实上相当于使电动机工作在图 5—2—12b 所示的 90°位置，因此伺服电动机（永磁式）将自动转到 U 相的位置进行定位。注意，加入的励磁电流不可以太大，实际维修时调整在 3 ~5 A 即可。

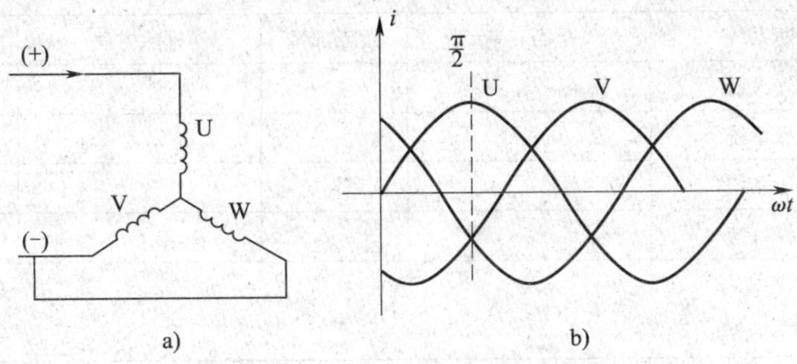

图 5—2—12　转子位置调整示意图

a）励磁连线图　b）电动机定位示意图

（4）在电动机完成 U 相定位后，旋转编码器，使编码器的转子位置检测信号 C1、C2、C4、C8（编码器插头的 C、P、L、M 脚）同时为“1”，使转子位置检测信号和电动机实际位置一致。

（5）安装编码器固定螺钉，装上后盖，完成电动机维修。

经以上维修，通电重新试车后，机床恢复正常。

维修小结

本任务故障是比较典型，同时又有一定难度的综合性维修案例，在诊断维修过程中，体会如下：

（1）在数控机床维修过程中，有时会遇到一些比较特殊的故障，例如，有的机床在刚开机时，系统和机床工作正常，但当工作一段时间后，将出现某一故障。这种故障有的通过关机清除后，机床又可以重新工作；有的必须经过较长时间的关机，让机床“休息”一段时间，机床才能重新工作。此类故障常常被人们称为“软故障”。

（2）“软故障”的维修通常是数控机床维修中最难解决的问题之一。由于故障的不确定性和发生故障的随机性，使得机床时好时坏，这给检查、测量带来了相当的困难。维修人员必须具备较高的业务水平和丰富的实践经验，仔细分析故障现象，才能判定故障原因，并加以解决。

（3）对于“软故障”的维修，在条件许可时，使用“互换法”可以较快地判别故障所在，而根据原理分析是解决问题的根本办法。维修人员应根据实际情况，仔细分析故障现象，才能判定故障原因，并加以解决。

五、故障维修记录单填写

故障维修记录单见表 5—2—6。

表 5—2—6　　　　数控机床故障维修记录单

维修时间			维修人员		
设备名称	数控车床		设备型号		
故障现象					
诊断与维修	诊断系统	是否正常	故障部位	排除方法	维修用零配件
	电气系统				
	机械系统				
	液压系统				
	数控系统				
维修小结					
维修后试车确认维修结果					

任务评价

任务实施完成后，由教师针对学生的综合表现进行考核、点评，并填写任务评价表（见表 5—2—7），形成个人最终成绩。

表 5—2—7　　　　任务评价表

姓名			题目名称	数控车床 Z 轴剧烈振荡故障诊断与维修		
序号	项目	考核内容及要求	配分	评分标准	扣分内容	评分
1	任务准备	检查工具、资料是否准备齐全	5	工具准备（3 分） 资料准备（2 分）		
2	故障现象勘察	观察进给驱动系统故障状态	5	能明确描述故障现象		
		观察报警信息，查阅相关手册	10	能明确交流伺服驱动系统工作原理		
3	故障诊断	分别从不同故障类型诊断故障原因	30	正确应用故障的诊断维修流程图（15 分） 确定最终方案（15 分）		
4	故障处理	对故障部位进行维修	20	工具使用（5 分） 思路清晰（10 分） 工时控制合理（5 分）		
		对维修效果试车进行验证	5	试车（2 分） 维修部位恢复（3 分）		

续表

序号	项目	考核内容及要求	配分	评分标准	扣分内容	评分
5	安全文明生产	应符合国家安全文明生产的有关规定	5	违反安全文明生产有关规定不得分		
6	实操过程记录	填写清晰、准确	5	填写不准确不得分		
7	问题解答	回答清晰、准确（时间在 10 min 内满分，其余情况酌情扣分）	15	每位同学回答三题（每题 5 分）		
实际用时：15 学时		规定时间内完成		每超时 1 h 扣 5 分，超时 4 h此项目考核不得分		
指导教师建议					总得分	

任务拓展

任务拓展一：加工中心开机后电动机产生尖叫

故障现象：一台配套 FANUC 15MA 数控系统的龙门加工中心，在启动完成进入可操作状态后，*X* 轴只要一运动即出现高频振荡，电动机发出尖叫，系统无任何报警。

故障诊断：在故障出现后，观察 *X* 轴拖板，发现实际拖板振动位移很小，但触摸电动机输出轴，可感觉到转子在以很小的幅度、极高的频率振动，且振动的噪声来自 *X* 轴伺服电动机。

考虑到振动无论是在运动中还是静止时均发生，与运动速度无关，故基本上可以排除测速发电机、位置反馈编码器等硬件损坏的可能性。

分析可能的原因是 CNC 中与伺服驱动有关的参数设定、调整不当，且由于机床振动频率很高，因此时间常数较小的电流环引起振动的可能性较大。

故障维修：FANUC 15MA 数控系统采用的是数字伺服，伺服参数的调整可以直接通过系统进行，维修时调出伺服调整参数页面，并与机床随机资料中提供的参数表对照，发现参数 PRM1852、PRM1825 与提供值不符，设定值如下所示。

参数号	正常值	实际设定值
1852	1000	3414
1825	2000	2770

将上述参数重新修改后，振动现象消失，机床恢复正常运行。

任务拓展二：加工中心进给轴抖动

故障现象：北京机床研究所生产的某台 JCS－018 立式加工中心，当 *X* 轴和 *Y* 轴同时快速回零时，*X* 轴有时出现抖动现象。

故障诊断：因该机床使用近 20 年，此故障又是近期出现，因此可排除接线错误的因素。因 *X* 轴单轴运动时无抖动现象，所以可排除 *X* 轴机械传动链和伺服电动机本身的因素影响。

当 X 轴和 Y 轴同时快速移动出现抖动现象时，观察到 CRT 上显示的 X 轴运动脉冲数也是很均匀的，这又排除了 CNC 的影响因素。观察两轴联动的过程，发现 X 轴伺服电动机控制电缆在 Y 轴移动时被来回拖动。仔细检查，发现 X 轴控制电缆因长期被拖动外皮磨损，从而导致接触不良造成上述故障现象。

故障维修：更换 X 轴控制电缆，故障排除。

任务拓展三：加工中心直流测速发电机引起位置跟随误差报警

故障现象：一台配套 FANUC 7M 系统的立式加工中心，开机时系统出现 ALM05、ALM07 和 ALM37 报警。

故障诊断：FANUC 7M 系统 ALM 05 报警的含义是“系统处于‘急停’状态”；ALM07 报警的含义是“伺服驱动系统未准备好”；ALM37 报警的含义是“Y 轴位置误差过大”。

分析以上报警，ALM05 报警是由于系统“急停”信号引起的，通过检查可以排除；ALM07 报警是系统中的速度控制单元未准备好，可能的原因有：

◆ 电动机过载。
◆ 伺服变压器过热。
◆ 伺服变压器保护熔断器熔断。
◆ 输入单元的 EMG（IN1）和 EMG（IN2）之间的触点开路。
◆ 输入单元的交流 100 V 熔断器熔断（F5）。
◆ 伺服驱动器与 CNC 间的信号电缆连接不良。
◆ 伺服驱动器的主接触器（MCC）断开。

ALM 37 报警的含义是“Y 轴位置误差过大”。当伺服轴运动超过位置允差范围时，数控系统就会出现位置误差过大的报警，位置误差包括跟随误差、轮廓误差和定位误差等。主要原因：

◆ 系统设定的允差范围过小。
◆ 伺服系统增益设置不当。
◆ 位置检测装置有污染或损坏。
◆ 进给传动链累积误差过大。
◆ 主轴箱垂直运动时平衡装置（如平衡油缸等）不稳。

综合分析，当速度控制单元出现报警时，一般均会出现 ALM 37 报警，因此故障维修应针对 ALM07 报警进行。

在确认速度控制单元与 CNC、伺服电动机的连接无误后，考虑到机床中使用的 X、Y、Z 伺服驱动系统的结构和参数完全一致，为了迅速判断故障部位，加快维修进度，维修时首先将 X、Z 两个轴的 CNC 位置控制器输出连线 XC（Z 轴）与 XF（Y 轴）以及测速反馈线 XE（Z 轴）与 XH（Y 轴）进行对调。这样，相当于用 CNC 的 Y 轴信号控制 Z 轴，用 CNC 的 Z 轴信号控制 Y 轴，以判断故障部位是在 CNC 侧还是在驱动侧。对调后开机，发现故障现象不变，说明此故障与 CNC 无关。

在此基础上，为了进一步判别故障部位，判断故障是由伺服电动机引起的还是由驱动器引起的，维修时再次将 Y 轴、Z 轴速度控制单元进行整体对调。经试验，故障仍然不变，从而进一步排除了速度控制单元的原因，将故障范围缩小到 Y 轴直流伺服电动机上。

故障维修：拆开直流伺服电动机，经检查发现，该电动机的内装测速发电机与伺服电动机间的连接齿轮松动，其余部分均正常。将其连接紧固后，故障排除。

任务拓展四：数控车床参数设定错误引起故障

故障现象：某配套 FANUC 0TD 系统的二手数控车床，配套 FANUC α 系列数字伺服，开机后，系统显示 ALM417、ALM427 报警。

故障诊断：FANUC 0TD 出现 ALM417、ALM427 报警的含义是“数字伺服参数设定错误”。由于机床为二手设备，调试时发现系统的电池已经遗失，因此，系统的参数都在不同程度上存在错误。进一步检查系统主板，发现主板上的报警指示灯 L1、L2 亮，驱动器显示“－”，表明驱动器未准备好。

根据系统报警 ALM417、ALM427 可以确定引起报警的可能原因有：

1）电动机型号参数 8*20 设定错误。

2）电动机的转向参数 8*22 设定错误。

3）速度反馈脉冲参数 8*23 设定错误。

4）位置反馈脉冲参数 8*24 设定错误。

5）位置反馈脉冲分辨率 PRM037bit7 设定错误。

故障维修：在数字伺服设定页面正确设定以上参数以及系统的 PRM900 ~ PRM919 参数后，通过数字伺服的初始化操作，报警消失，主板上的报警指示灯 L1、L2 灭，驱动器显示“0”，表明驱动器已经准备好，本故障排除。

任务拓展五：加工中心速度控制单元 HVAL 报警

故障现象：某配套 FANUC 6M 系统、DC20/30 型直流 PWM 驱动的卧式加工中心，在自动加工过程中偶然出现 ALM401、ALM421 报警。

故障诊断：FANUC 6M 系统 CRT 上显示 ALM401 报警的含义是“*X*、*Y*、*Z* 等进给轴伺服驱动系统的速度控制单元的准备信号（VRDY 信号）为 OFF 状态”，即伺服驱动系统没有准备好，ALM421 报警的含义是“*Y* 轴位置跟随超差”。由于故障偶尔出现，初步判定 CNC 与伺服驱动系统本身无损坏；据操作人员反映，在机床手动、回参考点工作时均无报警，分析电缆连接不良的可能性也较小。

为了确定故障原因，维修时对 *Y* 轴编制了空运行试验程序，经多次试验确认：故障多在快进启动与停止时出现，发生故障时，速度控制单元上 HVAL 报警指示灯亮，表明驱动系统存在过电压。

测量速度控制单元输入电源，发现输入电压正确；检查直流母线上的制动电阻、斩波管均未损坏，初步判定故障是由机械负载过重引起的。

故障维修：由于该机床 *Y* 轴采用了液压平衡系统，分析机械负载过重可能与平衡液压缸的压力调节有关，进一步检查液压系统，发现平衡压力调整过低；重新调正平衡系统压力后，故障现象消失，机床恢复正常。

知识链接

一、直流伺服驱动系统分类和工作原理

FANUC 伺服驱动系统与 FANUC 数控系统一样，是数控机床中使用最广泛的伺服驱动系

统之一。在1985年以前生产的数控机床上，一般都采用直流伺服驱动，其配套的控制系统有FANUC的FS5、FS6、FS7系统等。

1. 直流伺服驱动系统分类

直流伺服驱动系统一般按其主回路采用的功率放大元器件类型，分为晶闸管调速方式（简称为SCR速度控制系统）和晶体管脉宽调制调速方式（简称为PWM速度控制系统）两类。在控制上可以采用模拟量控制或数字量控制，因此，在某些场合还可以分为模拟式与数字式两种类型。

2. 直流伺服驱动系统工作原理

直流伺服电动机的结构与直流电动机基本相同，只是为减小转动惯量，电动机做得细长一些。所不同的是电枢电阻大，机械特性软、呈线性（电阻大，可弱磁启动，可直接启动）。

直流伺服电动机的供电方式采用他励供电，励磁绕组和电枢分别由两个独立的电源供电。控制方式采用电枢控制和磁极控制两种方式，一般采用电枢控制的较多。直流伺服电动机的接线如图5—2—13所示。U_1为励磁电压，U_2为电枢电压。

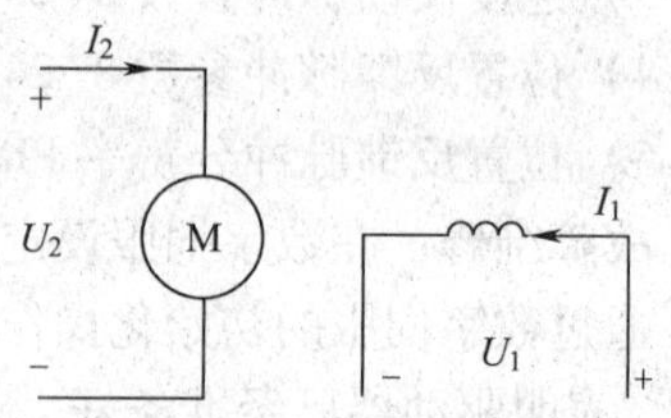

图5—2—13　直流伺服电动机的接线图

直流伺服驱动电动机适用于功率稍大（1 ~ 600 W）的自动控制系统中，与交流伺服电动机相比，它的调速线性好、体积小、重量轻、启动转矩大、输出功率大，但它的结构复杂，特别是低速稳定性差，有火花会引起无线电干扰。近年来，发展了低惯量的无槽电枢电动机、空心杯型电枢电动机、印制绕组电枢电动机和无刷直流伺服电动机，来提高快速响应能力，以适应自动控制系统的发展需要。

二、SCR速度控制单元的常见故障诊断与维修

FANUC公司生产的SCR速度控制单元在控制线路板上带有3个状态指示灯，它们分别为PRDY、TGLS和OVC指示灯，其含义如下：

◆ PRDY绿色指示灯，指示灯亮则表示速度控制单元工作正常。

◆ TGLS红色指示灯，指示灯亮则表示与速度控制单元连接的测速发电机报警。

◆ OVC红色指示灯，指示灯亮则表示速度控制单元发生过电流报警。

下面介绍常见的故障现象诊断。

1. PRDY指示灯不亮

当系统通电后，如果表示速度控制单元的PRDY指示灯不亮，则造成故障的可能原因有：

（1）数控系统或伺服驱动器（速度控制单元）存在报警。故障诊断可以通过数控系统的报警显示、数控系统印制电路板上的报警指示以及机床的故障提示进行，并根据以上提示的内容与有关说明进行处理。

（2）速度控制单元熔断器熔断。速度控制单元的功率部分和触发电路板上均安装有熔断器，当熔断器熔断时，PRDY指示灯不亮。

（3）伺服变压器过热、变压器温度检测开关动作。原因可能是负载过大或变压器不良（如变压器线圈局部短路，绝缘损坏等）。

（4）来自机床侧的原因。如操作、设定不当，系统处于急停状态等。

（5）系统的位置控制或驱动器速度控制的印制电路板不良。可以通过互换法或更换备件进行确认。

（6）辅助电源电压异常。即 +5 V，+24 V，+15 V，-15 V 电源故障。

（7）安装、接触不良。如速度控制单元与系统位置控制板之间的连接不良等。

（8）驱动器发生 TGLS 或 OVC 报警。按检查 TGLS 或 OVC 报警的方法处理。

2. TGLS 灯亮

TGLS 灯亮表示速度控制单元发生了测速发电机断线报警，其可能的原因是：

（1）作为速度反馈的部件（如：测速发电机或脉冲编码器）的测量信号线断线或连接不良。

（2）电动机的电枢线断线或连接不良。

3. OVC 灯亮

OVC 灯亮表示速度控制单元发生了过电流报警，其可能的原因是：

（1）过电流设定不当。应检查速度控制单元上的过电流设定电位器 RV3 的设定是否正确。

（2）电动机负载过重。应改变切削条件或机械负荷，检查机械传动系统与进给系统的安装与连接。

（3）电动机运动有振动。应检查机械传动系统、进给系统的安装与连接是否可靠。

（4）负载惯量过大。

（5）位置环增益过高。应检查伺服系统的参数设定与调整是否正确、合理。

（6）交流输入电压过低。应检查电源电压是否满足规定的要求。

SCR 速度控制单元的主要故障诊断与维修见表 5—2—8。

表 5—2—8　SCR 速度控制单元主要故障诊断与维修一览表

序号	故障现象	故障诊断	故障维修
1	速度控制单元熔断器熔断	机械故障造成负载过大	维修机械故障，降低负载，更换熔断器
		切削条件不合适	控制切削用量
		控制单元故障	更换控制单元损坏的元器件或维修故障部位
		速度控制单元与电动机间的连接错误	确保正、负反馈连接正确
		电动机选用不合适或电动机不良	更换或维修电动机
		相序不正确	用相序表或示波器检查相序，相序必须一一对应
2	超过速度控制范围	测速反馈连接错误，被接成正反馈或断线	确保反馈连接正确
		联轴器、电动机与工作台的连接不良	确保连接正确
		位置控制板发生故障，使速度反馈信号未输入到速度控制单元	更换或维修位置控制板
		速度控制单元设定不当	重新设定速度控制单元

续表

序号	故障现象	故障诊断	故障维修
3	机床振动	机械系统连接不良，如联轴器损坏等	检修机械连接系统
		脉冲编码器或测速发电机不良	更换或维修脉冲编码器或测速发电机
		电动机电枢线圈不良	清理换向器、检查电刷等
		速度控制单元不良	首先检查速度控制单元的调整与设定，若调整与设定正确，可更换速度控制单元的印制电路板或进行维修处理
		外部干扰	采用有效的屏蔽和可靠的接地措施
		系统振荡	调整 RV1 或丝杠的间隙
4	超调	伺服系统速度环增益太低或位置环增益太高	可以通过调整速度控制单元电位器 RV1 提高速度环增益；或通过改变系统的机床参数降低位置环增益。此外，还可以通过改变速度控制单元的 S6、S7、S9 设定等措施解决
		系统刚度不足	提高伺服系统和机械进给系统的刚度
5	单脉冲进给精度差	机械传动系统的间隙、死区或精度不足	应重新调整机械传动系统，消除间隙、减小摩擦力、提高机械传动系统的灵敏度
		伺服系统速度环或位置环增益太低	可以通过调整速度控制单元的电位器 RV1 解决
6	低速爬行	系统不稳定，有低速振荡	减少系统干扰，确保系统稳定
		机械传动系统惯量过大	可以通过改变印制电路板上速度控制单元的 S8 设定（使其断开），以及重新调整 RV1 解决
7	圆弧切削时切削面出现条纹	伺服系统增益设定不当	可以通过降低位置增益、提高速度环增益解决
		速度控制单元 CH1 端子上的电流不连续	重新设定参数，确保端子连接正确
		机械传动系统连接有松动、间隙	检查并消除松动或间隙

三、PWM 速度控制单元的常见故障与维修

在 FANUC PWM 速度控制单元的控制板上，右下部有 7 个报警指示灯，它们分别是 BRK、HVAL、HCAL、OVC、LVAL、TGLS 和 DCAL，在它们的下方还有 PRDY（位置控制准备好）和 VRDY（速度控制单元准备好）2 个状态指示灯，其含义见表 5—2—9。

表 5—2—9　　PWM 速度控制单元状态指示灯一览表

代号	含义	备注	代 号	含义	备注
PRDY	位置控制准备好	绿色	OVC	驱动器过载报警	红色
VRDY	速度控制单元准备好	绿色	TGLS	电动机转速太高	红色
BRK	驱动器主回路熔断器跳闸	红色	DCAL	直流母线过电压报警	红色
HCAL	驱动器过电流报警	红色	LVAL	驱动器欠电压报警	红色
HVAL	驱动器过电压报警	红色			

在正常的情况下，一旦电源接通，首先是PRDY灯亮，然后是VRDY灯亮，如果不是这种情况，则说明速度控制单元存在故障。出现故障时，根据指示灯的提示，可按以下方法进行故障诊断。

1. BRK报警

BRK为驱动器主回路熔断器跳闸指示，指示灯亮代表速度控制单元的主回路熔断器NFB1、NFB2跳闸，故障原因主要有以下几种：

（1）主回路受到瞬时电压冲击或干扰。这时，可以重新合上熔断器NFB1、NFB2，再进行开机试验，若故障不再出现，可以继续工作；否则，根据下面的步骤进行检查。

（2）速度控制单元主回路三相整流桥的整流二极管损坏。

（3）速度控制单元交流主回路的浪涌吸收器有短路现象。

（4）速度控制单元直流母线上的滤波电容器C1～C3有短路现象。

（5）速度控制单元逆变晶体管模块TM1～TM4有短路现象。

（6）速度控制单元不良。

（7）熔断器NBF1、NBF2不良。

2. HVAL报警

HVAL为驱动器过电压报警，指示灯亮代表输入交流电压过高或直流母线过电压。故障产生的可能原因如下：

（1）输入交流电压过高。应检查伺服变压器的输入、输出电压，必要时调节变压器变比，使输入电压在相应的允许范围。

（2）直流母线的直流电压过高。应检查直流母线上的斩波管Q1、制动电阻DCR以及外部制动电阻是否损坏。

（3）加/减速时间设定不合理。若故障在加/减速时发生，应检查系统机床参数中的加/减速时间设定是否合理。

（4）机械传动系统负载过重。应检查机械传动系统的负载、惯量是否太高，机械摩擦阻力是否正常。

3. HCAL报警

HCAL为驱动器过电流报警，指示灯亮表示速度控制单元存在过电流。可能的原因如下：

（1）主回路逆变晶体管模块TM1～TM4不良。

（2）电动机不良，如电枢线间短路或电枢对地短路。

（3）逆变晶体管的直流输出端存在短路或对地短路。

（4）速度控制单元不良。

4. OVC报警

OVC为驱动器过载报警，指示灯亮表示速度控制单元发生了过载。其可能的原因与SCR速度控制单元相同。

5. LVAL报警

LVAL为驱动器欠电压报警，指示灯亮表示速度控制单元的各种控制电压过低。其可能的原因如下：

（1）速度控制单元的辅助控制电压输入 AC18 V 过低或无输入。

（2）速度控制单元的辅助电源控制回路故障。

（3）速度控制单元的熔丝熔断。

（4）瞬间电压下降或电路干扰引起的偶然故障。

（5）速度控制单元不良。

6. TGLS 报警

TGLS 为电动机转速太高报警，指示灯亮表示电动机转速太高。其可能原因是速度控制单元测速发电机断线，或与 SCR 速度控制单元相同，参见前述。

7. DCAL 报警

DCAL 为直流母线过电压报警，原因主要是直流母线的斩波管 Q1、制动电阻 DCR 以及外部制动电阻不良。

四、直流伺服电动机的故障诊断与维修

1. 直流伺服电动机的故障诊断

使用过程中，直流伺服电动机常见故障的诊断与维修见表 5—2—10。

表 5—2—10　　直流伺服电动机故障诊断一览表

序号	故障现象	故障诊断
1	当机床开机后，CNC 工作正常，但伺服电动机不转	动力线断线或接触不良，通常在驱动器上显示 TGLS 报警
		“速度控制使能信号”（ENABLE）没有送到速度控制单元，这时通常驱动器上的 PRDY 指示灯不亮
		速度指令电压（VCMD）为零
		电动机永磁体脱落
		对于带制动器的电动机来说，可能是制动器不良或制动器未通电造成制动器未松开
		松开制动器用的直流电未输入或整流桥损坏，制动器断线等
2	电动机过热	电动机负载过大
		由于切削液和电刷粉引起换向器绝缘不正常或内部短路
		由于电枢电流大于磁钢去磁最大允许电流，造成磁钢去磁
		对于带有制动器的电动机，可能是制动线圈断线、制动器未松开、制动摩擦片间隙调整不当而造成制动器不释放
		电动机温度检测开关不良
3	电动机旋转时有大的冲击	测速发电机输出电压突变
		测速发电机输出电压的纹波太大
		电枢绕组不良或内部短路、对地短路等
		脉冲编码器不良
4	低速加工时工件表面有振纹	速度环增益设定不当
		电动机的永磁体被局部去磁
		测速发电机性能下降，纹波过大

续表

序号	故障现象	故障诊断
5	电动机噪声大	换向器接触面粗糙或换向器损坏
		电动机轴向间隙太大
		切削液等进入电刷槽中，引起换向器局部短路
6	在运转、停车或变速时有振动现象	脉冲编码器不良
		电枢绕组不良，绕组内部短路或对地短路
		若在工作台快速移动时产生机床振动，或者有较大的冲击或伺服单元的熔断器熔断时，主要原因是测速发电机电刷接触不良

2．直流伺服电动机的维修

FANUC 直流驱动线路板维修实物如图 5—2—14 所示，直流伺服电动机拆装维修实物如图 5—2—15 所示。

图 5—2—14　FANUC 直流驱动线路板维修实物图

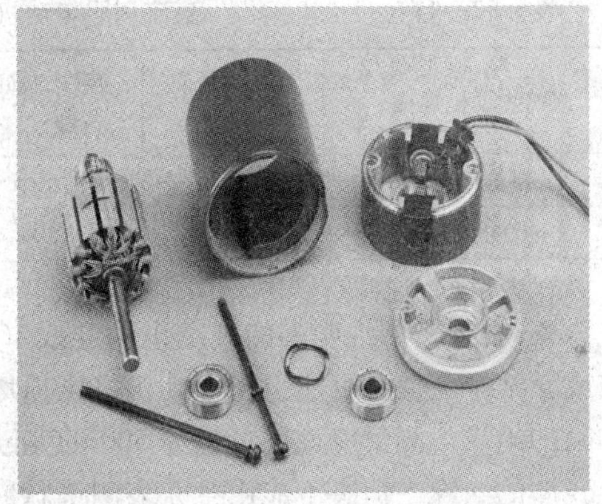

图 5—2—15　直流伺服电动机拆装维修实物图

由于结构因素决定了直流伺服电动机的维修工作量要比交流伺服电动机大得多，当直流伺服电动机发生故障时，应按如下维修步骤检查。

第一步，检查伺服电动机是否有机械损伤。

第二步，检查电动机旋转部分是否可以手动正常转动。

第三步，检查带制动器的伺服电动机，制动器是否可以正常松开。

第四步，检查电动机是否有松动的螺钉或轴向间隙。

第五步，检查电动机是否安装在潮湿、温度变化大或有灰尘的地方。

第六步，检查电动机是否长时间未开机。若是，应将电刷从 DC 电动机上取出，重新清理换向器表面，因电刷长期停留在换向器的同一个位置，将引起换向器生锈和腐蚀，从而使电动机换向不良和产生噪声。

第七步，检查电刷是否需要更换。若电刷剩下的长度短于 5 mm，则电刷不能再使用，必须更换。若电刷接触面有任何深槽或伤痕，或在电刷弹簧上见到电弧痕迹，也必须更换新电刷。更换时应先用压缩空气吹去电刷粉尘，使用的压缩空气应不含铁粉和潮气。安装电刷时应拧紧刷帽，注意电刷弹簧不能夹在导电金属和刷握之间，并确认所有刷帽都拧到各自刷握同样的位置。电刷装入刷握时，应保证能平滑地移动，并使电刷表面与换向器表面良好吻合。

第八步，维修完成后重新安装伺服电动机时，要注意如下几点：

◆ 伺服电动机的安装方向应保证在结构上易于安装、检查和更换电刷。

◆ 带有热管的伺服电动机（有风扇电动机），安装方向要便于检查和清扫冷却器。

◆ 由于伺服电动机的防水结构不是很严密，若切削液、润滑油等渗入伺服电动机内部，会引起绝缘强度降低、绕组短路、换向不良等故障，从而损坏换向器表面，使电刷的磨损加快。因此，应该注意电动机的插头方向，避免切削液进入。

◆ 若伺服电动机安装在齿轮箱上，加注润滑油时，齿轮箱的润滑油油面高度必须低于伺服电动机的输出轴，防止润滑油渗入电动机内部。

◆ 固定伺服电动机联轴器、齿轮、同步带等连接件时，在任何情况下，作用在电动机上的力不能超过电动机容许的径向、轴向负载（见表5—2—11）。

表5—2—11　　直流伺服电动机容许的径向、轴向负载

DC 电动机规格	容许的径向负载（kg）	容许的轴向负载（kg）	DC 电动机规格	容许的径向负载（kg）	容许的轴向负载（kg）
00M	75	8	10M，20M，30M，30MH	450	135
00M，5M	75	20			

◆ 必须按照说明书的规定正确连线（见机床连接图）。错误的连线可能引起电动机失控或异常振荡，也可能引起电动机机床损坏。完成接线后，通电前要测量电源线与电动机壳体间的绝缘，测量应该用量程为500的兆欧表或万用表进行，并用万用表检查信号线和电动机壳体的绝缘，但决不能用兆欧表测量脉冲编码器信号线的绝缘。

3. 测速发电机的检查与清扫

一般用于DC伺服电动机的测速发电机是扁平形的。清扫时可以直接从外面吹入压缩空气进行。

若机床快速移动时出现振荡（在大多数情况下，振动周期是电动机每转时间的1～4倍），一般都是由测速发电机的电刷接触不良引起的。测速发电机由于长期使用，其特性有时会由于刷尘的影响而降级。这类故障可能的原因如下：

◆ 由于刷尘造成测速发电机的换向器相邻换向片短路。

◆ 由于刷尘使电刷在刷握中不能平滑地移动。

◆ 由于碳膜粘在换向器表面，增加了接触电阻，使测速发电机的输出波纹增大。

◆ 由于油、切削液附着在换向器表面增加了接触电阻，使测速发电机的输出纹波增大。

测速发电机的清扫应按以下步骤进行：

第一步，从伺服电动机上卸下后盖，注意不要让与后盖连在一起的导线受力。

第二步，用干净的空气吹换向器表面，清洁换向器表面可以解决由于刷尘引起的大多数故障。如故障还不能清除，应按下面的步骤进行。

第三步，拆除刷握，检查电刷是否能平滑移动，若电刷不能平滑移动，应清除附着在导向块、垫圈等上面的刷尘。

第四步，取出转子并小心清除换向器槽中的粉尘，然后检查相邻换向片间的电阻，当测出的阻值在整个圆周均为 20 ~ 30 Ω 时为正常。如果测出的电阻值很大（如数百欧姆），则换向片的绕组可能有断路，这种情况下，应更换新测速发电机；如果测出的阻值低于 20 Ω，则换向片间可能有短路，应进一步清扫换向器槽。

第五步，当换向器表面被厚的碳膜覆盖时，可用带有酒精的湿布擦洗。

第六步，若换向器表面粗糙，则测速发电机不能再使用，应更换新测速发电机。

任务 3　加工中心 *Y* 轴爬行

教学导航

教学目标	掌握加工中心 *Y* 轴爬行故障的诊断思路及排除方法
知识要点	1. 进给驱动系统常见故障现象及原因分析 2. 加工中心爬行与振动常见原因分析
技能要点	1. 故障现场的勘察及相关资料的查阅 2. 进给伺服驱动系统故障的综合诊断 3. 故障部位的维修与排除
教学准备	1. 设备：存在 *Y* 轴爬行故障现象的加工中心若干台 2. 资料：与设备对应的数控系统操作说明书、机床生产厂家提供的机械说明书、电气说明书、维修手册，机床使用单位提供的维修记录单等 3. 工具：机床维修工具箱、万用表、示波器等
建议学时	15 学时

任务引入

在企业生产切削加工过程中，某卧式加工中心出现 *Y* 轴爬行现象。

试主要从进给驱动系统方面对故障现象产生的原因进行全面分析，并排除这一故障。

任务分析

对于数控机床出现的爬行与振动故障，不能急于下结论，而应根据产生故障的可能原因，罗列出可能造成数控机床爬行与振动的有关因素，然后逐项排队，逐个因素检查，分析、定位并排除故障。查到哪一处有问题，就对该处的问题加以分析，看是否为造成故障的主要原因，直至将每一个可能产生故障的因素都查到。最后再统筹考虑，提出一个综合性的解决方案，将故障排除。

相关知识

一、进给驱动系统常见故障现象及原因分析

1．FANUC 进给驱动系统故障表现形式

当进给驱动系统发生故障时，通常有三种表现形式：

◆ 在 CRT 或操作面板上显示报警内容或报警信息；

◆ 在进给伺服驱动单元上用报警灯或数码管显示驱动单元的故障；

◆ 进给运动不正常，但无任何报警。

2．进给驱动系统常见故障现象

根据企业维修经验，在不同型号不同系统的数控机床上，出现进给驱动系统故障主要有以下六种现象：

（1）超程；

（2）过载；

（3）伺服电动机不转；

（4）漂移；

（5）爬行；

（6）振动。

3．进给驱动系统故障原因分析

维修人员可以根据报警信息以及该机床进给伺服系统的工作原理查找原因，排除故障。对于以上六种故障现象，原因诊断分析如下：

（1）超程

超程是机床厂家为机床设定的保护措施，一般有软件超程、硬件超程和急停保护三种，不同机床所采用的措施会有所区别。硬件超程为防止在回零之前手动误操作设置；急停保护是最后一道防线，当硬件超程限位保护失败时它会起到保护作用；软件超程限位在建立机床坐标系后（机床回零后）生效，软件超程限位设置在硬件超程限位之内。超程的具体修复方法，不同的系统有所区别，根据机床说明书即可排除。

（2）过载

当进给运动的负载过大、频繁正反向运动以及进给传动润滑状态和过载检测电路不良时，都会引起过载报警。一般会在 CRT 上显示伺服电动机过载、过热或过流的报警，或电气柜的进给驱动单元上，用指示灯或数码提示驱动单元过载、过流信息。

（3）伺服电动机不转

数控系统至进给单元除了速度控制信号外，还有使能控制信号，使能控制信号是进给动作的前提，可参考具体系统的信号连接说明书。检查使能信号是否接通；通过 PLC 梯形图，分析使能条件；检查数控系统是否发出速度控制信号；对带有电磁制动的伺服电动机应检查电磁制动是否释放；检查进给单元故障；检查伺服电动机故障。

（4）漂移

当数控机床的指令值为零时，坐标轴仍移动，从而造成位置误差。通过漂移补偿和驱动单元上的零速调整来消除。

（5）爬行

发生在启动加速段或低速进给时，虽然进给电动机和丝杠是匀速旋转的，工作台却是一快一慢或一跳一停地运动，这种现象叫做“爬行”。一般是由于进给传动链润滑状态不良、伺服系统增益过低以及外负载过大等因素所致。

（6）振动

当发现某一进给轴振动时，首先要分析机床振动周期是否与进给速度有关。如与进给速度有关，振动一般与该轴的速度环增益太高或速度反馈故障有关；若与进给速度无关，振动一般与位置环增益太高或位置反馈故障有关；如振动在加/减速过程中产生，则往往是系统加/减时间设定过小所致。根据上述分析定位并排除故障。

二、加工中心爬行与振动常见原因分析

加工中心出现爬行与振动现象的故障诊断原因与维修措施见表5—3—1。

表5—3—1　　　　爬行与振动故障诊断原因与维修措施

序号	诊断部位	主要故障原因	诊断维修措施
1	负载	外加负载过大	校核工作负载是否过大，如果负载过大应改善切削条件，重新考虑切削负载
2	机械部件故障	导轨副选用不合理	对滚动导轨则应检查预紧是否良好 对静压导轨应着重检查静压是否建立 对塑料导轨应检查是否有杂质或异物阻碍导轨副运动
		导轨润滑不良	采用具有防爬作用的导轨润滑油
3	进给传动链故障	传动链预紧不理想	调节轴承、丝杠螺母副和丝杠之间的预紧力，提高传动链的扭转刚度
		支撑和支撑座刚度不够	改善支撑部件特性，增强支撑和支撑座的拉压刚度
		机械系统连接不良	如联轴器损坏，需维修或更换联轴器
4	进给伺服系统故障	速度调节器损坏	用示波器检测速度调节器给定信号、反馈信号，查看波形，看是否损坏
		测速发电机损坏	检测测速发电机反馈信号，看是否损坏
		电动机检查	首先清理换向器，检查电刷等，再进行测量确认
		脉冲编码器损坏	首先将位置环、速度环断开，手动电动机旋转，观察速度控制单元印制电路板上F/V变换器的电压，如果出现电压突然下跌的波形，则说明反馈部件不良
		系统参数设定不当	消除振荡的最佳方法就是减小放大倍数，调节RV1，逆时针方向转动，或改变短路棒
		存在外部干扰	对于固定不变的干扰，可检查F/V变换器、电流检测端子以及同步端的波形，检查是否存在干扰，并采取相应的措施；对于偶然性干扰，只能通过有效的屏蔽、可靠的接地等措施，尽可能予以避免

 任务实施

一、任务准备

设备：存在 Y 轴爬行故障现象的加工中心若干台。

资料：与设备对应的数控系统操作说明书，机床生产厂家提供的机械说明书、电气说明书、维修手册，机床使用单位提供的维修记录单等。

工具：机床维修工具箱、万用表、示波器等。

二、故障勘察

先查看发生故障的机床，了解故障的基本现象。

通过现场咨询了解到该加工中心在运动时，Y 轴产生爬行现象。

再结合相关信息，深入了解故障现象。

通过现场勘察，了解到该加工中心配套 FANUC 6M 系统，在进给系统驱动移动部件低速运行过程中，移动部件开始时不能启动，启动后突然作加速运动，而后停顿，继而又作加速运动；而当其高速运行时，移动部件又会出现明显的振动。

最后，查阅发生故障加工中心的机械及电气说明书，了解其进给传动系统的机械结构及控制原理。

三、故障诊断与维修

该加工中心进给系统爬行与振动故障诊断维修流程如图 5—3—1 所示，具体步骤如下：

第一步，对故障发生的部位进行分析。当机床发生爬行与振动故障时，应首先看其外加负载是否过大，其次通常需要在机械部件和进给伺服系统查找问题。数控机床进给系统低速时的爬行现象往往取决于机械传动部件的特性，高速时的振动现象又通常与进给传动链中运动副的预紧力有关。另外，爬行和振动问题是与进给速度密切相关的，因此也要分析进给伺服系统的速度环和系统参数。

第二步，外加负载过大导致故障的检查和排除。外加负载过大会导致数控机床爬行，维修前应首先校核工作负载是否过大，如果负载过大应改善切削条件，重新考虑切削负载。

第三步，机械部件故障的检查和排除。造成爬行与振动的原因如果在机械部件，首先要检查导轨副。因为移动部件所受的摩擦阻力主要来自导轨副，如果导轨副的动、静摩擦因数大，且其差值也大，将容易造成爬行。尽管数控机床的导轨副广泛采用了滚动导轨、静压导轨或塑料导轨，但如果调整不好，仍会造成爬行或振动。对静压导轨应着重检查静压是否建立，对塑料导轨应检查是否有杂质或异物阻碍导轨副运动，对滚动导轨则应检查预紧是否良好。导轨副的润滑不好也可能引起爬行问题，有时出现爬行现象仅仅是导轨副润滑状态不好造成的，这时采用具有防爬作用的导轨润滑油是一种非常有效的措施，这种导轨润滑油中有极性添加剂，能在导轨表面形成一层不易破裂的油膜，从而改善导轨的摩擦特性。

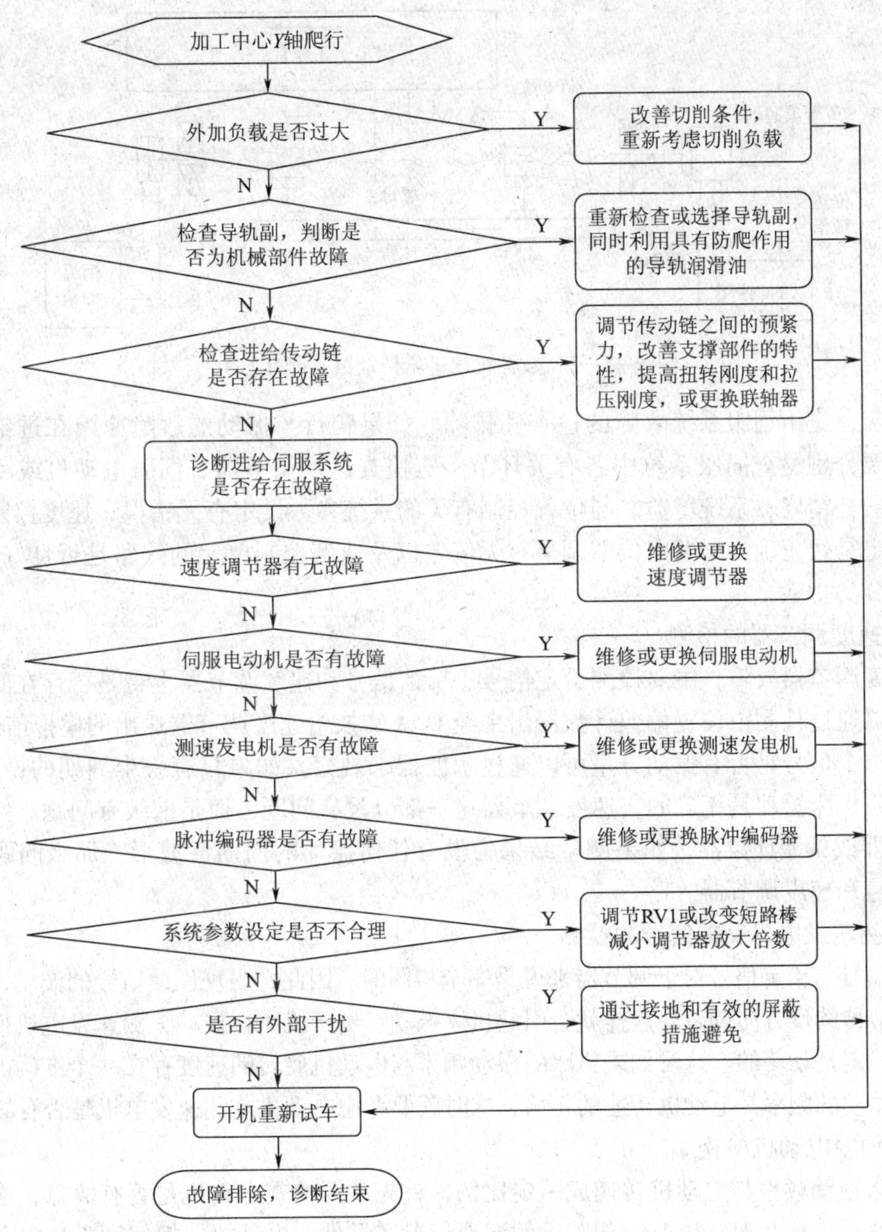

图 5—3—1　加工中心 Y 轴爬行故障诊断维修流程图

第四步，进给传动链故障的检查和排除。在进给系统中，伺服驱动装置到移动部件之间必定要经过由齿轮、丝杠螺母副或其他传动副所组成的传动链，如图 5—3—2 所示。有效提高这一传动链的扭转和拉压刚度，对于提高运动精度，消除爬行非常有益。引起移动部件爬行的原因之一常常是对轴承、丝杠螺母副和丝杠本身的预紧或预拉不理想。传动链太长、传动轴直径偏小、支撑和支撑座的刚度不够也是引起爬行不可忽略的因素，因此在检查时也要考虑这些方面是否有缺陷。另外，机械系统连接不良，如联轴器损坏等，也可能引起机床振动和爬行。

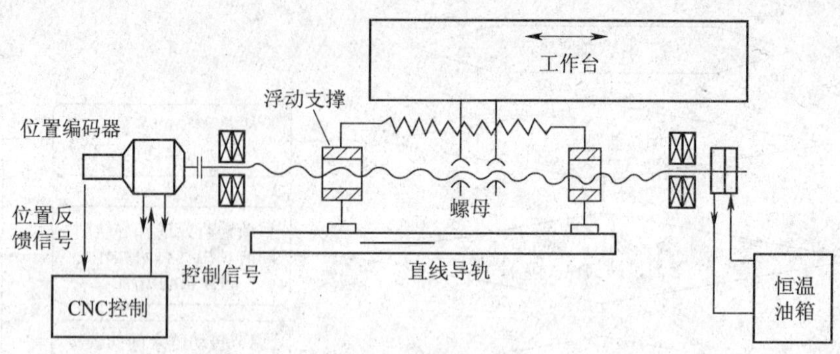

图 5—3—2　数控机床进给传动链（半闭环）

第五步，进给伺服系统故障的检查和排除。如果爬行与振动的故障原因在进给伺服系统，则需要分别检查伺服系统中各有关环节。应检查速度调节器、伺服电动机或测速发电机、系统插补精度、系统增益、与位置控制有关的系统参数设定有无错误、速度控制单元上短路棒设定是否正确、增益电位器调整有无偏差以及速度控制单元的线路是否良好等环节，逐项检查分类排除。

（1）速度调节器的检测

对速度调节器故障，主要检测给定信号、反馈信号和速度调节器本身是否存在问题。给定信号可以通过检测由位置偏差计数器出来经 D/A 转换给速度调节器送出的模拟信号VCMD来实现，这个信号是否有振动分量可以通过示波器来观察。如果只有一个周期的振动信号，那毫无疑问机床振动是正确的，速度调节器这一部分没有问题，而是前级有问题。然后检查D/A 转换器或偏差计数器，如果测量结果为没有任何振动的周期性波形，那么问题肯定出在反馈信号和速度调节器。

（2）测速发电机反馈信号的检测

反馈信号与给定信号对于调节器来说是完全相同的。因此，出现反馈信号的波动，必然引起速度调节器的反方向调节，这样就会引起机床振动。由于机床在振动，测速发电机反馈回来的波形也一定是动荡的。这时如果机床的振动频率与电动机旋转的速度存在一个准确的比例关系，譬如振动的频率是电动机转速的 4 倍，这时就要考虑电动机或测速发电机是否有故障。

（3）伺服电动机检查

若机床振动频率与电动机转速成一定比例，首先就要检查电动机是否有故障，检查它的电刷、整流子表面状况，以及滚珠轴承的润滑情况。另外，电动机电枢线圈不良也会引起系统振动。这种情况可以通过测量电动机的空载电流进行确认，若空载电流随转速成正比例增加，则说明电动机内部有短路现象。出现本故障一般应首先清理换向器、检查电刷，再进行测量确认。如果故障现象依然存在，则可能是线圈匝间有短路现象，应对电动机进行维修处理。如果没有什么问题，就要检查测速发电机。

（4）脉冲编码器或测速发电机的检测

对于脉冲编码器或测速发电机不良的情况，可按下述方法进行测量检查。首先将位置环、速度环断开，手动电动机旋转，观察速度控制单元印制电路板上 F/V 变换器的电压，如果出现电压突然下跌的波形，则说明反馈部件不良。测速发电机常常出现的一个问题是电刷粉积存在换向片之间的槽内，造成测速发电机换向片片间短路，一旦出现这样的问题就会引起振动。

（5）系统参数的调节

一个闭环系统也可能由于参数设定不合理而引起系统振荡，消除振荡的最佳方法是减小放大倍数。通过在 FUNAC 系统中逆时针方向转动调节 RV1 即可，但由于 RV1 调节电位器的范围比较小，有时只能改变短路棒，也就是切除反馈电阻值，以降低整个调节器的放大倍数。

（6）外部干扰的处理

对于固定不变的干扰，可检查 F/V 变换器、电流检测端子以及同步端的波形，检查是否存在干扰，并采取相应的措施。对于偶然性干扰，只有通过有效的屏蔽、可靠的接地等措施，尽可能予以避免。

采用这些方法后，如果还不能完全消除振动，就要考虑更换速度调节器板并在换后彻底检查各处波形。

维修小结

通过本任务的维修可以体会到，数控机床是一个完整的有机整体，机械、电气、液压控制之间相互联系，又相互影响。因此，分析解决爬行与振动故障时，应有整体概念和经验，这样才能有效解决实际问题。如果出现故障既有机械部件的原因，又有进给伺服系统的原因，而且很难分辨出引起这一故障的主要原因，就要进行多方面的检测，耐心细致地分析和诊断，直至找出故障根源。若故障是综合性因素造成的，只有采取综合的排除故障的方法才能解决。

通过对本模块三个典型任务的分析，我们认识到：在对进给驱动系统进行维修的过程中，除应熟悉机床的伺服系统外，还必须综合分析机床的其他条件。据有关资料介绍，在数控机床伺服系统的故障中，有 35% ~50% 的故障并非伺服单元本身所致，而是由外部其他因素引起，因此要综合分析才能尽快排除故障。

四、故障维修记录单填写

故障维修记录单见表 5—3—2。

表 5—3—2　　数控机床故障维修记录单

维修时间			维修人员		
设备名称	加工中心		设备型号		
故障现象					
诊断与维修	诊断系统	是否正常	故障部位	排除方法	维修用零配件
	电气系统				
	机械系统				
	液压系统				
	数控系统				

续表

维修小结	
维修后试车确认维修结果	

任务评价

任务实施完成后，由教师针对学生的综合表现进行考核、点评，并填写任务评价表（见表5—3—3），形成个人最终成绩。

表5—3—3　　任务评价表

姓名			题目名称	加工中心 Y 轴爬行故障诊断与维修		
序号	项目	考核内容及要求	配分	评分标准	扣分内容	评分
1	任务准备	检查工具、资料是否准备齐全	5	工具准备（3分） 资料准备（2分）		
2	故障现象勘察	观察进给驱动系统故障状态	5	能明确描述故障现象		
		观察报警信息，查阅相关手册	10	能明确进给驱动原理		
3	故障诊断	分别从不同故障类型诊断故障原因	30	正确应用故障的诊断维修流程图（15分） 确定最终方案（15分）		
4	故障处理	对故障部位进行维修	20	工具使用（5分） 思路清晰（10分） 工时控制合理（5分）		
		对维修效果试车进行验证	5	试车（2分） 维修部位恢复（3分）		
5	安全文明生产	应符合国家安全文明生产的有关规定	5	违反安全文明生产有关规定不得分		
6	实操过程记录	填写清晰、准确	5	填写不准确不得分		

续表

序号	项目	考核内容及要求	配分	评分标准	扣分内容	评分
7	问题解答	回答清晰、准确（时间在 10 min 内满分，其余情况酌情扣分）	15	每位同学回答三题（每题5分）		
实际用时：15 学时		规定时间内完成	每超时 1 h 扣 5 分，超时 4 h 此项目考核不得分			
指导教师建议					总得分	

任务拓展

任务拓展一：加工中心过载报警

故障现象：某配套 FANUC－0M 系统的数控立式加工中心，在加工中经常出现过载报警，报警号为434，表现形式为 Z 轴电动机电流过大，电动机发热，停机 40 min 左右报警消失，接着再工作一阵，又出现同类报警。

故障诊断：当进给运动的负载过大，频繁正、反向运动以及进给链润滑状态不良时，均会引起过载报警。一般会在 CRT 显示伺服电动机过载、过热或过电流等报警信息。同时，在进给驱动单元上，用指示灯或数码管提示驱动单元过电流等信息。引起过载的原因是：

①机床负荷异常引起电动机过载。

②速度控制单元上的印制电路板设定错误。

③速度控制单元的印制电路板不良。

④电动机故障。

⑤电动机的检测元件故障等。

经检查，电气伺服系统无故障，因此估计是负载过重带不动造成。为了区分是电气故障还是机械故障，将 Z 轴电动机拆下与联轴器脱开，再运行时该故障不再出现。由此确认为丝杠或运动部位过紧造成。

故障维修：调整 Z 轴丝杠防松螺母后，效果不明显，后来又调整 Z 轴导轨镶条，机床负载明显减轻，该故障消除。

任务拓展二：加工中心超程报警

故障现象：一台配套 FANUC OMC 系统，型号为 XH754 的加工中心，X 轴回零时产生超程报警“OVER TRAVEL－X”。

故障诊断：当进给运动超过由软件设定的软限位或由限位开关设定的硬限位时，就会发生超程报警。一般会在 CRT 上显示报警内容，根据数控系统说明书，即可排除故障，解除报警。经检查发现 X 轴报警时离行程极限相差甚远，而显示器却显示 X 坐标超过了 X 轴范围，故确认是软限位超程报警。

故障维修：查参数 0704 正常，断电，按住 P 键的同时接通 NC 电源，在系统对软限位不作检查的情况下完成回零；也可将 0704 改为 -99999999 后回零，若没问题，再将其改回原值即可；还可按 P 键和 CAN 键开机以消除报警。

任务拓展三：加工中心进给轴漂移

故障现象：一台配套 FAGOR 8025MG 系统，型号为 XK5038-1 的加工中心，工件铣削精度超差，镗孔失圆。

故障诊断：检查已加工好的工件，发现误差出现在横向，纵向正常；而横向加工对应 X 轴，故怀疑 X 轴有问题。手动移动 X 轴，发现 X 轴定位后位置坐标示值在 ±0.05 范围内波动，而正常波动范围为 ±0.001，同时 X 轴电动机有轻微“嗡嗡”声，估计 X 轴漂移。

故障维修：打开电控柜，在 X 轴驱动单元上找到标志为 drift 的电位器，仔细调节，使 X 轴示值波动回复到 ±0.001。再进行加工，精度恢复正常。

 知识链接

一、直流伺服电动机的维护

1. 存放要求

不要将直流伺服电动机长期存放在室外，也要避免存放在湿度高、温度有急剧变化和多尘的地方，如需存放一年以上，应将电刷从电动机上取下来，否则容易腐蚀、损坏换向器。

2. 机床长期不运行时的保养

当机床长达几个月不开动时，要对全部电刷进行检查，并要认真检查换向器表面是否生锈。如有锈，要以特别缓慢的速度，充分、均匀地运转电动机。经过 1~2 h 后再行检查，直至处于正常状态，方可使用机床。

3. 电动机的日常维护

（1）每天在机床运行时的维护检查。在机床运行过程中要注意观察机床的旋转速度，是否有异常的振动和噪声，是否有绝缘过热引发的异味，检查电动机的机壳和轴承的温度。

（2）定期维护。直流伺服电动机带有数对电刷，旋转时，电刷与换向器摩擦而逐渐磨损。电刷异常或过度磨损，会影响工作性能，所以对直流伺服电动机的日常维护也是相当必要的。要每月定期对电刷进行清理和检查。数控车床、铣床和加工中心的直流伺服电动机应每年检查一次，频繁加、减速的机床（如冲床等）中的直流伺服电动机应每两个月检查一次。

（3）检查步骤如下：

第一步，在数控系统处于断电状态且已经完全冷却的情况下进行检查。

第二步，取下橡胶刷帽，用旋具拧下刷盖，取出电刷。

第三步，测量电刷长度，如 FANUC 直流伺服电动机的电刷由 10 mm 磨损到小于 5 mm 时，必须更换同型号的新电刷。

第四步，仔细检查电刷的弧形接触面是否有深沟或裂痕，以及电刷弹簧上有无打火痕迹。如有上述现象，则要考虑工作条件是否过分恶劣或电刷本身是否有问题。

第五步，将不含金属粉末及水分的压缩空气引入装电刷的刷握孔吹净粘在刷握孔壁上的

电刷粉末。如果难以吹净，可用旋具尖轻轻清理，直至孔壁全部干净为止，但要注意不要碰到换向器表面。

第六步，重新装上电刷，拧紧刷盖。如果更换了新电刷，则要空运行跑合一段时间，以使电刷表面与换向器表面吻合良好。

二、交流伺服电动机的维护

交流伺服电动机与直流伺服电动机相比，最大的优点是不存在电刷维护的问题。应用于进给驱动的交流伺服电动机多采用交流永磁同步电动机，其特点是磁极是转子，定子的电枢绕组与三相交流电枢绕组一样，但它由三相逆变器供电，通过转子位置检测其产生的信号控制定子绕组的开关器件，使其有序轮流导通，实现换流，从而使转子连续不断地旋转。转子位置检测器与转子同轴安装，用于转子的位置检测，检测装置一般为带有霍尔开关、具有相位检测功能的光电脉冲编码器。

对于数控机床进给系统产生爬行的原因，一般认为是由于机床运动部件之间润滑不好，导致机床工作台移动时静摩擦阻力增大；当电动机驱动时，工作台不能向前运动，使滚珠丝杠产生弹性变形，把电动机的能量储存在变形上；电动机继续驱动，储存的能量所产生的弹性力大于静摩擦力时，机床工作台向前蠕动，周而复始地这样运动，即产生了爬行的现象。事实上这只是其中的一个原因，产生这类故障的原因也可能是机械进给传动链出现了故障，进给系统电气部分出现了问题，系统参数设置不当，还可能是机械部分与电气部分的综合故障所造成的。

模块六

进给传动系统故障的诊断与维修

任务1　加工中心频繁出现轮廓误差报警

教学导航

教学目标	掌握加工中心频繁出现轮廓误差报警故障的诊断思路及排除方法
知识要点	1. 数控机床进给传动系统的组成 2. 滚珠丝杠螺母副的结构、原理、分类、支撑和预紧 3. 导轨副的类型和特点 4. 电动机与丝杠的连接结构类型与特点 5. 进给传动系统的常见故障
技能要点	1. 故障现场的勘察及相关资料的查阅 2. 进给传动系统故障的综合诊断 3. 故障部位的维修与排除
教学准备	1. 设备：存在轮廓误差报警故障的加工中心若干台 2. 资料：与设备对应的数控系统操作说明书，机床生产厂家提供的机械说明书、电气说明书、维修手册，机床使用单位提供的维修记录单等 3. 机床维修工具箱、水平仪、千分表等
建议学时	18学时

任务引入

在企业生产过程中，某台卧式加工中心因频繁出现“轮廓误差监视”的NC报警，间或出现“静态误差监视”“给定速度太高”“监视测量系统硬件”的报警而使机床停机。

试从进给传动系统的结构和工作原理方面进行分析，并排除这一故障。

任务分析

进给传动系统故障是数控机床的常见故障之一，一般均涉及机械、电气、控制系统等几方面的控制回路。由于进给传动系统发生故障可能直接引起加工工件尺寸产生偏差，给生产造成损失，故预防和排除进给传动系统故障具有重要意义。

要分析和排除进给传动系统故障，首先要明确数控机床进给传动系统的组成，了解其主要组成部分的类型、结构与原理，然后熟悉进给传动系统的常见故障，进而掌握故障诊断思路及流程，最后排除故障。

相关知识

一、数控机床进给传动系统的组成

数控机床的进给系统由进给驱动系统和进给传动系统两大部分构成。其中进给传动系统由伺服电动机及检测元件、传动机构、运动变换机构、导向机构、执行件等组成。常用的传动机构有联轴器、一到两级传动齿轮和同步带，运动变换机构有丝杠螺母副、蜗杆蜗轮副、齿轮齿条副等，导向机构有滑动导轨、液动导轨、静压导轨、轴承等。图 6—1—1 所示为数控机床进给传动系统组成的实物图。

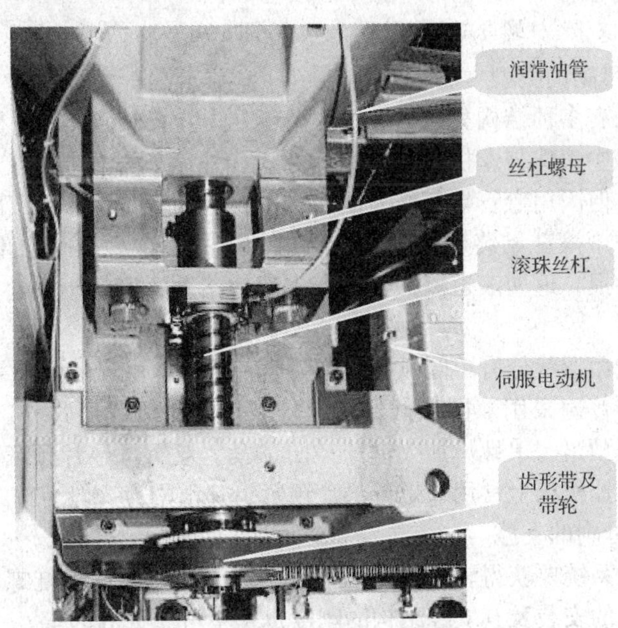

图 6—1—1　数控机床进给传动系统组成的实物图

二、滚珠丝杠螺母副

滚珠丝杠螺母副是数控机床中将回转运动转换为直线运动常用的传动装置。滚珠丝杠螺母副因历史悠久、工艺成熟、成本较低，广泛应用于中小型数控机床的进给传动系统。

1. 滚珠丝杠螺母副的结构与工作原理

滚珠丝杠螺母副是在丝杠和螺母之间以滚珠为滚动体的螺旋传动装置，主要由丝杠、螺母、滚珠、滚道组成。

滚珠丝杠螺母副的工作原理是：在丝杠和螺母上加工有弧形螺旋槽，当它们套装在一起时形成螺旋滚道，在滚道内装满滚珠，当丝杠相对于螺母旋转时，滚珠在封闭滚道内沿滚道滚动，迫使螺母轴向移动，从而实现将旋转运动变换成直线运动。丝杠和螺母发生轴向位移，而滚珠则沿着滚道流动。

滚珠丝杠螺母副的实物如图 6—1—2 所示，滚珠丝杠螺母副的结构如图 6—1—3 所示。

图 6—1—2　滚珠丝杠螺母副实物图

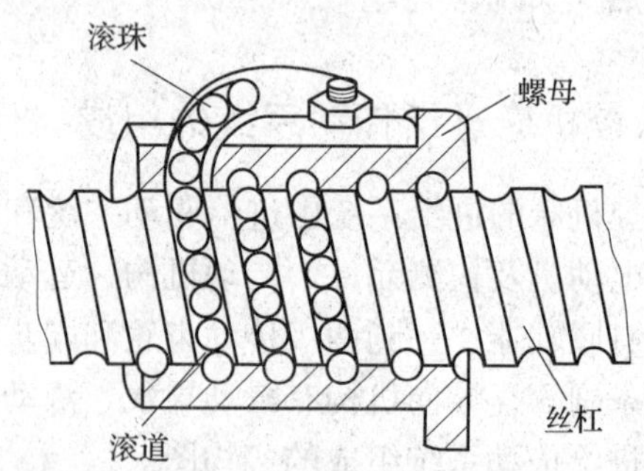

图 6—1—3　滚珠丝杠螺母副的结构图

2．滚珠丝杠螺母副的类型

滚珠丝杠螺母副有多种结构类型，按滚珠循环方式分有外循环和内循环两大类。外循环方式是指在循环过程中滚珠与丝杠脱离接触的方式。外循环方式制造工艺简单，应用广泛，螺母径向尺寸较大，但因用弯管端部作为挡珠器，故刚度差，易磨损，且噪声较大。内循环方式是指在循环过程中滚珠始终保持和丝杠接触的方式。这种方式螺母结构紧凑，定位可靠，刚度好，不易磨损，返回滚道短，不易产生滚珠堵塞，摩擦损失小；缺点是结构复杂、制造较困难。

按螺纹轨道的截面形状分有单圆弧和双圆弧两种截形，由于双圆弧截形轴向刚度大于单圆弧截形，因此目前普遍采用双圆弧截形的丝杠。按预加负载形式分，可分为单螺母无预紧、单螺母变位导程预紧、单螺母加大钢球径向预紧、双螺母垫片预紧、双螺母齿差预紧、双螺母螺纹预紧，数控机床上常用双螺母垫片预紧，其预紧力一般为轴向载荷的 1/3。

3．滚珠丝杆螺母副的支撑

数控机床的进给系统要获得较高的传动刚度，除了加强滚珠丝杠螺母本身的刚度之外，滚珠丝杠螺母副正确的安装及其支撑结构的刚度也是不可忽视的因素。

滚珠丝杠螺母副的支撑方式通常有以下几种：

（1）一端装止推轴承，另一端自由（固定—自由式）

这种支撑方式如图 6—1—4a 所示，其承载能力小，轴向刚度低，适用于短丝杠，如用于数控机床的调整环节或升降台式数控机床的垂直坐标中。

（2）一端装止推轴承，另一端装深沟球轴承（固定—支撑式）

这种支撑方式如图 6—1—4b 所示。当滚珠丝杠较长时，一端装止推轴承固定，另一端由深沟球轴承支撑。为了减小丝杠热变形的影响，止推轴承的安装位置应远离热源。

（3）两端装止推轴承

这种支撑方式如图 6—1—4c 所示。将止推轴承装在滚珠丝杠的两端，并施加预紧拉力，这样有助于提高传动刚度，但这种支撑方式对热伸长较为敏感。

（4）两端装双重止推轴承及深沟球轴承（固定—固定式）

这种支撑方式如图 6—1—4d 所示。为了提高刚度，丝杠两端采用双重支撑，如止推轴承和深沟球轴承，并施加预紧拉力。这种结构形式可使丝杠的热变形能转化为止推轴承的预紧力。

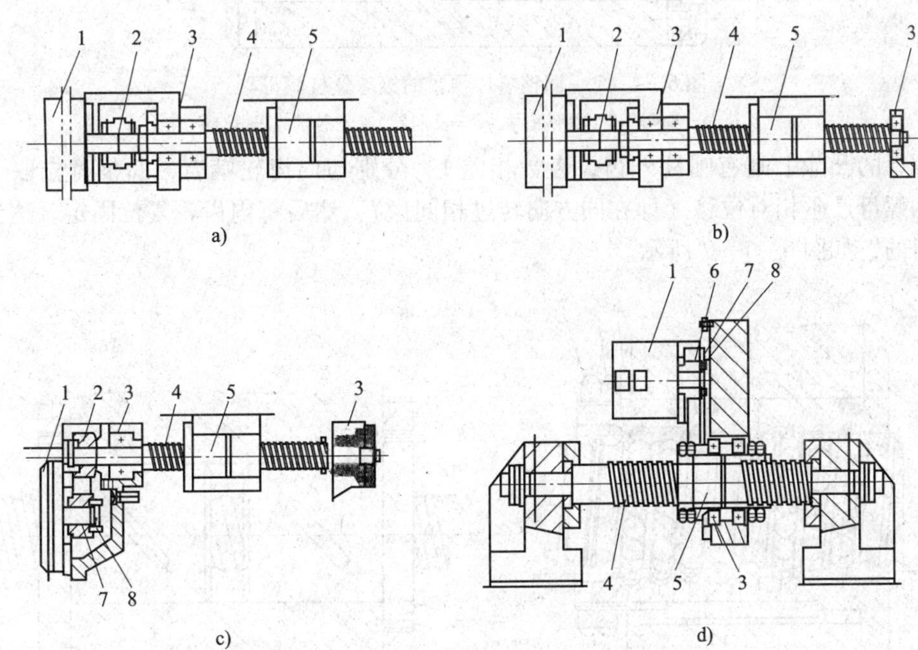

图 6—1—4　滚珠丝杠螺母副的 4 种支撑方式

1—电动机　2—弹性联轴器　3—轴承　4—滚珠丝杠　5—滚珠丝杠螺母

6—同步带轮　7—弹性胀紧套　8—锁紧螺钉

4. 滚珠丝杠螺母副的预紧方法

滚珠丝杠螺母副的间隙直接影响其传动精度和传动刚度，通常采用预紧的方法来减小滚珠丝杠螺母副的间隙，从而保证其传动精度和传动刚度。常用的预紧方法有三种，其基本原理是使两个螺母产生轴向位移，以消除它们之间的间隙并施加预紧力。

（1）调整垫片预紧

调整垫片厚度，使螺母产生轴向位移。该形式结构简单、调整方便、应用广，但仅适用于一般精度机构，如图 6—1—5 所示。

（2）螺纹预紧方式

通过调整圆螺母消除间隙并产生预紧力，再用锁紧螺母锁紧。该形式结构紧凑、调整方便，但调整精度较差，且容易松动，如图 6—1—6 所示。

（3）齿差预紧方式

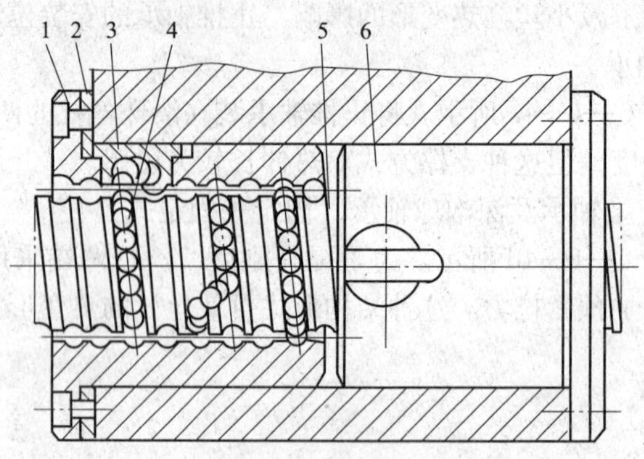

图 6—1—5　调整垫片预紧的滚珠丝杠螺母副

1，6—螺母　2—调整垫片　3—反向器　4—钢球　5—螺杆

两螺母的凸缘上制有圆柱外齿，齿数相差 1，分别与内齿轮啮合，调整时先取下内齿轮，使两螺母产生相对位移（即在同方向转过相同齿），然后将内齿轮复位固定，达到消除间隙的目的，如图 6—1—7 所示。

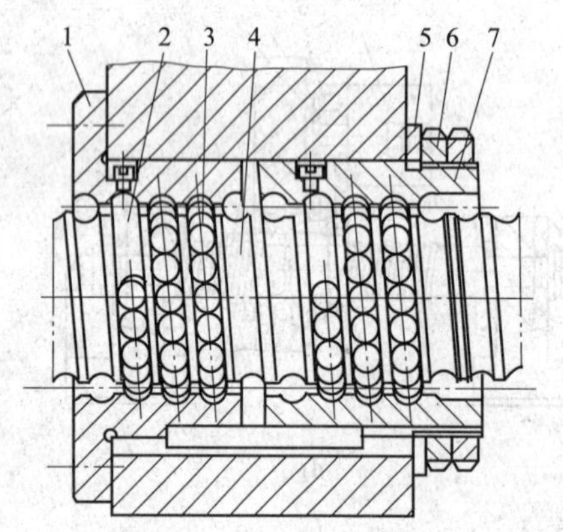

图 6—1—6　螺纹预紧式的滚珠丝杠螺母副

1，7—螺母　2—反向器　3—钢球

4—螺杆　5—垫圈　6—圆螺母

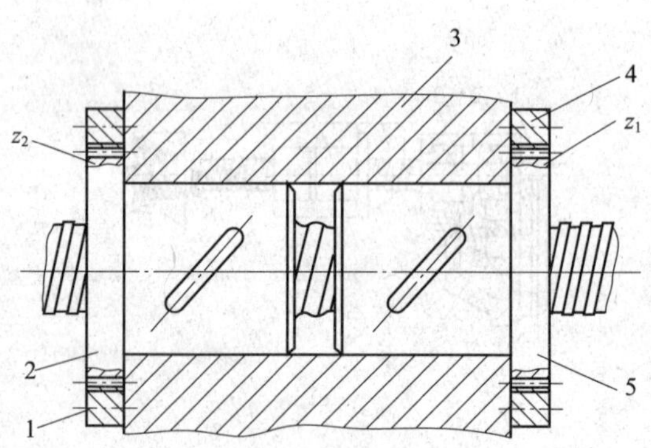

图 6—1—7　齿差预紧式

1，4—内齿轮　2，5—螺母　3—螺母座

三、导轨副的类型与特点

1．滑动导轨

滑动导轨具有摩擦特性好、耐磨特性好、运动平稳、工艺性好、速度较低等特点。数控机床所使用的滑动导轨材料为铸铁对塑料或镶钢对塑料滑动导轨。导轨塑料常用聚四氟乙烯导轨软带和环氧型耐磨导轨涂层两类。聚四氟乙烯导轨软带的特点如下：

（1）摩擦特性好。金属—聚四氟乙烯导轨软带的动、静摩擦因数基本不变。

（2）耐磨特性好。聚四氟乙烯导轨软带材料中含有青铜、二硫化铜和石墨，因此本身就具有自润滑作用，对润滑油的要求不高。此外，塑料质地较软，即使嵌入金属碎屑、灰尘等，也不致损伤金属导轨面和软带本身，可延长导轨副的使用寿命。

(3) 减振性好。塑料的阻尼性能好，其减振效果、消声的性能较好，有利于提高运动速度。

(4) 工艺性好。可降低对粘贴塑料金属基体的硬度和表面质量要求，而且塑料易于加工，使导轨副接触面获得优良的表面质量。聚四氟乙烯导轨软带被广泛用于中小型数控机床的运动导轨中。

图 6—1—8 所示为某加工中心工作台的剖面图。作为移动部件的工作台导轨面（包括下压板和镶条）都粘贴有聚四氟乙烯导轨软带。

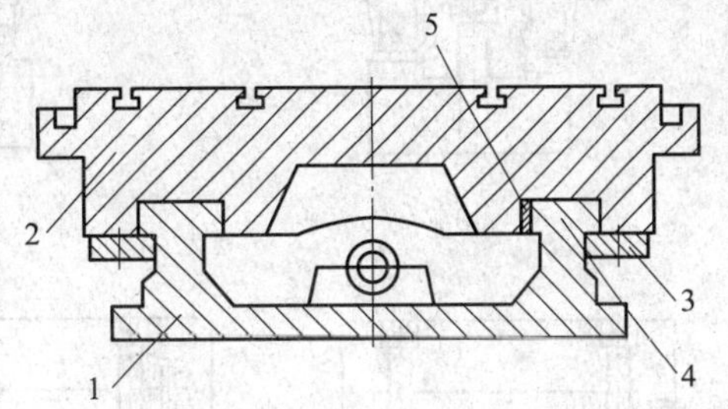

图 6—1—8 工作台的剖面图
1—床身 2—工作台 3—下压板 4—导轨软带 5—镶条

2. 滚动导轨

滚动导轨有多种形式，目前数控机床常用的滚动导轨为直线滚动导轨，这种导轨的外形和结构如图 6—1—9 所示。

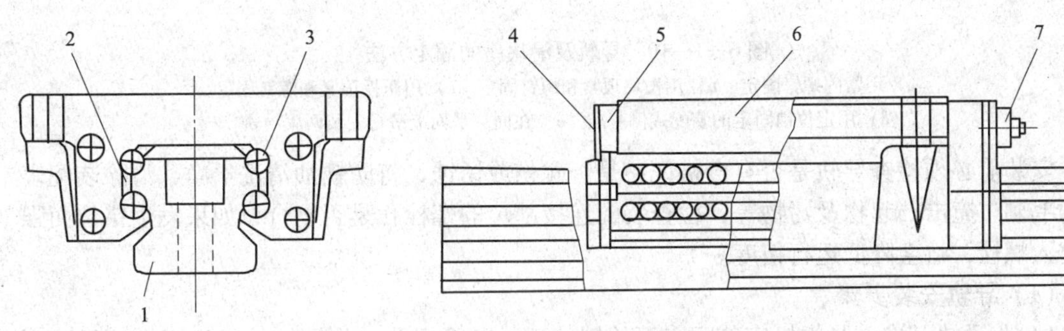

图 6—1—9 导轨的外形结构图
1—导轨体 2—保持器 3—承载球列 4—端部密封垫
5—端盖 6—滑块 7—润滑油杯

直线滚动导轨主要由导轨体、滑块、滚柱或滚珠、保持器、端盖等组成。当滑块与导轨体相对移动时，滚动体在导轨体和滑块之间的圆弧直槽内滚动，并通过端盖内的滚道，从工作负荷区到非工作负荷区，然后再滚动回工作负荷区，如此不断循环，从而把导轨体和滑块之间的移动变成滚动体的滚动。为防止灰尘和脏物进入导轨滚道，滑块两端及下部均装有塑料密封垫，滑块上还有润滑油杯。

直线滚动导轨的安装形式可以水平、竖直或倾斜，可以两根或多根平行安装，也可以把两根或多根短导轨接长，以适应各种行程和用途的需要。导轨及滑块座的固定通常采用以下几种方法，如图 6—1—10 所示。

导轨和滑块座与侧基面靠上定位台阶后，应先从另一面顶紧然后再固定。图 6—1—10a 所示为用紧定螺钉顶紧然后再用螺钉固定；图 6—1—10b 所示为用楔块顶紧，用螺钉固定；图 6—1—10c 所示为用压板顶紧，也可在压板上再加紧固螺钉；图 6—1—10d 所示导轨的侧基准是装配式，工艺性较好；图 6—1—10e 所示为在同一平面内平行安装两副导轨，该方法适用于有冲击和振动，精度要求较高的场合，数控机床滚动导轨的安装，多数采用此方法。

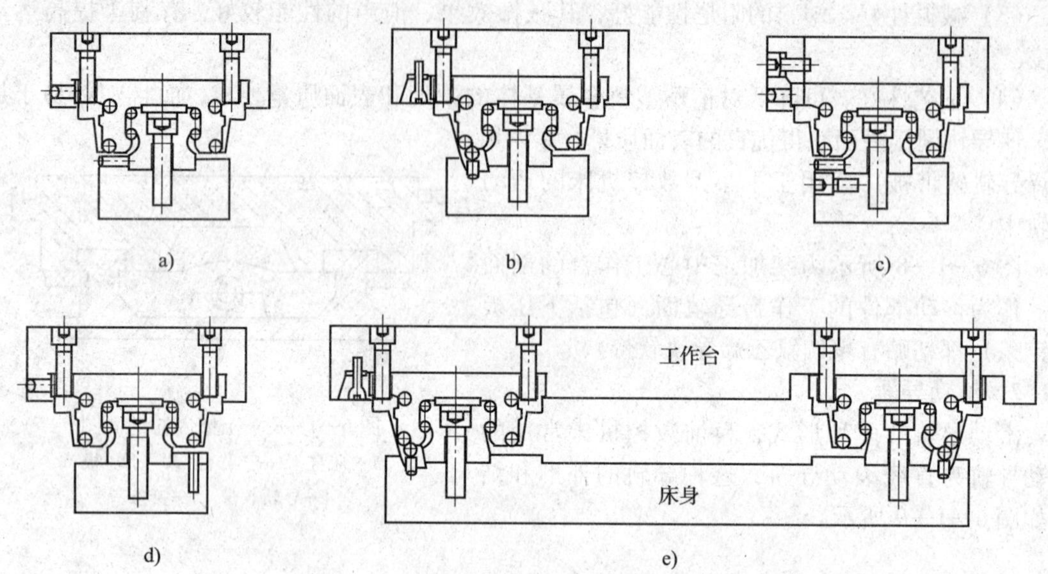

图 6—1—10 导轨及滑块座的固定方法

a）用紧固螺钉固定 b）用楔块顶紧和螺钉固定 c）用压板顶紧和螺钉固定
d）用定位销固定的装配式侧基准 e）在同一平面上平行安装两副导轨

安装前必须检查导轨是否有合格证，是否碰伤或锈蚀，将防锈油清洗干净，清除装配表面的毛刺、撞击凸起物及污物等；检查装配连接部位的螺栓孔是否吻合，如果发生错位而强行拧入螺栓，将会降低运行精度。

（1）导轨安装步骤

1）将导轨基准面紧靠机床装配表面的侧基面，对准螺孔，将导轨轻轻地用螺栓予以固定。

2）安装导轨侧面的顶紧装置，使导轨基准侧面紧贴床身的侧面。

3）用力矩扳手拧紧导轨的安装螺钉，从中间开始按交叉顺序向两端拧紧。

（2）滑块座安装步骤

1）将工作台置于滑块座的平面上，并对准安装螺钉孔，轻轻地压紧。

2）拧紧基准侧滑块座侧面的压紧装置，使滑块座基准侧面紧贴工作台的侧基面。

3）按对角线顺序拧紧基准侧和非基准侧滑块座上的各个螺钉。

安装完毕后，检查其全行程内运行是否轻便、灵活，有无阻滞现象；摩擦阻力在全行程内不应有明显的变化。达到上述要求后，检查工作台的运行直线度、平行度是否符合要求。

滚动导轨作为滚动摩擦副的一类，具有摩擦因数小、阻力小、精度高、寿命长、润滑方便等特点，因此被广泛应用于精密机床、数控机床、测量机和测量仪器上。滚动导轨副的主要缺点是抗冲击载荷的能力较差，且滚动导轨副对灰尘屑末等较敏感，应有良好的防护罩。

3．液体静压导轨

液体静压导轨是将具有一定压力的油液经节流器输送到导轨面的油腔，形成承载油膜，将相互接触的金属表面隔开，实现液体摩擦。

这种导轨的摩擦因数小，机械效率高；由于导轨面间有一层油膜，吸振性好；导轨面不相互接触，不会磨损，寿命长，而且在低速下运行也不易产生爬行。但静压导轨结构复杂，制造成本较高。

静压导轨按导轨形式可分为开式和闭式两种，按供油方式分为恒压（即定压）供油和恒流（即定量）供油两种。

四、电动机与丝杠的连接

1．联轴器

当电动机与丝杠直接连接时，则使用联轴器，如图 6—1—11 所示。

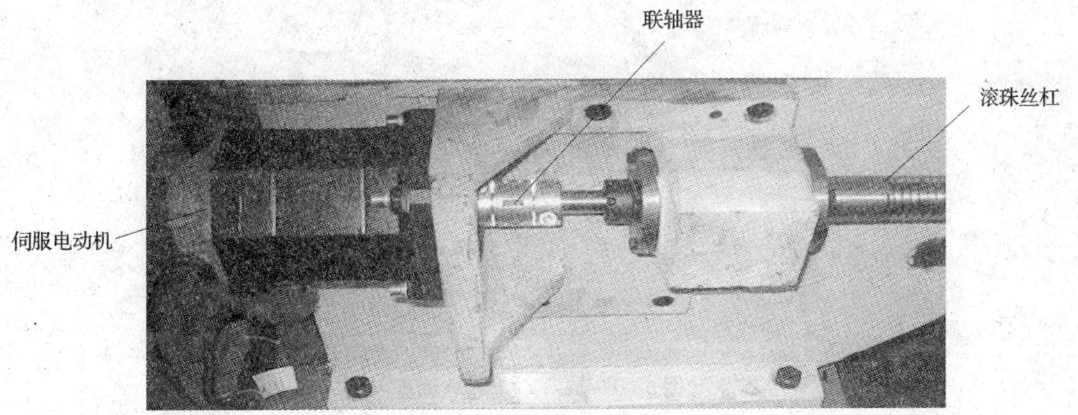

图 6—1—11　联轴器的使用

（1）联轴器的作用

联轴器是将两轴轴向连接起来并传递转矩及运动的部件，具有一定的补偿两轴偏移的能力，为了减小机械传动系统的振动、降低冲击尖峰载荷，联轴器还应具有一定的缓冲减振性能。联轴器有时也兼有过载安全保护作用。

（2）联轴器的类型

联轴器种类很多，实物如图 6—1—12 所示。根据其内部是否包含有弹性元件，可划分为刚性联轴器与弹性联轴器两大类。

刚性联轴器根据其结构特点可分为固定式与平移式两类。常见的固定式刚性联轴器有套筒联轴器、凸缘联轴器及夹壳联轴器等，平移式刚性联轴器有齿轮联轴器、十字滑块联轴器及万向联轴器等。前者没有补偿位移的能力，后者利用其中某些元件间的相对运动来补偿两轴的偏移。通常，平移式刚性联轴器补偿能力高于弹性联轴器，但无吸收振动、缓和冲击的能力，结构简单，价格便宜。只有在载荷平稳、转速稳定、能保证被连两轴轴线相对偏移极小的情况下，才可选用刚性联轴器。

弹性联轴器具有弹性元件，故能吸收振动、缓和冲击，同时也可利用弹性变形不同程度地补偿两轴线可能发生的偏移。弹性联轴器根据弹性元件的材料性质可分为金属弹性联轴器和非金属弹性联轴器。常见的金属弹性联轴器有簧片联轴器、膜片联轴器及波纹管联轴器等，常见的非金属弹性联轴器有轮胎式联轴器、整圈橡胶联轴器及橡胶块联轴器等。非金属弹性联轴器在转速不平稳时有很好的缓冲减振性能，但由于非金属（橡胶、尼龙等）弹性元件强度低、寿命短、承载能力小、不耐高温和低温，故适用于高速、轻载和常温的场合；金属弹性联轴器除了具有较好的缓冲减振性能外，承载能力较大，适用于速度和载荷变化较大及高温或低温场合。

图6—1—12　各类型联轴器

（3）联轴器的选用

联轴器的选择主要考虑所需传递轴转速的高低、载荷的大小、被连接两部件的安装精度、回转的平稳性、价格等，具体选择时可考虑以下几点：

1）转矩。转矩较大时，选刚性联轴器或有金属弹性元件的弹性联轴器；有冲击振动时，选有弹性元件的弹性联轴器。

2）转速。转速较大时，选择有非金属弹性元件的弹性联轴器。

3）对中性。要求对中性好，选刚性联轴器，需补偿时选弹性联轴器。

4）装拆。考虑装拆方便，选可直接径向移动的联轴器。

5）环境。若在高温下工作，不可选有非金属元件的联轴器。

6）成本。同等条件下，尽量选择价格低，维护简单的联轴器。

2. 同步（齿形）带传动

同步带传动是由一根内圆周表面设有等间距齿的封闭胶带和相应的带轮所组成的传动。传动时，同步带和带轮多齿啮合，具有齿轮传动、链传动和带传动的优点，如无相对滑动，传动平稳、均匀，无啮合间隙。由于胶带中间有金属骨架，弹性伸长很小，具有较好的传动刚度，所以，同步带传动是一种无隙传动，在伺服进给传动中得到了广泛应用。

3. 齿轮传动

齿轮传动能够改变运动方向、降速、增大转矩、适应不同丝杠螺距和不同脉冲当量的匹配。齿轮传动有侧隙，可造成反向运动死区，必须设法消除。

（1）直齿轮的消隙方法

将一对齿轮中的大齿轮分成两个齿轮，套装在一起，两个齿轮的同侧单面上分别均布安装四个带凸耳的螺钉，用弹簧（拉簧）将两螺钉连接起来，通过弹簧的拉力使两齿轮自然错开，这样，两个大齿轮在传动时分别与小齿轮齿槽的两个侧面始终保持啮合，从而达到消除侧隙的目的。

（2）斜齿轮的消隙方法

将一个斜齿轮分成两个薄齿轮，在两个薄齿轮之间加垫片，改变垫片的厚度，使两薄斜齿轮的螺旋线错位，分别与宽齿轮齿槽的两个侧面啮合，从而消除侧隙。

4．齿轮或带轮与轴的连接

当齿轮或带轮与轴连接时，也需要消除传动间隙。常用方法有以下两种：

（1）采用双键消除间隙

用紧定螺钉在键的侧面顶紧键，使键紧靠键槽，消除间隙，两个键分别传动不同旋转方向。

（2）采用锥环副连接

锥环副由一个带内锥的圆环和一个带外锥的圆环配对组成。连接时，将若干副锥环副安放在轴和轮孔之间，外锥环的孔与轴、内锥环的外圆与轮孔小间隙配合。拧紧端盖螺钉，使端盖靠近轮的端面，端盖端面推动内锥环，使内、外锥环相互挤压，这时，外锥环内孔缩小，抱紧轴，内锥环外径胀大，胀紧孔，实现轴与轮的无键连接。

五、进给传动系统的常见故障

1．窜动

在进给时出现窜动现象，即在切削过程中，进给速度应均匀时，突然出现加速现象。产生的原因可能有：测速信号不稳定，如测速装置不稳定、测速反馈信号干扰等；速度控制信号不稳定或受到干扰；接线端子接触不良，如螺钉松动等。当窜动发生在由正向运动向反向运动转换的瞬间时，一般是进给传动链的反向间隙或伺服系统增益过大所致。排除方法是逐一检查上述可能故障点，找到故障，确定原因并加以排除。

2．爬行

爬行现象一般是由于进给传动链润滑状态不良、伺服系统增益过低以及外负载过大等因素所致。尤其要注意的是，如果伺服电动机和滚珠丝杠连接用的联轴器本身有缺陷，如裂纹等，则会造成滚珠丝杠转动和伺服电动机的转动不同步，而使进给运动忽快忽慢，产生爬行现象。

3．振动

当发现某一进给轴振动时，若与进给速度无关，则一般与位置环增益太高或位置反馈故障有关。

4．位置误差

当伺服轴运动超过位置允差范围时，数控系统就会产生位置误差过大的报警，包括跟随误差、轮廓误差和定位误差等。主要原因有：

（1）系统设定的允差范围小。

（2）伺服系统增益设置不当。

(3) 位置检测装置有污染。

(4) 进给传动链累积误差过大

(5) 主轴箱垂直运动时平衡装置（如平衡液压缸等）不稳。

5. 机械传动部件间存在间隙或松动

在数控机床的进给传动链中，常常由于传动元件的键槽与键之间的间隙使传动受到破坏。因此，必须严格检查加工和装配质量，在装配滚珠丝杠时应当检查轴承的预紧情况，以防止滚珠丝杠轴向窜动，因为游隙也是产生明显传动间隙的原因。

 任务实施

一、任务准备

设备：存在轮廓误差报警故障的加工中心若干台。

资料：与设备对应的数控系统操作说明书，机床生产厂家提供的机械说明书、电气说明书、维修手册，机床使用单位提供的维修记录单等。

工具：机床维修工具箱、水平仪、千分表等。

二、故障勘察

先查看发生故障的机床，如图 6—1—13 所示，了解故障的基本现象。

图 6—1—13　发生故障的机床

再结合相关信息，深入了解故障现象。

某卧式加工中心因频繁出现“轮廓误差监视”的 NC 报警，间或出现“静态误差监视”“给定速度太高”“监视测量系统硬件”的报警而使机床停机。

通过现场勘察，从上述报警号可以断定故障发生在 Y 轴。报警的出现，表明机床发生了下列故障：“轮廓误差监视”报警的出现，提示正在运动轴的实际位置超出了该机床参数规定的范围；“静态误差监视”报警的出现，提示坐标轴定位时的实际位置与给定位置之差，

超过了规定的准停极限；“给定速度太高”或“监视测量系统硬件”报警的出现，是由于要消除误差，调整 NC 运动速度而引起。

本机床的 *Y* 轴是一个闭环位置控制系统，与其他轴的不同之处是：为抵消主轴箱的重量，*Y* 轴增加了一套液压平衡系统，且 *Y* 轴的伺服电动机具有断电制动功能。

最后，查阅发生故障机床的数控、机械及电气说明书，了解进给系统中 *Y* 轴的控制系统及其控制原理。

三、故障诊断

闭环 *Y* 轴控制系统大致可分为 NC 系统、光栅位置检测系统、速度调节系统和机械（包括液压）系统 4 部分。这 4 部分中哪个系统出现故障都会影响到机床运动误差，从而导致机床报警。

此处按逐一否定法进行分析，确定首先要检测的故障部位。在 *Y* 轴闭环位置控制的四大系统中，由于 NC 系统检修比较复杂，更换组件时又会造成 RAM 存储器中的数据丢失，因此必须做好重新输入数据的准备，否则很难恢复机床的原有功能。通常这部分留待最后解决。

速度调节系统出现故障引起报警，常常是由于驱动电动机转速不稳定造成的。这部分检修最简单的办法是更换速度调节器和伺服电动机。如果没有备件，可用 *X* 轴的调节器和电动机替换（因 *X* 轴是正常的），换用时要注意将调节器调零。用 *X* 轴的调节器和电动机时，要把 *Y* 轴调节器的编程印制电路板换到 *X* 轴调节器上。

若交换后检查电器系统和光栅位置检测系统正常，则问题可能在机械（包括液压）系统方面。这部分涉及的零件较多，能直接影响运动误差的有液压平衡系统、丝杠螺母间隙、丝杠预拉伸力以及主轴箱与导轨的纵、横向间隙等。通常这方面的检修采取先易后难的原则进行。具体诊断维修流程如图 6—1—14 所示。

1．拆卸平衡液压缸，清洗调整液压阀

Y 轴主轴箱液压平衡力的大小及其变化，直接影响驱动电动机的工作电流及运动误差。检查平衡力是否合适，最有效的办法是检查驱动电动机的电流。平衡良好时，机床主轴箱上升和下降时的电动机电流值相差不大。检测时，由于主轴箱上升和下降时的电动机电流值相差很大，因此拆下电动机，用力矩扳手转动丝杠，当转矩值在正常范围，且上升时的转矩略大于下降时的转矩时，说明下降时电动机电流增大的原因是由于小液压缸工作时回油不畅造成的。

进一步分析，回油不畅与调压阀、溢流阀和液压缸有关。为了排除油路堵塞的可能性，清洗了调压阀和溢流阀，重新对压力进行了调整。

2．拆装 *Y* 轴滚珠丝杠

因滚珠丝杠与螺母间的间隙、丝杠预拉力的大小都直接影响着运动误差，所以决定进行如下的调整：

（1）调整滚珠丝杠与螺母达到一定的预紧力。

（2）调整左、右端向心－推力组合轴承，使丝杠预拉力增大，使丝杠伸长，从而减小产生的轴向间隙。

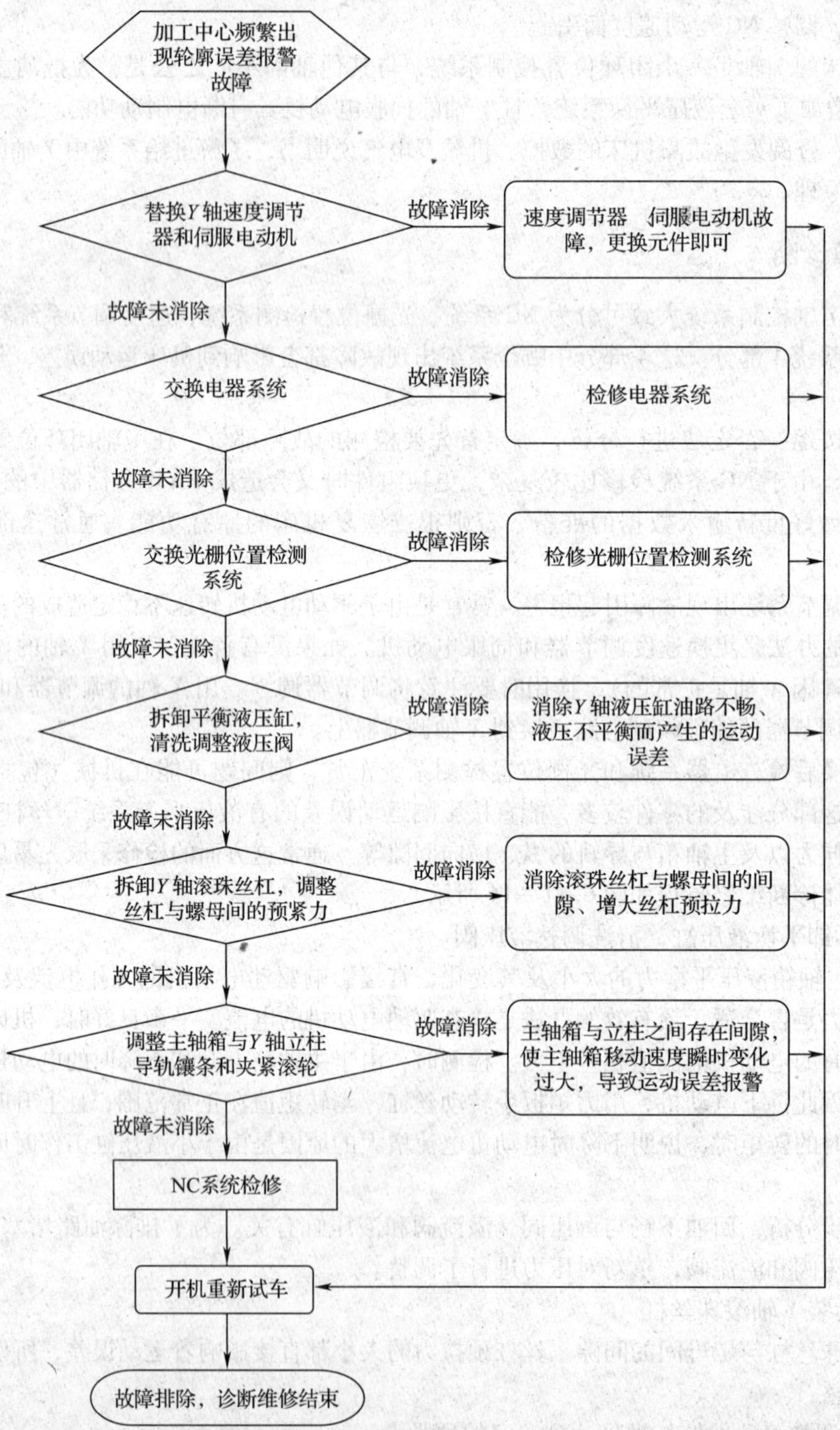

图6—1—14　加工中心频繁出现轮廓误差报警故障诊断维修流程图

3．调整主轴箱与 Y 轴立柱导轨镶条和夹紧滚轮

如主轴箱与立柱之间有间隙，在主轴箱移动时，会造成移动速度瞬时变化，过大就会导致报警。为此在主轴箱上 X 轴方向放置水平仪，上、下移动主轴箱，水平仪在上、下不同位置上的读数差值过大；在 Z 轴方向放置水平仪，上、下移动主轴箱，水平仪在不同位置的读数差值也较大。由于 X、Z 轴两个方向测得的主轴箱上、下移动的差值均较大，说明主轴箱与立柱接合面之间有间隙，导致立柱导轨的直线性变差，因而造成运动速度瞬间变化过大出现报警。

结论：经过上述检查、调整、试车后，故障消除，这说明报警主要是由于机械部分存在间隙造成的。由于间隙使坐标轴在运动时的速度不再是恒速，并通过实际位置检测系统放大了这个速度值，该值又使速度调节环节的输入电压发生变化，当这种循环超过一定误差范围时，就会导致上述各种报警。

四、故障维修

通过上述故障分析可知本案例任务中的故障是由于机械部分存在间隙造成的，具体的维修步骤如下。

第一步，首先悬挂“维修中，请勿靠近”警示牌，机床断电后开始操作。

第二步，拆卸平衡液压缸，清洗调整液压阀。

1）检查蓄能器充氮压力。蓄能器的充氮压力直接影响快速运动时液压缸的压力稳定，检修前应先检查蓄能器的充氮压力是否符合图样要求。经检查，压力低于规定的值，于是将蓄能器充氮压力充到规定值。开车试机，运动状况没有改善。

2）拆卸平衡液压缸，清洗调整液压阀。拆卸平衡液压缸之前，为防止电动机制动力不够而使主轴箱下滑，主轴箱下面垫一防落支撑。装好清洗后的液压缸、调压阀和溢流阀，启动液压泵，把压力调到规定值。

第三步，拆装 Y 轴滚珠丝杠。

◆ 具体的拆卸步骤如下：

1）测出滚珠丝杠空载转矩。先启动液压系统，使平衡液压缸工作，拆下 Y 轴伺服电动机。用力矩扳手旋转丝杠，沿主轴箱上、中、下不同位置测量，记下主轴箱在每个位置的上升、下降的转矩，以供重装时参考。

2）关闭液压系统，为防止主轴箱下滑，支撑 Y 轴滑座。

3）拆掉上护板与主轴箱连接螺钉，将护板推到上端，用绳拴牢。

4）拆下下护板。

5）用自制专用扳手松开上、下丝杠轴承螺母（先松防松螺母）。

6）旋转丝杠顶出上、下向心－推力组合轴承，检查其磨损情况。

7）拆除丝杠螺母法兰的固定螺栓，从上方旋出螺母。

8）为便于检查丝杠与螺母的磨损情况及调整其间隙，需将上、下轴承座拆除，取出丝杠副。

9）调整丝杠与螺母的间隙（预紧力）。为了使丝杠与螺母在轴向载荷最大时不致产生过大的间隙，应对丝杠和螺母施加一定的预紧力。预紧力可通过上、下螺母端面间的垫片来

调整。预紧力的大小，一般应等于或稍小于最大载荷的1/3。

◆ 具体的装配步骤如下：

1）装配顺序基本上与拆卸顺序相反。

2）旋上固定丝杠螺母法兰的固定螺栓，逐步将螺栓旋紧；为便于以后调整立柱导轨与主轴箱的间隙，暂不装上、下护板。

3）确定丝杠最大轴向载荷。

4）旋紧丝杠下轴承螺母之前，先将主轴箱摇到丝杠最上端位置，启动平衡液压缸工作，去掉主轴箱的防落支撑；为避免影响下螺母拉伸丝杠的紧固力，要将下轴承上端的螺母松几牙螺纹。

5）将千分表表座吸在靠近下轴承座端面的丝杠上，测量头触及下轴承座端面，用专用扳手和弹簧秤旋紧下端螺母，同时观看千分表读数达到丝杠伸长0.02 mm时为止。因为主轴箱与立柱间有摩擦力的作用，也有碟形弹簧的作用，转动螺母使丝杠拉伸的同时，碟形弹簧也被压缩，所以，旋下端轴承螺母的角度与碟形弹簧的作用力有直接关系。在无碟形弹簧处于刚性连接的情况下，确保丝杠伸长0.02 mm就够了，否则很难补偿由于轴承磨损而引起的预拉伸力的降低。最后旋紧下轴承的上端螺母。

6）滚珠丝杠预紧前的空载转矩应为10 ~ 15 N·m，当施加3 000 N预紧力时，预紧后的附加摩擦力矩为0.43 N·m。

7）检查电动机与丝杠联轴器的键槽和爪槽，其配合不得松动。

8）拆装时注意保护轴承座内的挡油圈，不得撕裂。

第四步，调整主轴箱与*Y*轴立柱导轨镶条和夹紧滚轮。

1）调整主轴箱在*Y*轴立柱上沿*X*轴方向的间隙。在*Y*轴立柱右导轨的左右两侧，装有4套循环式直线运动滚动块，右侧上、下两套滚动块由镶条用螺钉拉紧，借此调整间隙。

2）调整主轴箱在*Y*轴立柱导轨*Z*轴方向的压紧滚轮。*Y*轴立柱导轨*Z*轴方向共有8只压紧滚轮，左、右导轨各4只，按规定值压紧偏心滚轮。最后装好上、下护板。

五、故障维修记录单填写

故障维修记录单见表6—1—1。

表6—1—1　　数控机床故障维修记录单

维修时间			维修人员		
设备名称	加工中心		设备型号		
故障现象					
诊断与维修	诊断系统	是否正常	故障部位	排除方法	维修用零配件
	电气系统				
	机械系统				
	液压系统				
	数控系统				

续表

维修小结	
维修后试车确认维修结果	

任务评价

任务实施完成后，由教师针对学生的综合表现进行考核、点评，并填写任务评价表（见表6—1—2），形成个人最终成绩。

表6—1—2　任务评价表

姓名			题目名称	加工中心频繁出现轮廓误差报警故障诊断与维修		
序号	项目	考核内容及要求	配分	评分标准	扣分内容	评分
1	任务准备	检查工具、资料是否准备齐全	5	工具准备（3分） 资料准备（2分）		
2	故障现象勘察	观察进给传动系统的工作状态	5	能明确描述故障现象		
		观察报警信息，查阅相关手册	10	能明确报警号的含义，能锁定故障范围		
3	故障诊断	分别从电气、机械、液压、数控系统回路诊断故障原因	30	正确应用故障的诊断维修流程图（15分） 确定最终方案（15分）		
4	故障处理	对故障部位进行维修	20	工具使用（5分） 思路清晰（10分） 工时控制合理（5分）		
		对维修效果试车进行验证	5	试车（2分） 维修部位恢复（3分）		

续表

序号	项目	考核内容及要求	配分	评分标准	扣分内容	评分
5	安全文明生产	应符合国家安全文明生产的有关规定	5	违反安全文明生产有关规定不得分		
6	实操过程记录	填写清晰、准确	5	填写不准确不得分		
7	问题解答	回答清晰、准确（时间在10 min内满分，其余情况酌情扣分）	15	每位同学回答三题（每题5分）		
实际用时：18学时		规定时间内完成	每超时1 h扣5分，超时4 h此项目考核不得分			
指导教师建议					总得分	

 任务拓展

任务拓展一：加工中心丝杠窜动

故障现象：卧式加工中心，启动液压系统后，手动运行 *Y* 轴时液压自动中断，CRT 显示报警，驱动失效，其他各轴正常。

故障诊断：该故障涉及电气、机械、液压等部分，上述任一环节有问题均可导致驱动失效。由于采用闭环位置控制系统，故障检查的顺序大致如下：

伺服驱动装置→电动机及测量器件→电动机与丝杠连接部分→液压平衡装置→开口螺母和滚珠丝杠→轴承→其他机械部分

具体操作如下：

①检查驱动装置外部接线及内部元器件的状态良好，电动机与测量系统正常。

②拆下 *Y* 轴液压抱闸后情况同前，将电动机与丝杠的同步传动带脱离，手摇 *Y* 轴丝杠，发现丝杠上下窜动。

③拆开滚珠丝杠上轴承座正常。

④拆开滚珠丝杠下轴承座后发现轴向推力轴承的紧固螺母松动，导致滚珠丝杠上下窜动。

由于滚珠丝杠上下窜动，造成伺服电动机转动带动丝杠空转约一转。在数控系统中，当NC 指令发出后，测量系统应有反馈信号，若间隙的距离超过了数控系统所规定的范围，即电动机空走若干个脉冲后光栅尺无任何反馈信号，导致驱动失效，机床不能运行，数控系统报警。

故障维修：拧好紧固螺母，滚珠丝杠不再窜动，故障排除。

任务拓展二：加工中心位置偏差过大

故障现象：某卧式加工中心因 Y 轴移动中的位置偏差量大于设定值而出现 ALM421 报警。

故障诊断：该加工中心使用 FANUC 0M 数控系统，采用闭环位置控制系统，伺服电动机和滚珠丝杠通过联轴器直接连接。

根据该机床控制原理及机床传动连接方式，初步判断出现 ALM421 报警的原因是 Y 轴联轴器不良。对 Y 轴传动系统进行检查，发现联轴器中的胀紧套与丝杠连接松动。

故障维修：紧定 Y 轴传动系统中所有的紧定螺钉后，故障消除。

任务拓展三：数控车床失步现象

故障现象：某配套 GSK980M 系统的数控车床，在自动或手动运行时，X 轴经常产生失步现象。

故障诊断：本机床配置为 GSK980M + 步进驱动。失步是步进电动机传动特点之一，当阻力或速度超过某一固定值时，步进电动机传动常会产生失步现象。因此，降低 X 轴移动速度重新运行，发现在某一位置仍会产生失步现象。进一步检查导轨与工作台的工作阻力，加大液压泵的供油压力，使工作台处于悬浮状态，试验后发现故障依然存在。初步判断可能是机械传动系统故障。

故障维修：断电后卸下同步带轮，手动旋转滚珠丝杠，发现在某一点处阻力稍大，拆下滚珠丝杠请生产厂维修，发现丝杠螺母中有一粒滚珠受损。更换滚珠重新装配后，故障排除。

任务拓展四：加工中心位移过程中产生机械抖动

故障现象：某加工中心运行时工作台在 Y 轴方向位移过程中产生明显的机械抖动故障，故障发生时系统不报警。

故障诊断：因故障发生时系统不报警，同时观察 CRT 显示出来的 Y 轴位移脉冲数字量的速率均匀（通过观察 X 轴与 Z 轴位移脉冲数字量的变化速率比较后得出），故可排除系统软件参数与硬件控制电路的故障影响。由于故障发生在 Y 轴方向，故可以采用交换法判断故障部位。通过交换伺服控制单元，故障没有转移，故判断故障部位应在 Y 轴伺服电动机与丝杠传动链一侧。为区别电动机故障，可拆卸电动机与滚珠丝杠之间的弹性联轴器，单独通电检查电动机。检查结果表明电动机运转时无振动现象，显然故障部位在机械传动部分。脱开弹性联轴器，用扳手转动滚珠丝杠进行手感检查，发现丝杠的全行程范围均有这种异常现象。拆下滚珠丝杠检查，发现滚珠丝杠轴承损坏。

故障维修：换上新的同型号、同规格的轴承后，故障排除。

任务拓展五：加工中心机床定位精度不合格

故障现象：某加工中心运行时，工作台 Y 轴方向位移接近行程终端过程中丝杠反向间隙明显增大，机床定位精度不合格。

故障诊断：故障部位明显在 X 轴伺服电动机与丝杠传动链一侧。拆卸电动机与滚珠丝杠之间的弹性联轴器，用扳手转动滚珠丝杠进行手感检查。通过手感检查，发现工作台 X 轴方向位移接近行程终端时阻力明显增加。拆下工作台检查，发现 Y 轴导轨平行度严重超差，故而引起机械传动过程中阻力明显增加，滚珠丝杠弹性变形，反向间隙增大，机床定位精度不合格。

故障维修：经过认真修理、调整后，重新装好，故障排除。

 知识链接

一、数控机床对进给传动系统的要求

数控机床进给传动系统的功能是实现执行机构（刀架、溜板等）的运动，为了确保数控机床进给传动系统的传动精度和工作平稳性，对数控机床进给传动系统提出了如下要求。

1．高的传动精度和定位精度

数控机床本身的精度，尤其是进给传动装置的传动精度和定位精度对零件的加工精度起着关键性的作用，是数控机床的特征指标。为保证各个传动件的加工精度，要求滚珠丝杠螺母副（直线进给系统）、蜗杆副（圆周进给系统）具有较高的传动精度。

2．小的摩擦阻力

机械传动结构的摩擦阻力主要来自丝杠螺母副和导轨。在数控机床进给传动系统中，为了减小摩擦阻力，消除低速进给爬行现象，提高整个伺服进给系统的稳定性，广泛采用滚珠丝杠和滚动导轨以及塑料导轨和静压导轨等。

3．小的运动惯量

传动件的惯量对进给传动系统的启动和制动特性都有影响，尤其是高速运转的零件，其惯量的影响更大。在满足传动强度和刚度的前提下，尽可能减小执行部件的重量，减小旋转零件的直径和重量，以减小运动部件的惯量。

4．无间隙传动

为保证进给传动系统的传动精度，要求进给传动装置无间隙传动。可通过预紧滚珠丝杠，消除齿轮、蜗轮等的传动间隙来实现无间隙传动。

5．响应速度快

快速响应特性是指进给传动系统对输入指令信号的响应速度及瞬态过程结束的迅速程度。快速响应是伺服进给系统的动态性能，反映了系统的跟踪精度。工件加工过程中，工作台应能在规定的速度范围内灵敏而精确地跟踪指令，在运行时不出现丢步和多步现象。进给传动系统响应速度的大小不仅影响机床的加工效率，而且影响加工精度。合理地控制机床工作台及传动机构的刚度、间隙、摩擦力以及转动惯量，可提高伺服进给系统的快速响应性。

6．较强的过载能力

由于电动机频繁换向，且加减速很快，还可能在过载条件下工作，这就要求电动机有较强的过载能力，一般要求在数分钟内过载4~6倍而不损坏。

7．稳定性好，寿命长

稳定性是伺服进给系统能够正常工作的最基本的条件，特别是在低速进给情况下不产生爬行，并能适应外加负载的变化而不发生共振。适当选择系统的惯性、刚度、阻尼及增益等各项参数，可提高进给传动系统的稳定性。

二、数控机床对导轨的要求

导轨副是数控机床的重要部件之一，机床上的运动部件都是沿着它的床身、立柱、横梁

等零件上的导轨而运动的，导轨具有导向和支撑的作用。因此，导轨的制造精度及其精度保持性对机床加工精度有着重要的影响，所以对导轨提出以下要求。

1．有一定的导向精度

导向精度是指机床的运动部件沿导轨移动时的直线性（对直线运动导轨）或真圆性（对圆周运动导轨）及它与有关基面之间的相互位置的准确性。各种机床对于导轨本身的精度都有具体的规定或标准，以保证导轨的导向精度。

2．有良好的精度保持性

精度保持性是指导轨能否长期保持原始精度。精度保持性的主要影响因素有导轨的磨损，导轨的结构形式及支撑件（如床身）材料的稳定性。数控机床的精度保持性比普通机床要求高，常采用摩擦因数小的滚动导轨、静压导轨或塑料导轨。

3．有足够的刚度

机床各运动部件所受的外力最后都由导轨面来承受，若导轨受力后变形过大，不仅破坏导向精度，而且恶化了导轨的工作条件。导轨的刚度主要决定于导轨类型、结构形式和尺寸大小、导轨与床身的连接方式、导轨材料和表面加工质量等。数控机床常采用加大导轨截面积的尺寸，或在主导轨外添加辅助导轨的方式来提高刚度。

4．有良好的摩擦特性

导轨的摩擦因数要小，而且动、静摩擦因数应尽量接近，以减小摩擦阻力和导轨热变形，使运动轻便平稳、低速无爬行，这对数控机床特别重要。

任务 2　数控铣削中心加工零件的尺寸存在偏差

教学导航

教学目标	掌握数控铣削中心加工零件的尺寸存在偏差故障的诊断思路及排除方法
知识要点	1．滚珠丝杠螺母副的常见故障 2．滚珠丝杠螺母副的维护 3．导轨副的常见故障 4．导轨副的维护
技能要点	1．故障现场的勘察及相关资料的查阅 2．进给传动系统故障的综合诊断 3．故障部位的维修与排除
教学准备	1．设备：加工零件的尺寸存在偏差的数控铣削中心若干台 2．资料：与设备对应的数控系统操作说明书，机床生产厂家提供的机械说明书、电气说明书、维修手册，机床使用单位提供的维修记录单等 3．工具：机床维修工具箱、水平仪、百分表、千分表等
建议学时	12 学时

任务引入

在企业生产过程中，某台数控铣削中心加工的零件存在尺寸偏差，导致批量零件报废。试从进给传动系统方面对故障现象产生的原因进行分析，并排除这个故障。

任务分析

本任务是在任务 1 的基础上，更加深入地分析滚珠丝杠螺母副、导轨副的常见故障，进一步掌握采用半闭环位置控制系统的 Y 轴机械部分存在间隙故障的诊断思路及排除方法。以便做到：对数控机床进给传动系统故障进行维修时，能首先依据故障现象列出各种可能造成故障的原因，然后按逐一否定的方法排除。

具体思路是，把各种故障因素中怀疑最大的先作为故障环节对待，其他部位则暂定完好无故障。首先对怀疑最大的环节进行全面检查，按照先易后难、先简后繁的原则，有步骤地分析，直至排除所有故障疑点后，将此定为无故障环节，再寻求下一个故障环节，直至排除。以此类推，直到机床全部运行完好。

相关知识

一、滚珠丝杠螺母副的常见故障

滚珠丝杠螺母副的常见故障及排除方法见表 6—2—1。

表 6—2—1　　滚珠丝杠螺母副的常见故障及排除方法

序号	故障现象	故障原因	排除方法
1	加工件表面粗糙度值高	导轨的润滑油不足，致使溜板爬行	加润滑油，排除润滑故障
		滚珠丝杠有局部拉毛或研损	更换或修理滚珠丝杠
		丝杠轴承损坏，运动不平稳	更换损坏的轴承
		伺服电动机未调整好，增益过大	调整伺服电动机控制系统
2	反向误差大，加工精度不稳定	丝杠轴联轴器锥套松动	重新紧固并用百分表反复测试
		丝杠轴滑板配合压板过紧或过松	重新调整或修研压板，用 0.03 mm塞尺塞不进为合格
		丝杠轴滑板配合楔铁过紧或过松	重新调整或修研楔铁，使滑板与楔铁接触率达 70% 以上，用 0.03 mm塞尺塞不进为合格
		滚珠丝杠预紧力过紧或过松	调整预紧力，检查滚珠丝杠轴向窜动量，使其误差不大于 0.015 mm
		滚珠丝杠螺母端面与接合面不垂直，接合过松	修理、调整或加垫处理
		丝杠支座轴承预紧力过紧或过松	修理、调整

续表

序号	故障现象	故障原因	排除方法
2	反向误差大，加工精度不稳定	滚珠丝杠制造误差大或轴向窜动	采用控制系统自动补偿消除间隙，用仪器测量并调整丝杠窜动
		润滑油不足或没有	调节至各导轨面均有润滑油
		其他机械干涉	排除干涉部位
3	滚珠丝杠在运转中转矩过大	二滑板与压板配合过紧或压板研损	重新调整或修研压板，用0.04 mm塞尺检查二滑板与压板的配合间隙，塞不进为合格
		滚珠丝杠螺母反向器损坏，滚珠丝杠卡死或轴端螺母预紧力过大	修复或更换丝杠并精心调整
		丝杠研损	更换
		伺服电动机与滚珠丝杠连接不同轴	调整伺服电动机与滚珠丝杠的同轴度并紧固连接座
		无润滑油	调整润滑油路
		超程开关失灵造成机械故障	检查故障并排除
		伺服电动机过热报警	检查故障并排除
4	丝杠螺母润滑不良	分油器不分油	检查定量分油器
		油管堵塞	清除污物使油管畅通
5	滚珠丝杠副产生噪声	滚珠丝杠轴承压盖压合不良	调整压盖，使其压紧轴承
		滚珠丝杠润滑不良	检查分油器和油路，使润滑油充足
		滚珠破损	更换滚珠
		电动机与丝杠联轴器松动	拧紧联轴器锁紧螺钉
6	滚珠丝杠不灵活	轴向预加载荷太大	调整轴向间隙和预加载荷
		丝杠与导轨不平行	调整丝杠支座位置，使丝杠与导轨平行
		螺母轴线与导轨不平行	调整螺母座的位置
		丝杠弯曲变形	校直丝杠

二、滚珠丝杠螺母副的维护

1. 轴向间隙的调整

采用预紧的方法减小滚珠丝杠螺母副的轴向间隙，从而保证其反向传动精度和轴向刚度。

2. 支撑轴承的定期检查

定期检查滚珠丝杠支撑轴承与床身的连接是否有松动，轴承是否损坏。

3. 滚珠丝杠螺母副的防护

滚珠丝杠螺母副在使用时应注意防护，避免硬质灰尘或切屑、污物进入，因此必须装有防护装置。如果滚珠丝杠螺母副在机床上外露，则应采用封闭的防护罩，如采用螺旋弹簧钢带套管、伸缩套管以及折叠式套管等；如果滚珠丝杠副处于隐蔽的位置，则可采用密封圈防护，密封圈装在螺母的两端。工作中应避免碰击防护装置，防护装置一有损坏应及时更换。

4. 滚珠丝杠螺母副的润滑

润滑剂可提高滚珠丝杠螺母副的耐磨性及传动效率。润滑剂可分为润滑油和润滑脂两大类。润滑油一般为全损耗系统用油，润滑脂可采用锂基润滑脂。润滑脂一般加在螺纹滚道和安装螺母的壳体空间内，而润滑油则经过壳体上的油孔注入螺母的空间内。每半年对滚珠丝杠上的润滑脂更换一次，清洗丝杠上的旧润滑脂，涂上新的润滑脂。用润滑油润滑的滚珠丝杠螺母副，可在每次机床工作前加一次油。

三、导轨副的常见故障

导轨副的常见故障及排除方法见表6—2—2。

表6—2—2　导轨副的常见故障及排除方法

序号	故障现象	故障原因	排除方法
1	导轨研伤	机床经长期使用，地基与床身水平有变化，使导轨局部单位面积负荷过大	定期对床身导轨的水平进行调整，或修复导轨精度
		长期加工短工件或承受过分集中的负荷，使导轨局部磨损严重	注意合理分布短工件的安装位置，避免负荷过分集中
		导轨润滑不良	调整导轨润滑油量，保证润滑油压力
		导轨材质不佳	采用电镀或加热自冷淬火对导轨进行处理，导轨上增加锌铝铜合金板，以改善摩擦状况
		刮研质量不符合要求	提高刮研修复的质量
		机床维护不良，导轨里落入脏物	加强机床保养，保护好导轨防护装置
2	导轨上移动部件运动不良或不能移动	导轨面研伤	用180#砂布修磨机床导轨面上的研伤
		导轨压板研伤	卸下压板，调整压板与导轨间隙
		导轨镶条与导轨间隙太小，调得太紧	松开镶条止退螺钉，调整镶条螺栓，使运动部件运动灵活，保证用0.03 mm塞尺不得塞入，然后锁紧止退螺钉

续表

序号	故障现象	故障原因	排除方法
3	加工面在接刀处不平	导轨直线度超差	调整或修刮导轨，误差不大于0.015 mm/500 mm
		工作台镶条松动或镶条弯度太大	调整镶条间隙，镶条弯度在自然状态下应小于0.05 mm/全长
		机床水平度差，使导轨发生弯曲	调整机床安装水平，保证平行度、垂直度不大于0.02 mm/1 000 mm

四、导轨副的维护

1. 日常维护

防止切屑、磨粒或冷却液散落在导轨上而引起磨损、擦伤和锈蚀，导轨面上应有可靠的防护装置。常用的防护罩有刮板式、卷帘式和叠层式，需要经常进行清理和保养。

2. 导轨副的间隙调整

通过预紧，提高刚度，保证导轨面之间合理的间隙；合理控制摩擦力、磨损、运动幅度，保证导轨副的准确性、平稳性和导向精度。

3. 导轨的润滑

使用黏度变化小、润滑性好的润滑油，降低摩擦因数、减少磨损、防止导轨面锈蚀。

 任务实施

一、任务准备

设备：加工零件的尺寸存在偏差的数控铣削中心若干台。

资料：与设备对应的数控系统操作说明书，机床生产厂家提供的机械说明书、电气说明书、维修手册，机床使用单位提供的维修记录单等。

工具：机床维修工具箱、水平仪、百分表、千分表等。

二、故障勘察

先查看发生故障的机床，了解故障的基本现象。

故障现象：某数控铣削中心加工的零件，尺寸存在偏差，导致批量零件报废。

再结合相关信息，深入了解故障现象。

通过现场勘察，了解到该数控铣削中心加工零件的尺寸偏差具有如下特点：

(1) 尺寸偏差发生在工件的 Y 轴方向；

(2) 实际尺寸与程序编制的理论数据的偏差具有不规则性。

最后，查阅发生故障铣削中心的机械及电气说明书，了解其进给传动系统的机械结构及控制原理。

三、故障诊断

从数控机床控制角度判断，Y 轴尺寸偏差是由 Y 轴位置环偏差造成的。因此故障检测思路为：首先，检查 Y 轴有关位置参数的情况；其次，检查 Y 轴进给传动链的情况。具体诊断维修流程如图 6—2—1 所示。

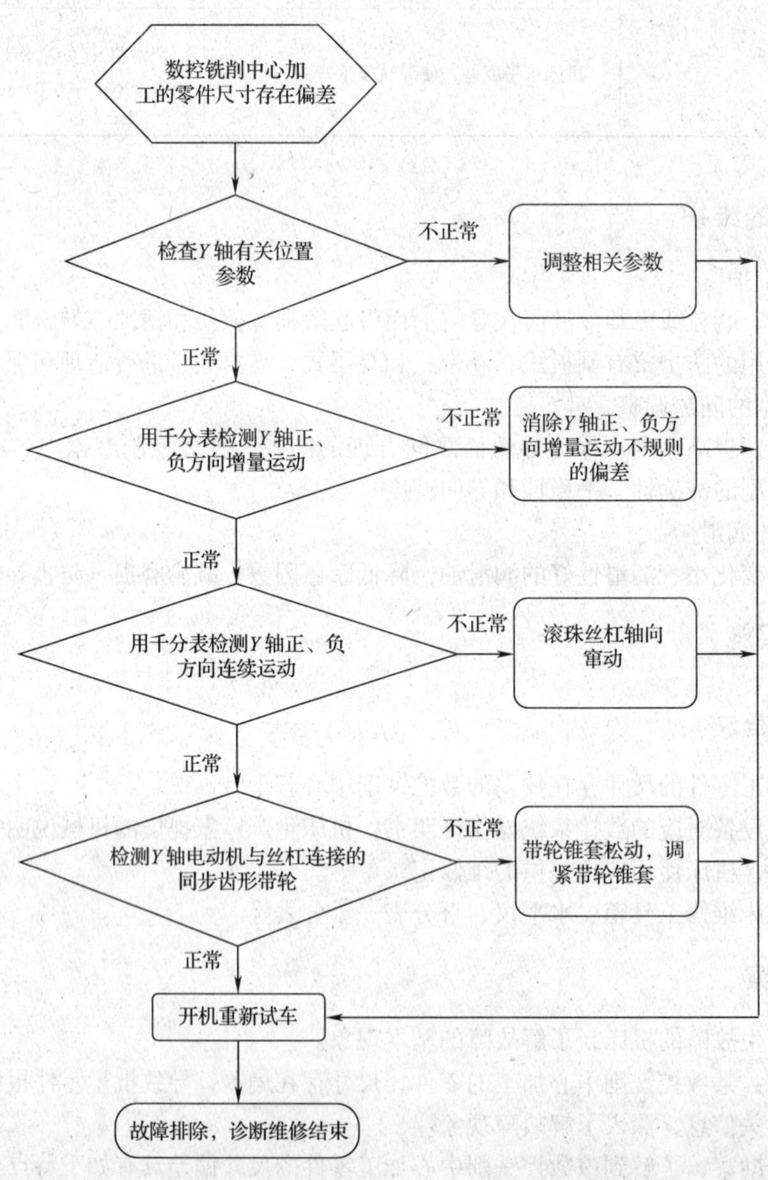

图 6—2—1　数控铣削中心加工零件尺寸存在偏差故障诊断维修流程图

1. 检查 Y 轴有关位置参数

通过参数检查发现反向间隙、夹紧误差等均在要求范围内，故可排除由于参数设置不当引起故障的因素。

2. 检查 Y 轴进给传动链

传动链中任何连接部分存在间隙或松动，均可引起位置偏差，从而造成加工零件尺寸出现偏差。

(1) 将千分表表座吸在横梁上，测量头找正主轴 Y 运动的负方向，并使测量头压缩到 50 μm 左右，然后使测量头复位到零。

(2) 将机床操作面板上的工作方式开关置于增量方式（1NC）的“×10”挡，轴选择开关置于 Y 轴挡，按负方向进给键，观察千分表读数的变化。经测量，Y 轴正、负方向的增量运动都存在不规则的偏差。

(3) 找一粒滚珠置于滚珠丝杠的端部中心，用千分表的测量头顶住滚珠。将机床操作面板上的工作方式开关置于手动方式，按正、负方向的进给键，主轴箱沿 Y 轴正、负方向连续运动，观察千分表读数无明显变化，故排除滚珠丝杠轴向窜动的可能。

(4) 检查与 Y 轴伺服电动机和滚珠丝杠连接的同步齿形带轮，发现与伺服电动机转子轴连接的带轮锥套有松动，使得进给传动与伺服电动机驱动不同步。

结论：经过上述检查、调整、试车后，故障消除。这说明报警主要是由机械部分与伺服电动机转子轴连接的带轮锥套松动造成的，使得进给传动与伺服电动机驱动不同步。由于在运行中松动是不规则的，从而造成位置偏差不规则，最终使零件加工尺寸出现不规则的偏差。

四、故障维修

通过上述故障分析可知本案例任务中的故障是由机械部分与伺服电动机转子轴连接的带轮锥套松动造成的。由于带轮锥套的松紧是由锥套外端的压盖调节的，所以维修时应调紧带轮锥套外端的压盖，至此故障排除。

通过本案例维修可以体会到，采用半闭环位置控制系统的进给传动机构，位置控制精度在很大程度上由进给传动链的传动精度决定，因此在使用和故障检测时应注意：

1. 在日常维护中要注意对进给传动链的检查，特别是检查有关连接元件，如联轴器、锥套等有无松动现象。

2. 根据传动链的结构形式，采用分步检查的方式，排除可能引起故障的因素，最终确定故障的部位。

3. 通过对加工零件的检测，随时监测数控机床的动态精度，以决定是否对数控机床的机械装置进行调整。

五、故障维修记录单填写

故障维修记录单见表 6—2—3。

表 6—2—3　　数控机床故障维修记录单

<table>
<tr><td>维修时间</td><td colspan="2"></td><td>维修人员</td><td colspan="2"></td></tr>
<tr><td>设备名称</td><td colspan="2">数控铣削中心</td><td>设备型号</td><td colspan="2"></td></tr>
<tr><td>故障现象</td><td colspan="5"></td></tr>
<tr><td rowspan="5">诊断与维修</td><td>诊断系统</td><td>是否正常</td><td>故障部位</td><td>排除方法</td><td>维修用零配件</td></tr>
<tr><td>电气系统</td><td></td><td></td><td></td><td></td></tr>
<tr><td>机械系统</td><td></td><td></td><td></td><td></td></tr>
<tr><td>液压系统</td><td></td><td></td><td></td><td></td></tr>
<tr><td>数控系统</td><td></td><td></td><td></td><td></td></tr>
<tr><td>维修小结</td><td colspan="5"></td></tr>
<tr><td>维修后试车确认
维修结果</td><td colspan="5"></td></tr>
</table>

任务评价

任务实施完成后，由教师针对学生的综合表现进行考核、点评，并填写任务评价表（见表 6—2—4），形成个人最终成绩。

表 6—2—4　　任务评价表

<table>
<tr><td>姓名</td><td colspan="2"></td><td>题目
名称</td><td colspan="3">数控铣削中心加工零件的尺寸存在偏差
故障诊断与维修</td></tr>
<tr><td>序号</td><td>项目</td><td>考核内容及要求</td><td>配分</td><td>评分标准</td><td>扣分内容</td><td>评分</td></tr>
<tr><td>1</td><td>任务准备</td><td>检查工具、资料是否准备齐全</td><td>5</td><td>工具准备（3 分）
资料准备（2 分）</td><td></td><td></td></tr>
<tr><td rowspan="2">2</td><td rowspan="2">故障现象勘察</td><td>观察铣削中心加工零件尺寸偏差的特点</td><td>5</td><td>能明确描述故障现象</td><td></td><td></td></tr>
<tr><td>观察报警信息，查阅相关手册</td><td>10</td><td>能明确半闭环位置控制进给系统的动作原理</td><td></td><td></td></tr>
</table>

续表

序号	项目	考核内容及要求	配分	评分标准	扣分内容	评分
3	故障诊断	分别从电气、机械、液压、数控系统回路诊断故障原因	30	正确应用故障的诊断维修流程图（15 分） 确定最终方案（15 分）		
4	故障处理	对故障部位进行维修	20	工具使用（5 分） 思路清晰（10 分） 工时控制合理（5 分）		
		对维修效果试车进行验证	5	试车（2 分） 维修部位恢复（3 分）		
5	安全文明生产	应符合国家安全文明生产的有关规定	5	违反安全文明生产有关规定不得分		
6	实操过程记录	填写清晰、准确	5	填写不准确不得分		
7	问题解答	回答清晰、准确（时间在 10 min 内满分，其余情况酌情扣分）	15	每位同学回答三题（每题 5 分）		
实际用时：12 学时		规定时间内完成	每超时 1 h 扣 5 分，超时 4 h 此项目考核不得分			
指导教师建议					总得分	

任务拓展

任务拓展：数控车床加工工件的 X 向尺寸出现无规律的变化

故障现象：在工作过程中，发现某数控车床加工工件的 X 向尺寸出现无规律的变化。

故障勘察：该数控车床配套 FANUC 0M 系统，采用伺服驱动系统；在本机床上利用百分表仔细测量 X 轴的定位精度，发现丝杠每移动一个螺距，X 向的实际尺寸就会增加几十微米，而且此误差不断积累；测量加工的工件，尺寸出现无规律的变化，且不符合误差要求。

故障诊断：加工工件尺寸出现无规律变化，其可能的故障诊断原因与维修见表 6—2—5。

表 6—2—5　　加工工件尺寸出现无规律变化故障诊断与维修

序号	原因诊断	维修措施
1	外界干扰	做好屏蔽及接地的处理
2	弹性联轴器未能锁紧	锁紧弹性联轴器
3	机械传动系统的安装、连接与精度不良，例如机床的反向间隙过大等	检查相应的机床传动精度值，调整机床，或进行反向间隙补偿与螺距温差补偿
4	伺服进给系统参数的设定与调整不当	检查伺服参数，正确设置参数
5	位置检测系统不良，如电缆连接、系统的接口电路、编码器不良等	更换电缆或编码器

由表 6—2—5 可知，数控机床的加工尺寸不稳定通常与外界干扰、弹性联轴器、机械传动系统的安装连接精度、伺服进给系统参数的设定与调整，以及位置检测系统有关。

故障维修：诊断维修流程如图 6—2—2 所示，具体维修步骤如下：

第一步，首先悬挂“维修中，请勿靠近”警示牌，机床断电后开始操作。

第二步，查看有无外界干扰，逐一排查并做好屏蔽及接地的处理。

第三步，检查弹性联轴器是否锁紧，如果没有则锁紧。

第四步，检查相应的机床传动精度值。如果机械传动系统的安装、连接与精度不良，例如机床的反向间隙过大等，则需调整机床，进行反向间隙补偿与螺距温差补偿。

第五步，检查伺服进给系统参数的设定。根据以上现象分析，故障似乎与系统的“传动比”、参考计数器容量、编码器脉冲数等参数的设定有关，但经检查，以上参数的设定均正确无误，排除了参数设定不当引起故障的原因。

第六步，为了进一步判定故障部位，维修时拆下 X 轴伺服电动机，并在电动机轴端通过划线作出标记，利用手动增量进给方式移动 X 轴，检查发现 X 轴每次增量移动一个螺距时，电动机轴转动均大于 360°。同时，在以上检测过程中发现伺服电动机每次转动到某一固定的角度时，均出现“突跳”现象，且在无“突跳”区域，运动距离与电动机轴转过的角度基本相符（无法精确测量，依靠观察确定）。

第七步，根据以上试验可以判定故障是由于 X 轴的位置检测系统不良引起的。考虑到“突跳”仅在某一固定的角度产生，且在无“突跳”区域，运动距离与电动机轴转过的角度基本相符，因此，可以进一步确认故障与测量系统的电缆连接、系统的接口电路无关，原因是编码器本身不良。

第八步，更换编码器试验，确认故障是由于编码器不良引起的，更换编码器后，机床恢复正常，维修结束。

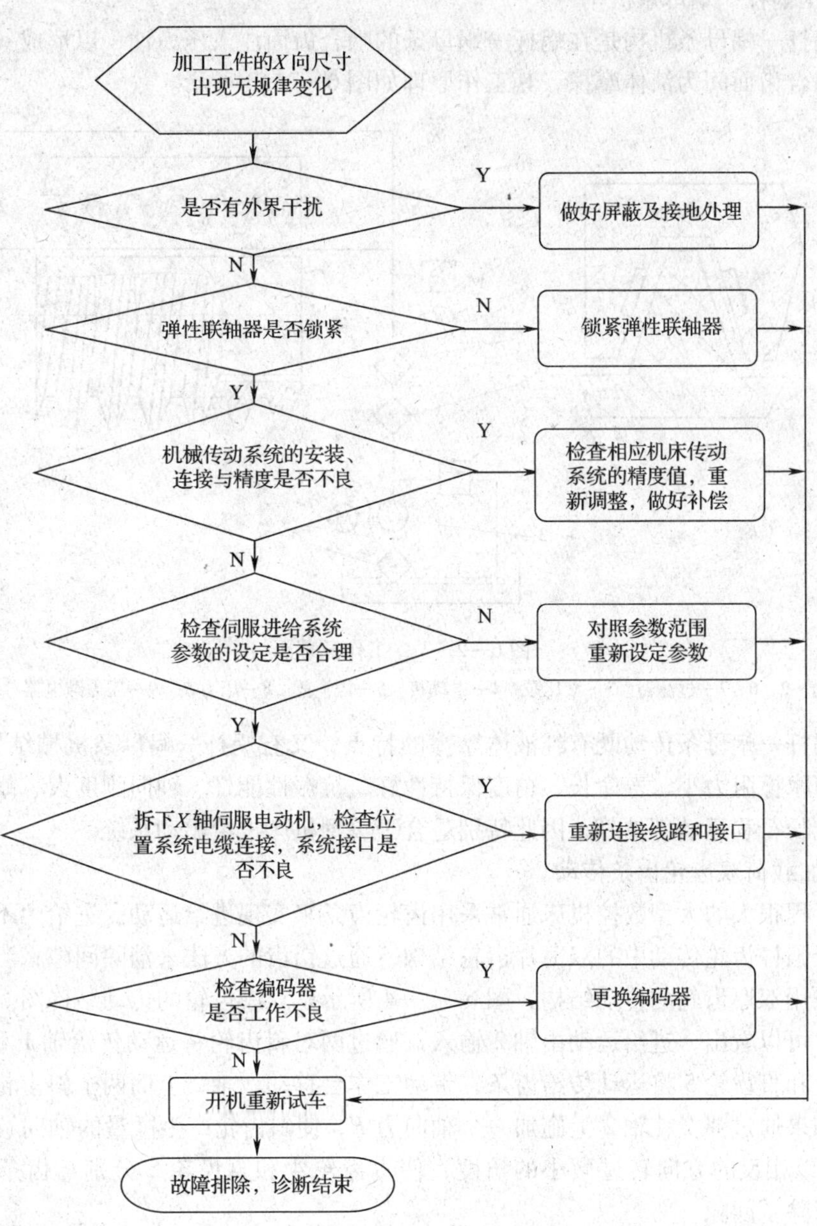

图 6—2—2　数控车床加工工件尺寸无规律变化故障诊断维修流程图

知识链接

一、数控机床进给传动的其他运动变换机构

数控机床进给传动的运动变换机构除前面所介绍的滚珠丝杠副以外，还有以下三种类型。

1．静压蜗杆—蜗母条机构

静压蜗杆—蜗母条机构是在蜗杆—蜗母条的啮合齿面注入压力油，以形成一定厚度的油膜，使两啮合齿面间为液体摩擦，其工作原理如图6—2—3所示。

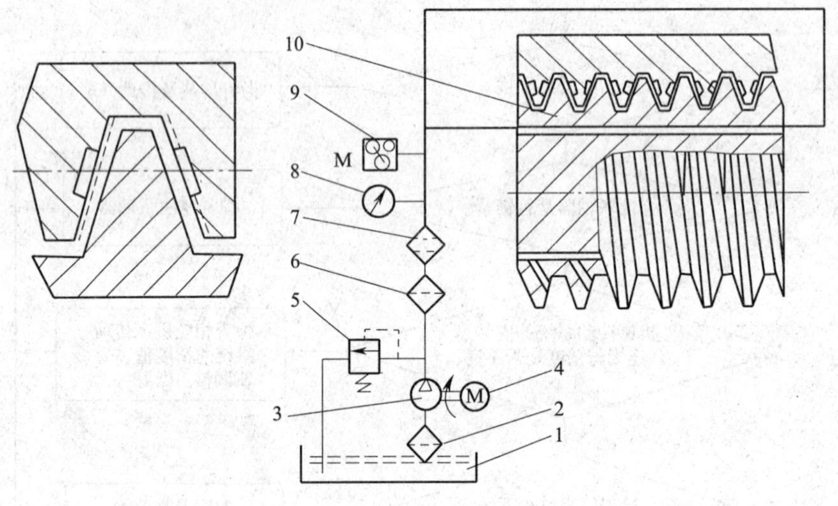

图6—2—3　工作原理图

1—油箱　2，6，7—过滤器　3—液压泵　4—电动机　5—溢流阀　8—压力表　9—压力继电器　10—蜗杆

静压蜗杆—蜗母条传动既有纯液体摩擦的特点，又有蜗杆—蜗母条机械结构上的特点，主要表现为摩擦阻力小、寿命长、精度保持性好、抗振性能好、轴向刚度大、蜗母条可无限接长、适合长行程运动部件等，因此特别适合于重型机床进给驱动系统。

2．预加载荷双齿轮齿条传动

工作行程很大的大型数控机床通常采用齿轮齿条来实现进给运动。进给力不大时，可以采用类似于圆柱齿轮传动中的双薄片齿轮结构，通过错齿的方法来消除间隙；当进给力较大时，通常采用双厚齿轮的传动结构，图6—2—4所示是双厚齿轮的传动结构图。

从图中可以看出，进给运动由轴2输入，通过两对斜齿轮将运动传给轴1和轴3，然后由直齿轮4和直齿轮5将运动传给齿条，带动工作台移动。轴2上面两个斜齿轮的螺旋线方向相反。如果通过弹簧在轴2上施加一个轴向力F，使斜齿轮产生微量的轴向移动，这时轴1和轴3便以相反的方向转过微小的角度，使直齿轮4和直齿轮5分别与齿条的两齿面贴紧，从而消除了间隙。

3．直线电动机传动

随着现代切削技术的发展，高速切削和超高速切削技术日趋成熟。高速切削时，随着主轴转速的提高，进给速度也必须大幅度地提高。传统的滚珠丝杠螺母副传动机构的最大进给速度可达60 m/min左右，而直线电动机驱动系统的进给速度可达100 m/min以上。由于直线电动机驱动有无间隙、惯性小、刚度较大而无磨损、定位精度和跟踪精度高以及行程不受限制等优点，现已得到越来越广泛的应用。

（1）直线电动机的结构

直线电动机的基本结构与普通旋转电动机相似，如图6—2—5所示。

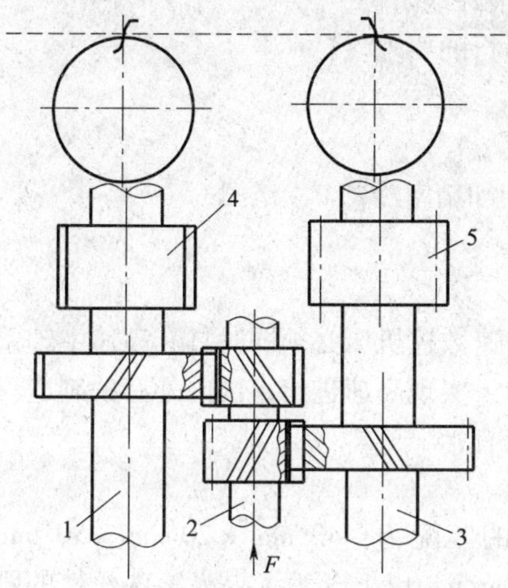

图 6—2—4　双厚齿轮的传动结构图

1，2，3—轴　4，5—直齿轮

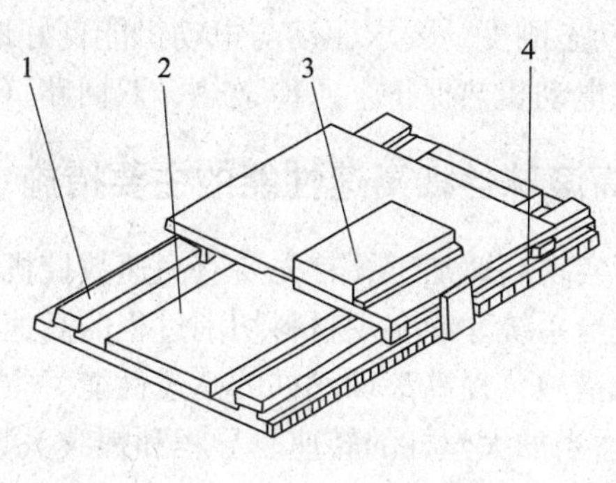

图 6—2—5　直线电动机的基本结构

1—导轨系统　2—笼型次级绕组（转子）
3—三相初级绕组（定子）　4—直线行程测量系统

直线电动机的原理并不复杂。设想把一台旋转电动机沿着半径的方向剖开，并且展平，就成了一台直线电动机。在直线电动机中，相当于旋转电动机定子的叫初级，相当于旋转电动机转子的叫次级。初级中通以交流电，次级就在电磁力的作用下沿着初级作直线运动。直线电动机既可以把初级做得很长（即初级固定，次级移动），也可以把次级做得很长（即次级固定，初级移动）。

（2）直线电动机的类型

直线电动机有多种类型，按结构形式可分为扁平型、管型、圆盘型和圆弧型。按工作原理可分为交流直线感应电动机、交流直线同步电动机、直线直流电动机和直线步进电动机。

（3）直线电动机的优点

1）出色的动态响应和非常高的移动速度。

2）极好的精度（纳米级）。

3）安装简单。

（4）直线电动机使用时的注意事项

为了减小电动机发热对机械的影响，电动机采用了特殊的冷却方式，即双冷却回路：主冷却回路和精密冷却回路。

直线电动机在选择和使用时的注意事项：

1）尽量减轻移动的重量。因为是直接驱动，所以直线电动机对负载更加敏感。

2）良好的基础（地基）。

3）良好的机床刚度，较高的固有频率。

4）整体结构具有较高的阻尼系数。

5）初级、次级之间的引力通常是电动机额定推力的 2 ~ 3 倍，选择直线导轨时需要考虑。

6）暴露的磁场。在有切屑产生的加工环境需要很好地防护。

7）动力/信号电缆。要能满足高速、高加速度运行的要求。

8）紧急停车。应具有安全可靠的制动装置。

9）动态刚度。要求驱动与电动机能良好地配合。

10）电动机热保护。水冷散热，双回路（主冷却和精密冷却）。

二、提高滚珠丝杠高速性能的主要措施

为了实现高速加工，首先要有高速数控机床。高速数控机床必须同时具有高速主轴系统和高速进给系统才能实现材料切削过程的高速化。为了实现高速进给，国内外有关制造厂商不断采取措施，提高滚珠丝杠的高速性能。主要措施有：

1．适当加大丝杠的转速、导程和螺纹头数

目前常用的大导程滚珠丝杠名义直径与导程的匹配为：40 mm × 20 mm，50 mm × 25 mm，50 mm × 30 mm 等，其进给速度均可达到60 m/min以上。为了提高滚珠丝杠的刚度和承载能力，大导程滚珠丝杠一般采用双线螺纹，以提高滚珠的有效承载圈数。

2．改进结构，提高滚珠运动的流畅性

改进滚珠循环反向装置，优化回珠槽的曲线参数，采用三维造型的导珠管和回珠器，真正做到沿着内螺纹的导程角方向将滚珠引进螺母体中，使滚珠运动的方向与滚道相切而不是相交。这样可把冲击损耗和噪声减至最小。

3．采用“空心强冷”技术

高速滚珠丝杠在运行时由于摩擦产生高温，造成丝杠的热变形，直接影响高速机床的加工精度。采用“空心强冷”技术，就是将恒温切削液通入空心丝杠的孔中，对滚珠丝杠进行强制冷却，保持滚珠副温度的恒定。这个措施是提高中、大型滚珠丝杠高速性能和工作精度的有效途径。

4．对于大行程的高速进给系统，可采用丝杠固定、螺母旋转的传动方式

采用这种传动方式，螺母一边转动、一边沿固定的丝杠作轴向移动，由于丝杠不动，可避免受临界转速的限制，避免了细长滚珠丝杠高速运转时出现的种种问题。螺母惯性小、运动灵活，可实现的转速高。

5．进一步提高滚珠丝杠的制造质量

通过采用上述种种措施后，可在一定程度上克服传统滚珠丝杠存在的一些问题。日本和瑞士在滚珠丝杠高速化方面一直处于国际领先地位，其最大快速移动速度可达 60 m/min，个别情况下甚至可达 90 m/min，加速度可达 15 m/s^2。由于滚珠丝杠历史悠久、工艺成熟、应用广泛、成本较低，因此在中等载荷、进给速度要求并不十分高、行程范围不太大（小于4 ~5 m）的一般高速加工中心和其他经济型高速数控机床上仍然经常被采用。

模块七

回转刀架故障的诊断与维修

任务1　数控车床回转刀架不能启动

教学导航

教学目标	掌握数控车床回转刀架不能启动故障的诊断思路及排除方法
知识要点	1. 数控机床回转刀架的作用、类型与工作要求 2. 数控车床回转刀架的换刀过程和结构 3. 数控车床回转刀架的电气控制 4. 数控车床回转刀架的常见故障分析
技能要点	1. 故障现场的勘察及相关资料的查阅 2. 四工位回转刀架故障的综合诊断 3. 故障的维修与排除
教学准备	1. 设备：装配四工位立式刀架并存在换刀故障的数控车床若干台 2. 资料：与设备对应的数控系统操作说明书，机床生产厂家提供的机械说明书、电气说明书、维修手册，机床使用单位提供的维修记录单等 3. 工具：机床维修工具箱、绝缘摇表等
建议学时	18 学时

任务引入

在企业生产过程中，FANUC－0i 系统配置四工位立式回转刀架的数控车床出现如下故障现象：原来机床运行正常，经过拆机搬迁，重新安装后试车，按手动换刀按钮，刀架不能升起也不能旋转；用 MDI 方式输入换刀指令并执行，刀架也没反应，但屏幕显示换刀指令已被执行。试分析并排除这一故障。

任务分析

换刀故障是数控机床的常见故障之一。虽然刀架生产厂家无统一标准，刀架结构、尺寸也各异，但一般均涉及机械、电气、控制系统等几方面的控制回路。因此当机床发生故障时，应根据故障现象分析出引起故障的控制回路类型，进而检测出控制回路的故障点，以排除故障。

要分析和排除车床换刀这一故障，首先要知道刀架的大致结构，了解换刀的工作过程，掌握刀架的工作原理，然后熟悉常见的故障点，掌握故障诊断思路及流程，最后排除故障。

相关知识

一、数控车床回转刀架的作用、类型与工作要求

回转刀架是数控车床最常用的一种典型换刀装置，是一种最简单的自动换刀装置。回转刀架的回转头各刀座可安装或支持各种不同用途的刀具，通过回转头的旋转、分度、定位，来实现机床的自动换刀。

回转刀架的结构直接影响机床的切削性能和切削效率，因此回转刀架必须具有良好的强度和刚度，以承受粗加工的切削力，同时要求回转刀架分度准确、定位可靠、转位速度快、夹紧性好、每次转位的重复定位精度高，这样才可以保证数控车床的高精度和高效率。

根据加工要求，回转刀架可设计成四方刀架、六角刀架或圆盘式刀架，并相应地安装四把、六把或更多的刀具。回转刀架根据刀架回转轴与安装底面的相对位置，分为立式刀架和卧式刀架两种，立式回转刀架的回转轴垂直于机床主轴，多用于经济型数控车床；卧式回转刀架的回转轴平行于机床主轴，可径向和轴向安装刀具。图7—1—1所示为装配卧式回转刀架的数控车床实物图，图7—1—2所示为装配立式回转刀架的数控车床实物图。

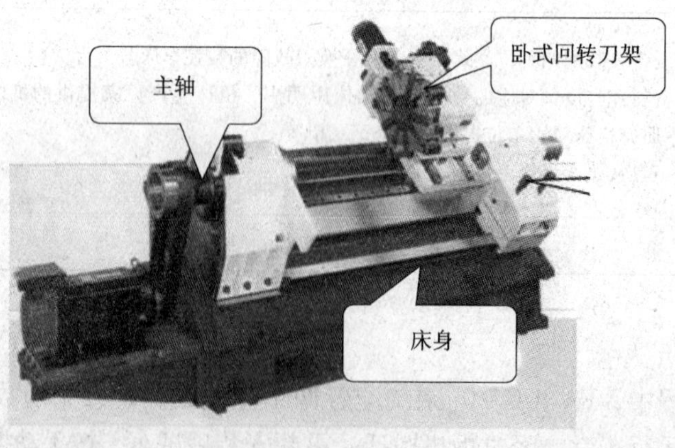

图7—1—1　装配卧式回转刀架的数控车床实物图

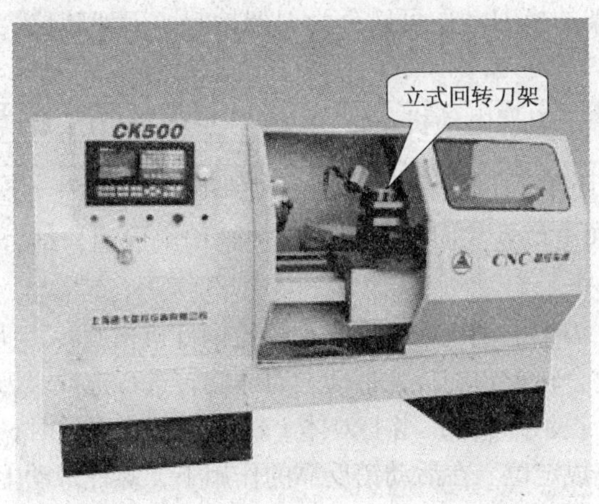

图 7—1—2　装配立式回转刀架的数控车床实物图

二、四工位立式回转刀架的换刀过程和结构

图 7—1—3　四工位立式回转刀架

图 7—1—3 所示为四工位立式回转刀架实物图，图 7—1—4 所示为四工位立式回转刀架的结构示意图。从图中可以看出，四工位立式回转刀架有四个刀位，能装夹四把不同功能的刀具，刀架回转 90°时，刀具交换一个刀位。刀架的到位信号由刀架定轴上端的 4 个霍尔开关和永久磁铁检测获得。4 个霍尔开关分别为 4 个刀位的位置，当刀台旋转时，带动磁铁一起旋转，当到达规定刀位时，通过霍尔开关输出到位信号。

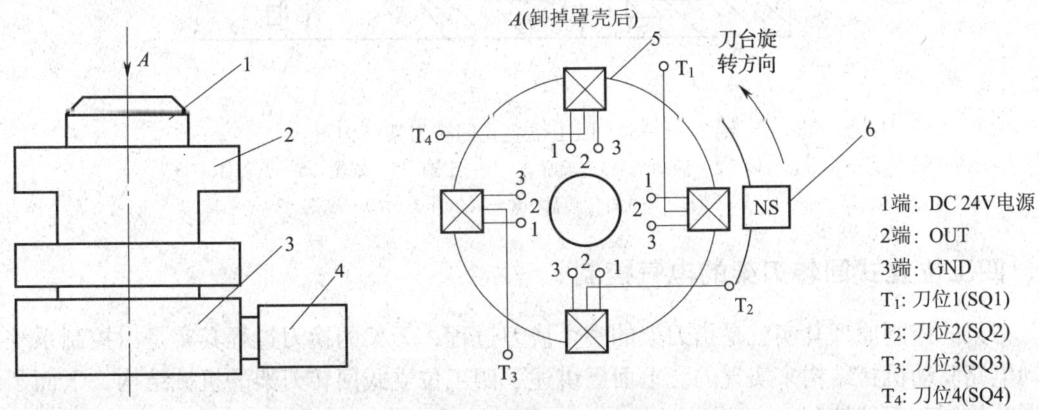

图 7—1—4　四工位立式回转刀架的结构示意图

1—罩壳　2—刀台　3—刀架座　4—刀架电动机　5—霍尔开关　6—永久磁铁

四工位立式回转刀架的换刀动作可以分为刀架抬起、刀架转位、刀架锁紧三个过程，具体换刀顺序如下：

系统发出换刀信号 → 刀架电动机正转 → 刀架上升 → 刀架旋转 → 刀架到位发出信号 → 刀架电动机反转 → 初定位 → 精定位夹紧 → 刀架电动机停转 → 换刀结束

图 7—1—5 所示为四工位立式回转刀架的一种结构组成图，结合该结构和换刀顺序说明其具体的换刀过程如下：

当换刀指令发出后，刀架电动机正转，驱动蜗轮蜗杆机构旋转，使上刀体 1 上升，当上刀体上升到一定高度时，离合转盘 8 旋转，带动上刀体旋转进行选刀。刀架上方的发信盘中对应的每个刀位都安装有一个霍尔开关 9，当上刀体 1 旋转到所选刀位时，刀架电动机反转，活动销 2 反靠在反靠盘 3 上完成定位。在活动销反靠的作用下，螺杆带动上刀体下降，并通过蜗轮和蜗杆锁紧螺母，使刀架紧固。此时，换刀电动机停转，从而完成换刀动作。

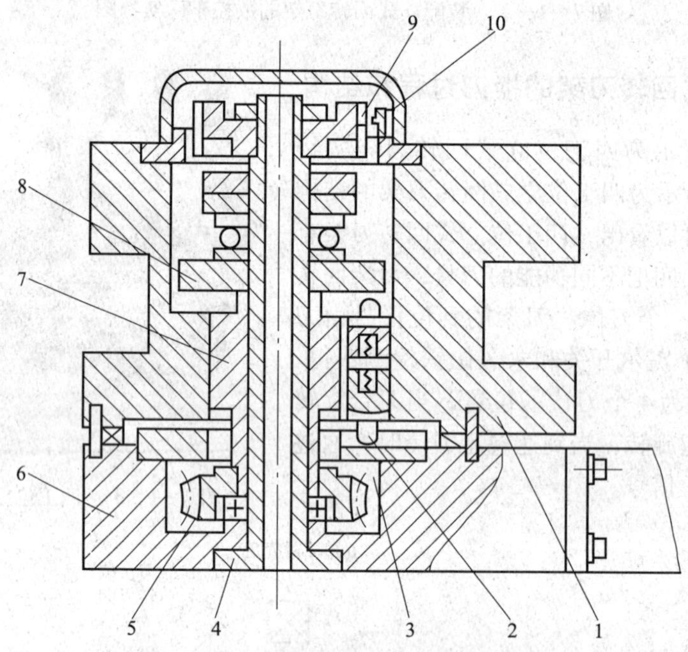

图 7—1—5　四工位立式回转刀架结构图

1—上刀体　2—活动销　3—反靠盘　4—定轴　5—蜗轮　6—下刀体
7—螺杆　8—离合转盘　9—霍尔开关　10—磁钢

三、四工位立式回转刀架的电气控制

刀架的控制原理其实就是指刀架的整个换刀过程，刀架的换刀过程其实是由控制系统和驱动电路驱动机械结构来实现的。上面已讲述了四工位立式回转刀架的机械结构，下面了解其电路控制和系统控制。

图 7—1—6 所示为四工位立式回转刀架的电路控制图，主要是通过控制两个交流接触器来控制刀架电动机的正转和反转，进而控制刀架的正转和反转的。图 7—1—7 所示为刀架的 PMC 系统控制的输入及输出回路。

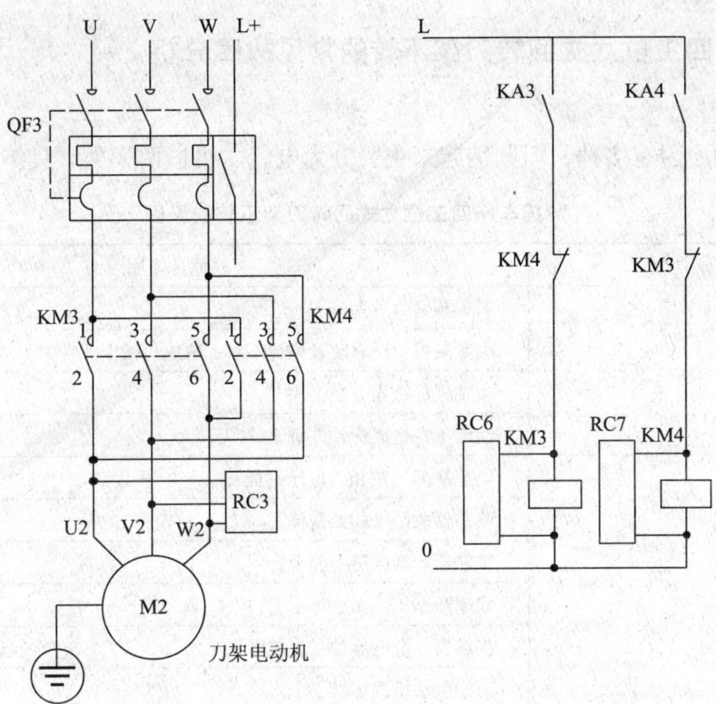

图 7—1—6　四工位立式回转刀架的电路控制图

M2——刀架电动机　KM3、KM4——刀架电动机正、反转控制交流接触器

QF3——刀架电动机带过载保护的电源断路器　KA3、KA4——刀架电动机正、反转控制中间继电器

RC3——三相灭弧器　RC6、RC7——单相灭弧器

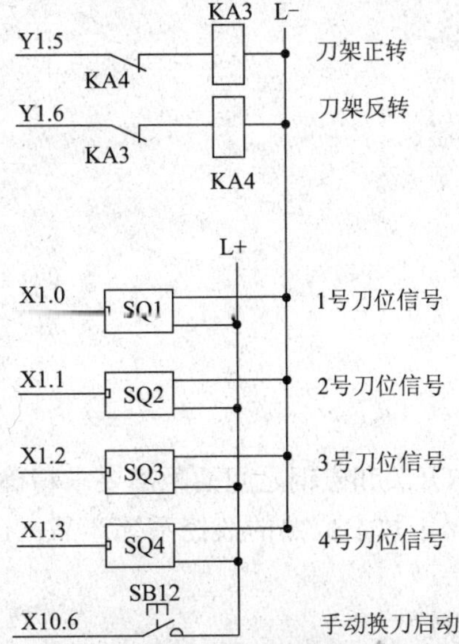

图 7—1—7　四工位立式回转刀架的 PMC 系统控制的输入及输出回路图

PMC 输入信号：X1. 0 ~ X1. 3——1 ~ 4 号刀到位信号输入　X10. 6——手动刀位选择按钮信号输入

PMC 输出信号：Y1. 5——刀架正转继电器控制输出　Y1. 6——刀架反转继电器控制输出

SB12——手动换刀启动按钮　SQ1 ~ SQ4——刀位检测霍尔开关

四、数控车床四工位立式回转刀架不转的常见故障分析

1．故障原因

刀架不转的原因有多种，但归纳起来主要分为电气、机械两大类，具体见表 7—1—1。

表 7—1—1　　数控车床四工位立式回转刀架不转的原因

故障种类	故障具体原因
机械故障	刀架预紧力过大
	夹紧装置、反靠装置位置不对，造成机械卡死
	主轴螺母锁死
	润滑不良造成旋转件研死
电气故障	电源故障（缺相、电压过低）
	断路器跳闸（短路故障）
	接触器、继电器不能吸合
	线路断路
	接触器、继电器触点接触不良
	刀架电动机损坏
	刀架电动机电源相序接错
	PMC 接口信号不良

2．故障分析点

（1）电气回路故障分析点：

1）刀架正反转控制继电器；

2）刀架正反转控制接触器；

3）刀架控制电动机；

4）断路器；

5）霍尔开关；

6）磁钢；

7）齿牙盘；

8）开关按钮。

以上故障分析点中，霍尔开关和磁钢之间的距离要求精确，继电器、接触器使用频繁，容易出现问题；PMC 控制器属于技术成熟的数控系统产品，在弱电环境下工作，一般不易损坏。

（2）机械回路故障分析点：

1）蜗轮蜗杆机构；

2）上刀体；

3）发信盘；

4）活动销；

5）反靠盘；

6）螺杆；

7）齿牙盘；

8）离合转盘。

以上故障分析点中，蜗轮蜗杆机构、离合转盘由于动作频繁或者生产中会由于误操作而发生撞车，容易发生疲劳损坏。

任务实施

一、任务准备

设备：装配四工位立式刀架并存在换刀故障的数控车床若干台。

资料：与设备对应的数控系统操作说明书，机床生产厂家提供的机械说明书、电气说明书、维修手册，机床使用单位提供的维修记录单等。

工具：机床维修工具箱、绝缘摇表等。

二、故障勘察

先检查发生故障的机床，并观察故障的具体现象，如图7—1—8、图7—1—9所示。

图7—1—8 发生换刀故障的车床

图7—1—9 发生换刀故障的刀架

再查看报警信息，锁定故障范围。机床状态显示：无报警信号。

按手动换刀按钮，刀架不能升起也不能旋转；用MDI方式输入换刀指令并执行，刀架也没反应，但屏幕显示换刀指令已被执行。

最后，查阅发生故障车床的机械及电气说明书，了解刀架的机械结构、换刀过程及其控制原理。

三、故障诊断

刀架不转的故障主要涉及电气、机械两大回路，因为判断按钮开关、继电器、接触器、电动机是否良好比较直观、快捷，故先从电气回路开始检查，然后再对机械回路进行检查。具体诊断维修流程如图7—1—10所示。

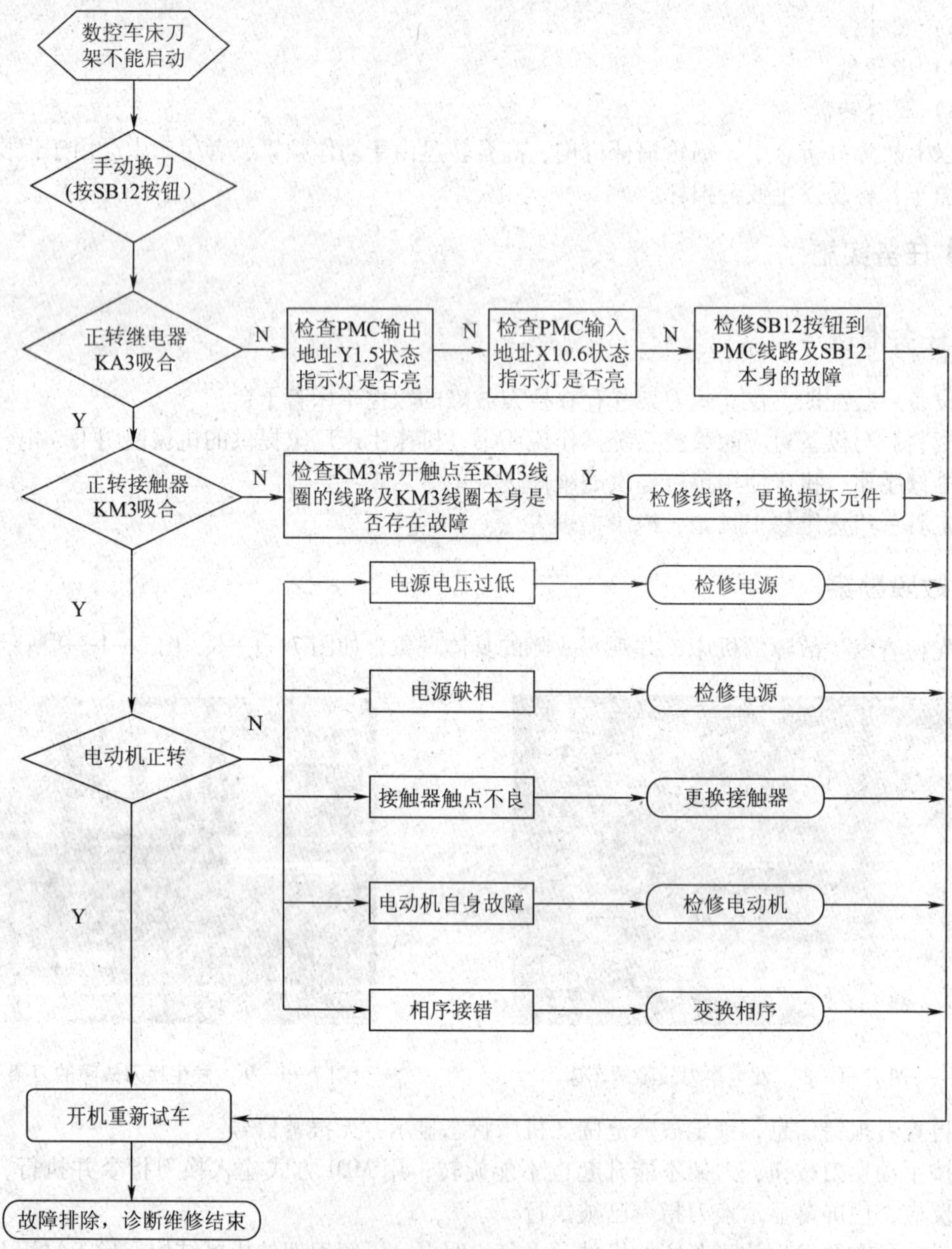

图 7—1—10　数控车床刀架不能启动故障诊断维修流程图

1. 电气回路的检查

在电气回路的检查中，通常可以利用现象比较明显、比较容易观察到的地方来进行判断。这里可以把接触器作为一个特殊点，以接触器为分界点，作出初步判断，可以观察接触器是否动作，如果接触器动作，可以看到接触器吸合。

◆ 检查继电器 KA3 的吸合状况，具体的诊断方法如下：

（1）如 KA3 已经吸合，那么在断电情况下检测 KM3 线圈是否烧毁，控制电缆有没有断线，KM4 的触点接触是否良好；若存在问题，则排除相应的故障。

（2）如果 KA3 没有吸合，则通过观察 PMC 的输出地址的状态来确定刀架正转信号 Y1.5 是否被输出。如果被输出，则检测继电器 KA4 的触点是否接触良好、线路是否正常；如果不被输出，则检测 PMC 输出板是否有问题，若存在问题，则排除相应的故障。

◆ 如果 KA3 能够吸合，则检查接触器 KM3 的吸合状况，如果接触器 KM3 能够吸合，那么故障的类型与诊断方法如下所述。

（1）刀架电动机电源缺相或电压过低

诊断方法：三相电动机如有缺相会导致不能启动，可在通电状态下，用万用表检测电动机三相接线端子的交流电压，正常情况下应当是 UV = UW = VW = 380 V。如检测结果并非如此，则证明电动机电源缺相或电压过低。

（2）接触器主触点被烧坏或接触不良

诊断方法：在通电状态下，用万用表检测刀架电动机正转接触器三相主触点上、下端的电压，正常情况下应当是 UV = UW = VW = 380 V。如检测结果并非如此，则证明接触器主触点被烧坏或接触不良。

（3）刀架电动机被烧坏

诊断方法：在断电情况下，盘动电动机轴看是否轻快，以判断电动机轴承是否正常；在断电情况下，测三相绕组是否平衡，正常情况下三相绕组的电阻值应相等；在断电情况下，判断对地绝缘是否良好，正常情况下电阻值应大于 2 MΩ。

（4）刀架电动机电源相序接错

诊断方法：如果已完成上述三项判断且均无问题，可将刀架电动机端子处三相电源接线中的任意两根对调（一定要在机床断电情况下进行），接好后再通电试车。

2. 机械回路的检查

如果检测电气回路无问题，则接着检测机械回路，故障的类型与诊断方法如下。

（1）刀架预紧力过大

诊断方法：在机床断电的情况下将刀架电动机拆下，若用六角扳手插入蜗杆端部旋转时不易转动，而用力时可以转动，但下次夹紧后刀架仍不能启动，则可确定刀架不能启动的原因是预紧力过大，可通过调小刀架电动机夹紧电流来排除。

（2）刀架内部机械卡死

诊断方法：当从蜗杆端部转动蜗杆时，若顺时针方向转不动，其原因是机械卡死。首先，检查夹紧装置反靠定位销是否在反靠棘轮槽内，若在，则需将反靠棘轮与螺杆连接销孔回转一个角度重新打孔连接；其次，检查主轴螺母是否锁死，如螺母锁死，应重新调整；再次，由于润滑不良造成旋转件研死，则应拆开旋转件，观察实际情况，加以润滑处理。

结论：在本案例任务中，原来机床运行正常，说明刀架无卡死可能；经过拆机搬迁，重新安装后试车，刀架出现故障；按手动换刀钮，刀架不能升起也不能旋转；用 MDI 方式输入换刀指令并执行，刀架也没反应，但屏幕显示换刀指令已被执行。在检测过程中，首先看到刀架正转接触器已吸合，说明 PMC 电气控制正常，其次检测到刀架电动机三相端子上均有交流 380 V 电压，说明电源供电正常。因为拆机搬迁后要重接三相电源，相序接错的可能性很大，而这种刀架的结构又要求换刀时刀架只能正转不能反转，恰与故障现象吻合。刀架电动机接线经过倒相后再次通电试车，换刀一切正常。

四、故障维修

通过上述故障分析，在本案例任务中，刀架不转是由刀架电动机三相电源相序接错而引起的。因搬迁过程中刀架电动机本身并未拆装，因此刀架电动机三相电源相序接错的操作应在刀架电动机正反转控制的接触器处，具体的维修步骤为：

第一步，首先悬挂“维修中，请勿靠近”警示牌，机床断电后开始操作。

第二步，在电气柜内找到刀架正反转控制接触器 KM4。

第三步，用工具松开刀架正反转控制接触器 KM4 主触点的 U、V、W 三项中任意两项的接线。

第四步，对调 KM4 主触点上述两项的接线。

第五步，用工具紧固 KM4 主触点上述两项的接线。

通电试车，故障消失。

五、故障维修记录单填写

故障维修记录单见表 7—1—2。

表 7—1—2　　数控机床故障维修记录单

维修时间			维修人员		
设备名称	数控车床		设备型号		
故障现象					
诊断与维修	诊断系统	是否正常	故障部位	排除方法	维修用零配件
	电气系统				
	机械系统				
	液压系统				
	数控系统				
维修小结					
维修后试车确认维修结果					

任务评价

任务实施完成后，由教师针对学生的综合表现进行考核、点评，并填写任务评价表（见表 7—1—3），形成个人最终成绩。

表 7—1—3　　任务评价表

姓名			题目名称	数控车床刀架不能启动故障诊断与维修		
序号	项目	考核内容及要求	配分	评分标准	扣分内容	评分
1	任务准备	检查工具、资料是否准备齐全	5	工具准备（3 分） 资料准备（2 分）		
2	故障现象勘察	观察四方刀架状态	5	能明确描述故障现象		
		观察报警信息，查阅相关手册	10	能明确刀架动作的原理		
3	故障诊断	分别从电气、机械回路诊断故障原因	30	正确应用故障的诊断维修流程图（15 分） 确定最终方案（15 分）		
4	故障处理	对故障部位进行维修	20	工具使用（5 分） 思路清晰（10 分） 工时控制合理（5 分）		
		对维修效果试车进行验证	5	试车（2 分） 维修部位恢复（3 分）		
5	安全文明生产	应符合国家安全文明生产的有关规定	5	违反安全文明生产有关规定不得分		
6	实操过程记录	填写清晰、准确	5	填写不准确不得分		
7	问题解答	回答清晰、准确（时间在 10 min内满分，其余情况酌情扣分）	15	每位同学回答三题（每题 5 分）		
实际用时：18 学时		规定时间内完成	每超时 1 h 扣 5 分，超时 4 h 此项目考核不得分			
指导教师建议					总得分	

任务拓展

任务拓展一：数控车床刀架不能正常夹紧

故障现象：数控车床刀架不能正常夹紧。

故障诊断与维修：出现该故障时，可按照如下步骤进行诊断和维修：

首先，检查夹紧开关位置是否固定不当，若发信盘位置没对正，则拆开刀架的顶盖，旋动并调整发信盘位置，使刀架的霍尔开关对准磁钢，使刀具停在准确的位置。

其次，用万用表检查相应线路继电器是否能正常工作，触点接触是否可靠。

再次，检查刀架内部机械配合是否松动。有时由于内齿盘上有碎屑造成夹紧不牢而使定位不准，此时，应调整其机械装配并清洁内齿盘。

任务拓展二：数控车床刀架转不到位

故障现象：数控车床刀架转不到位。

故障诊断与维修：出现刀架运转不到位（有时在中途位置突然停留），主要是由于发信盘触点与弹性片触点错位，应重新调整发信盘与弹性片触点位置并固定牢靠。

其次，可能是发信盘夹紧螺母松动造成开关位置移动，可通过调紧发信盘夹紧螺母而排除故障。

当然，除上述故障现象之外还可能出现其他意外故障，但只要熟悉以上分析、检查方法及解决措施，掌握控制回路的电气、机械原理，依据故障现象逐一分析控制回路的各个环节，由简及繁，就不难找出故障点，对症下药，维修并排除故障。

知识链接

数控机床自动换刀装置的作用与类型

数控机床为了能在工件一次装夹中完成多种加工工序，以缩短辅助时间，减少多次安装工件所引起的误差，必须带有自动换刀装置。自动换刀装置是数控机床的重要执行机构，它的功能是储备一定数量的刀具并完成刀具的自动交换。

自动换刀装置的结构与布局取决于数控机床的形式、工艺范围、刀具类型及数量等因素，常见的类型及其结构形状见表 7—1—4。

表 7—1—4　　常见的自动换刀装置的类型及其结构形状

自动换刀装置的类型	结构形状
回转刀架	
更换主轴头换刀装置	 

续表

自动换刀装置的类型	结构形状
带刀库的自动换刀系统	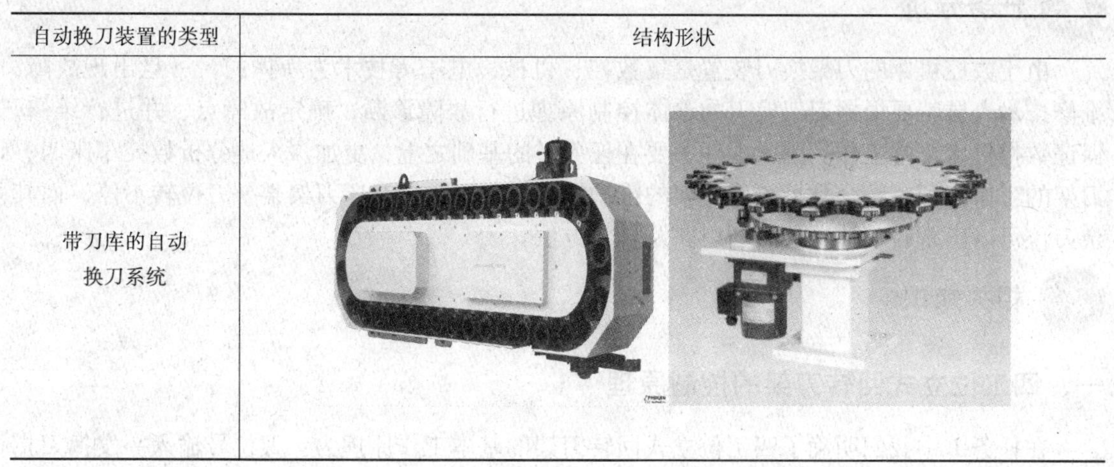

任务 2　数控车床刀架在某一刀位转不停

教学导航

教学目标	掌握数控车床刀架在某一刀位转不停故障的诊断思路及排除方法
知识要点	1. 四工位立式回转刀架的控制原理 2. 刀架的维护
技能要点	1. 故障现场的勘察及相关资料的查阅 2. 四工位立式回转刀架故障的综合诊断 3. 故障的维修与排除
教学准备	1. 设备：装配四工位立式回转刀架并存在换刀故障的数控车床若干台 2. 资料：与设备对应的数控系统操作说明书，机床生产厂家提供的机械说明书、电气说明书、维修手册，机床使用单位提供的维修记录单等 3. 工具：机床维修工具箱、绝缘摇表等
建议学时	12 学时

任务引入

在企业生产过程中，FANUC－0i 系统配置四工位立式回转刀架的数控车床出现如下故障现象：刀架在某一刀位转不停，在其余刀位可以正常转动。

试根据四工位立式回转刀架的控制原理分析并排除这一故障。

任务分析

由于数控机床的刀架换刀装置是集数控、机械、电子等技术为一体的，一旦出现故障，维修技术人员就要根据刀架换刀的整体控制原理进行故障诊断，确定故障点，并进行维修，保证数控机床正常工作。因此本任务要在任务1的基础之上，更加深入地分析数控车床四方刀架的工作原理，结合数控车床刀架的维护知识，掌握数控车床刀架某一刀位转不停，而其余刀位可以正常转动故障的诊断思路及排除方法。

相关知识

一、四工位立式回转刀架的控制原理

在任务1中我们明确了四工位立式回转刀架的基本工作原理为：刀位号输入→发换刀指令，刀架运行灯点亮→定位销松开→刀架弹起→刀架电动机正转→刀架到位，核对刀位并发信，刀架电动机停止正转→刀架电动机反转→精定位到位发信，电动机停转→刀位压紧发信→刀架落下卡紧→刀位压紧，定位销锁定发信→刀架运行灯熄灭，换刀结束。

下面综合四工位立式回转刀架的换刀过程、机械结构、电气控制，进一步分析刀架换刀的具体控制原理，换刀控制流程如图7—2—1所示。

二、刀架的维护

刀架的维护与维修一定要紧密结合起来，维修中容易出现故障的地方更要重点维护。关于刀架的维护，主要包括以下几个方面：

1．工作开始和结束前，清理刀架表面切屑、灰尘，防止其进入刀架体内。由于刀架体都是旋转时抬起，到位后反转落下，很容易将未及时清理的切屑卡在里面，引起换刀故障。另外，刀架体类部件容易积留一些切屑，粘连在一起时清理起来很费事，也容易与切削液混合引起氧化腐蚀等。

2．定期对刀架进行清洁处理，及时清理刀架体及其内部的异物，保证刀架换位顺畅无阻，保持刀架的回转精度。

3．定期检查刀架的反靠定位销、弹簧、反靠棘轮等是否起作用，避免造成机械卡死。

4．定期检查刀架内部机械配合是否松动，避免造成刀架不能正常夹紧的故障。

5．定期检查并紧固连线、传感器元件盘（发信盘）、磁铁，检查发信盘螺母连接是否紧固，如松动易引起刀架越位（过冲）或转不到位。

6．保持刀架的良好润滑，定期检查刀架内部的润滑情况，如果润滑不良，易造成旋转件研死，导致刀架不能启动；并尽可能减少腐蚀性液体的喷溅，无法避免时，下班后应及时擦拭、涂油。

7．刀架的预紧力要适当，如过大会导致刀架不能转动。

8．严禁超负荷使用；严禁撞击、挤压通往刀架的连线；减少刀架被间断撞击（断续切削）的次数，保持良好的操作习惯，严防刀架与卡盘、尾座等部件碰撞。

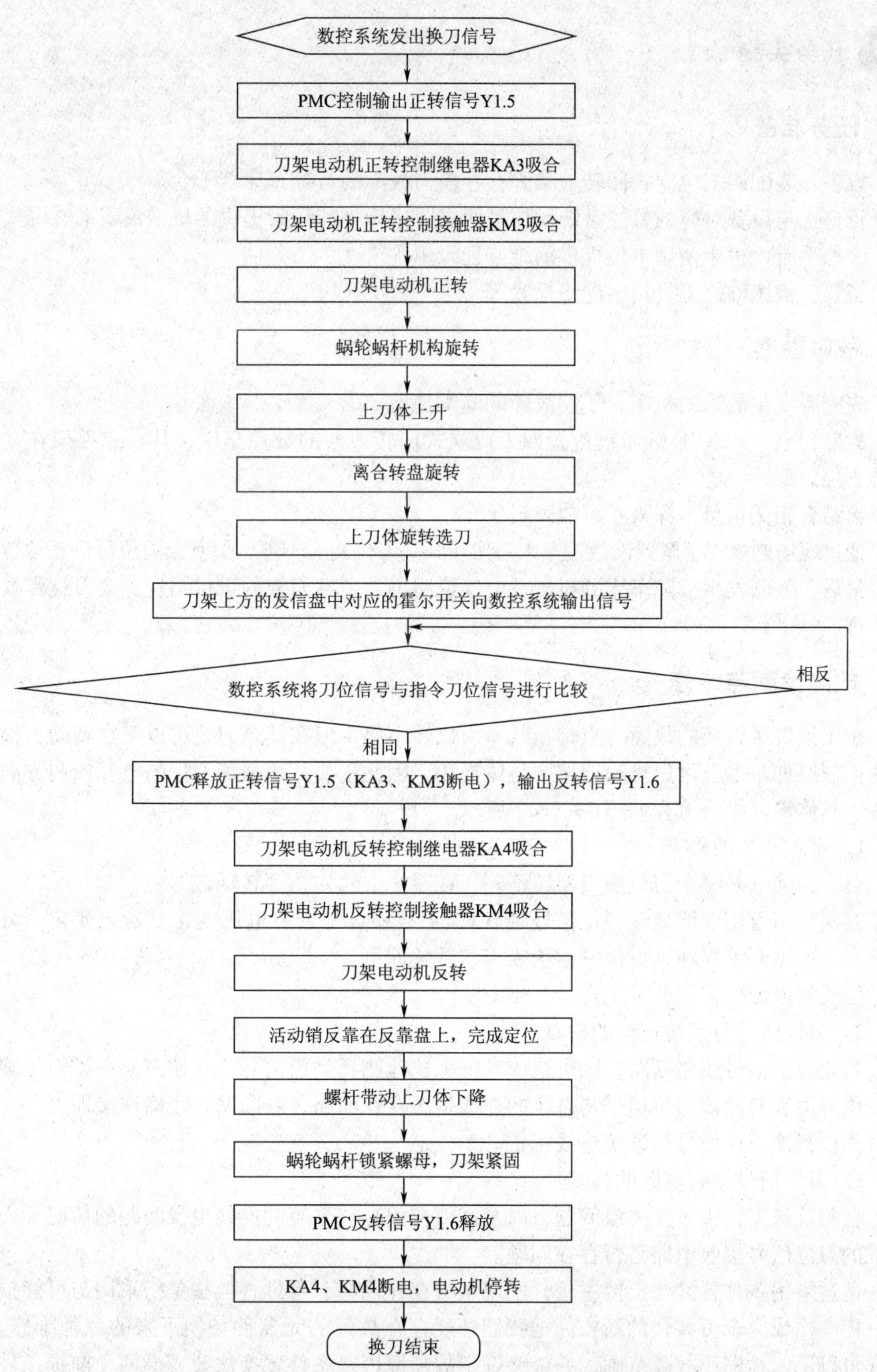

图7—2—1　四工位立式回转刀架换刀控制流程图

任务实施

一、任务准备

设备：装配四工位立式回转刀架并存在换刀故障的数控车床若干台。

资料：与设备对应的数控系统操作说明书，机床生产厂家提供的机械说明书、电气说明书、维修手册，机床使用单位提供的维修记录单等。

工具：机床维修工具箱、绝缘摇表等。

二、故障勘察

先查看发生故障的机床，了解故障的基本现象。

故障现象：FANUC 0i 系统配置四工位立式回转刀架的数控车床，其立式刀架在某一刀位转不停。

再结合相关信息，深入了解故障现象。

通过现场勘察，了解到该数控车床刀架在某一刀位旋转不停，但其余刀位可以正常转动。

最后，查阅发生故障车床的机械及电气说明书，了解刀架的机械结构、换刀过程及其控制原理。

三、故障诊断与维修

由于该机床刀架的故障为只是在某一刀位转不停，但在其余刀位可以正常转动，根据刀架的控制原理基本上可以排除刀架的整体损坏，因此主要从该损坏刀位的电气控制方面进行检查。具体诊断维修流程如图 7—2—2 所示。

1．霍尔开关的检查

首先，确认是哪个刀位使刀架转不停，在系统上输入指令转动该刀位。

其次，用万用表测量该刀位信号触点对 24 V 触点是否有电压变化。若无变化，可判定为该刀位霍尔开关损坏，更换发信盘或霍尔开关即可。

经检测该刀位霍尔开关正常。

2．刀位信号与系统连线的检查

若此刀位信号线路断路，则可造成系统无法检测到到位信号，致使刀架在该刀位旋转不停。用万用表检测该刀位信号与系统的连线是否存在断路，若断路，正确连接即可。

经检测该刀位信号与系统连线正常。

3．刀位信号接收电路的检查

在确定该刀位霍尔开关没问题，以及该刀位信号与系统的连线也没问题的情况下，检测系统的刀位信号接收电路是否存在问题。

通过采用备件置换法更换主板，发现主板存在问题。备件置换法是指采用与可能损坏元件一模一样或完全可替代的新备品把我们怀疑存在故障的元器件替换下来的一种维修方法。这样可以迅速地缩小故障范围，并最终确定故障原因。备件置换法要遵循两个前提条件：一是必须保证产品的品牌、种类、型号和接口相同，并确认具有完全可替代性；二是必须保证交换前、后的各种开关及参数设置完全一致。一旦疏忽这一原则，不但不能起到诊断故障的作用，而且还可能给机床带来更严重的破坏。

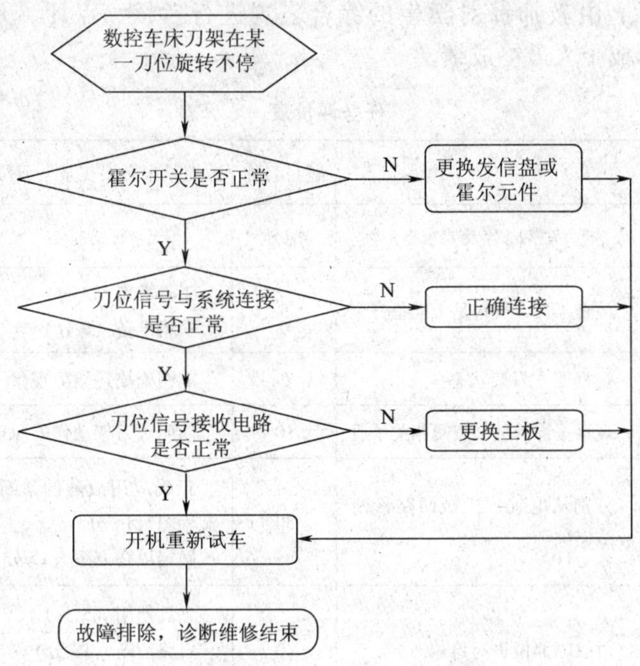

图 7—2—2　数控车床某一刀位转不停故障的诊断维修流程图

结论：在本案例任务中，刀架在某一刀位旋转不停是主板损坏造成的。更换同一型号主板后再次通电试车，换刀一切正常。

四、故障维修记录单填写

数控机床故障维修记录单见表 7—2—1。

表 7—2—1　**数控机床故障维修记录单**

维修时间			维修人员		
设备名称	数控车床		设备型号		
故障现象					
诊断与维修	诊断系统	是否正常	故障部位	排除方法	维修用零配件
	电气系统				
	机械系统				
	液压系统				
	数控系统				
维修小结					
维修后试车确认维修结果					

任务评价

任务实施完成后，由教师针对学生的综合表现进行考核、点评，并填写任务评价表（见表7—2—2），形成个人最终成绩。

表7—2—2　　任务评价表

姓名			题目名称	数控车床刀架在某一刀位转不停故障诊断与维修		
序号	项目	考核内容及要求	配分	评分标准	扣分内容	评分
1	任务准备	检查工具、资料是否准备齐全	5	工具准备（3分） 资料准备（2分）		
2	故障现象勘察	观察四方刀架状态	5	能明确描述故障现象		
		观察报警信息，查阅相关手册	10	能明确刀架动作的原理		
3	故障诊断	分别从电气、机械回路诊断故障原因	30	正确应用故障的诊断维修流程图（15分） 确定最终方案（15分）		
4	故障处理	对故障部位进行维修	20	工具使用（5分） 思路清晰（10分） 工时控制合理（5分）		
		对维修效果试车进行验证	5	试车（2分） 维修部位恢复（3分）		
5	安全文明生产	应符合国家安全文明生产的有关规定	5	违反安全文明生产有关规定不得分		
6	实操过程记录	填写清晰、准确	5	填写不准确不得分		
7	问题解答	回答清晰、准确（时间在10 min内满分，其余情况酌情扣分）	15	每位同学回答三题（每题5分）		
实际用时：12学时		规定时间内完成	每超时1 h扣5分，超时4 h此项目考核不得分			
指导教师建议					总得分	

任务拓展

任务拓展一：数控车床刀架连续运转、到位不停

故障现象：数控车床刀架连续运转、到位不停。

故障诊断与维修：由于刀架能够连续运转，所以，机械方面出现故障的可能性较小，主要从电气方面检查。检查刀架到位信号是否发出，若没有到位信号，则是发信盘故障，可检查发信盘弹性触头是否磨坏、发信盘地线是否断路或接触不良或漏接。

此时需要更换弹性片触头或重修，针对其线路中的继电器接触情况、到位开关接触情况、线路连接情况相应地排除线路故障。当仅出现刀架在某号刀位不能定位时，则是由于该号刀位线断路所致。

任务拓展二：数控车床刀架越位过冲

故障现象：数控车床刀架越位过冲。

故障诊断与维修：刀架越位过冲故障的机械原因可能性较大，主要是反靠装置不起作用。

首先，检查反靠定位销是否灵活，弹簧是否疲劳。若存在问题，则应修复定位销使其灵活或更换弹簧。

其次，检查反靠棘轮与蜗杆连接是否断开。若断开，需更换连接销。

最后，检查是否由刀具太长、过重而引起。若存在问题，则应更换弹性模量稍大些的定位销弹簧。

当然，除上述故障现象之外还可能出现其他意外故障，但只要熟悉以上分析、检查方法及解决措施，掌握控制回路的电气、机械原理，依据故障现象逐一分析控制回路的各个环节，由简及繁，就不难找出故障点，对症下药，维修并排除故障。

任务拓展三：数控车床无法机控选刀

故障现象：数控车床无法机控选刀、夹紧后无回答信号、启动或松开手控按钮刀架返回原来的位置。

故障诊断与维修：出现这些故障的主要原因可能是电路中继电器接触不良、发信盘位置不正、电源相序不对，可根据具体情况分别加以调整、修复，排除故障。

 **知识链接**

一、六工位卧式回转刀架的结构和换刀过程

六工位卧式回转刀架有六个刀位，能装夹六把不同功能的刀具，刀架回转 60°时，刀具交换一个刀位，适用于盘类零件的加工。图 7—2—3 所示为六工位卧式回转刀架实物图。

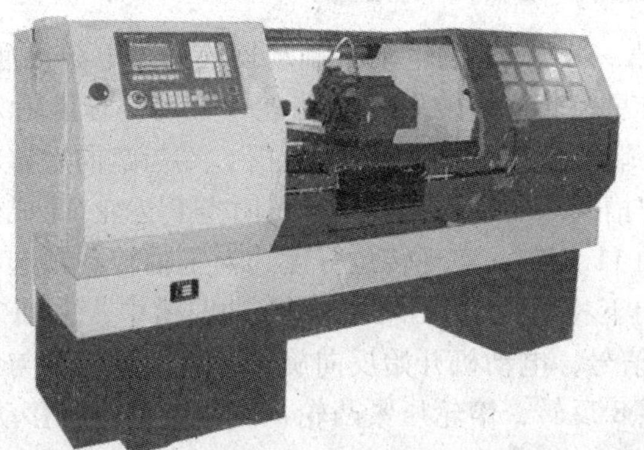

图 7—2—3　六工位卧式回转刀架实物图

下面以 AK31 系列六工位卧式回转刀架为例来说明六工位卧式回转刀架的结构与换刀过程。

图 7—2—4 所示为 AK31 系列六工位卧式回转刀架结构图。从图中可以看出，刀架采用三联齿盘作为分度定位元件，由电动机驱动后，通过一对齿轮和一套行星轮系进行分度传动。

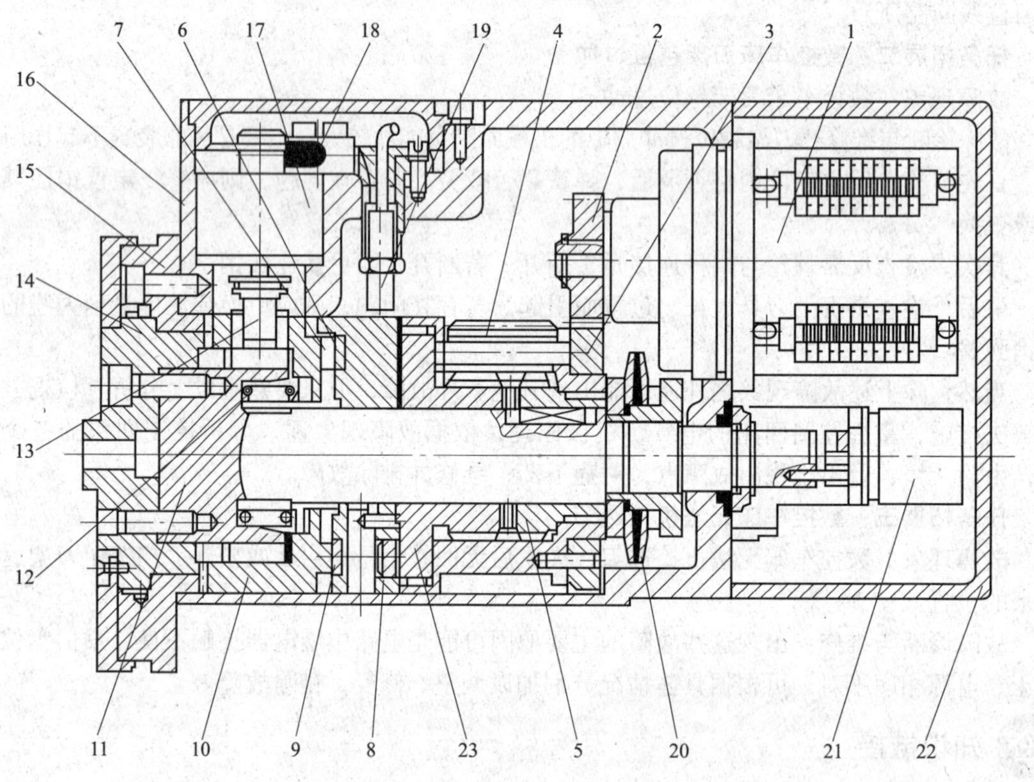

图 7—2—4　AK31 系列六工位卧式回转刀架结构图

1—电动机　2—电动机齿轮　3—齿轮　4—行星齿轮　5—驱动齿轮　6—滚轮架端齿　7—沟槽　8—滚轮架　9—滚轮　10—双联齿盘　11—主轴　12—弹簧　13—插销　14—动齿盘　15—定齿盘　16—箱体　17—电磁铁　18—预分度接近开关　19—锁紧接近开关　20—碟形弹簧　21—角度编码器　22—后盖　23—空套齿轮

工作程序为：主机控制系统发出转位信号 → 刀架上的电动机制动器松开，电源接通，电动机开始工作 →通过齿轮 2、齿轮 3 带动行星齿轮 4 旋转→ 行星齿轮 4 带动空套齿轮 23 旋转→空套齿轮带动滚轮架 8 转过预置角度→端齿盘后面的端面凸轮松开，端齿盘向后移动脱开端齿啮合，滚轮架 8 受到端齿盘后端面键槽的限制而停止转动，这时空套齿轮 23 成为定齿轮→行星齿轮 4 通过驱动齿轮 5 带动主轴 11 旋转，实现转位分度，当主轴转到预选位置时，角度编码器 21 发出信号，电磁铁 17 向下将插销 13 压入主轴 11 的凹槽中，主轴 11 停止转动→预分度接近开关 18 给电动机发出信号，电动机开始反向旋转，通过齿轮 2 与齿轮 3、行星齿轮 4 和空套齿轮 23，带动滚轮架 8 反转，滚轮压紧凸轮，使端齿盘向前移动，端齿盘重新啮合 →锁紧接近开关 19 发出信号，切断电动机电源，制动器通电刹紧电动机→电磁铁断电→插销 13 被弹簧弹回，转位工作结束，主机开始工作。

二、六工位卧式回转刀架的控制原理

六工位卧式回转刀架的控制原理：按下开始按钮，刀架上的电动机制动装置失电，此时电动机选择方向；若电动机正转到位，则电动机识别前一工位选通信号是否到达，若已到达，则预定位电磁铁供电；此时电动机预分度高电平识别，若接近开关为高电平，则电动机停转；停 50 ms 后，电动机反向旋转，锁紧由接近开关高电平识别，若接近开关为高电平，则电动机停，制动装置供电；延时 200 ms 后，预分度电磁铁失电，检测位置，确认锁紧接近开关为高电平，制动装置失电，刀架转位结束。AK31 系列六工位卧式回转刀架换刀控制流程如图 7—2—5 所示。

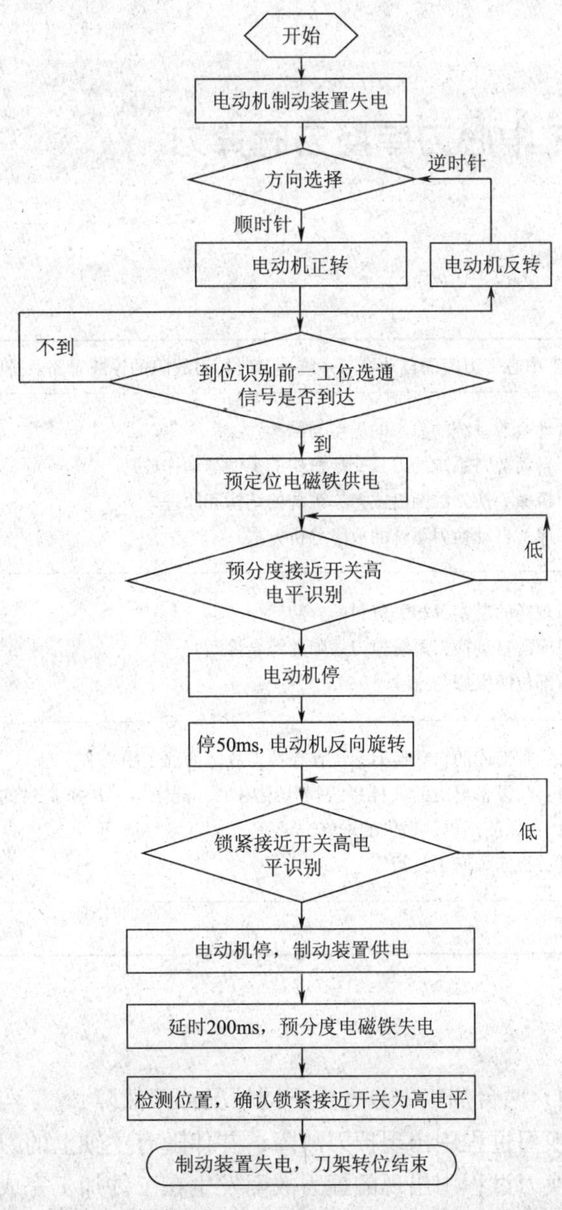

图 7—2—5　AK31 系列六工位卧式回转刀架换刀控制流程图

模块八

刀库换刀故障的诊断与维修

任务 1　加工中心刀库换刀时掉刀

教学导航

教学目标	掌握加工中心带刀库的自动换刀系统换刀时掉刀故障的诊断思路及排除方法
知识要点	1. 带自动换刀系统的刀库的类型与结构 2. 刀库自动换刀系统的刀具交换机构的类型与动作原理 3. 采用机械手换刀的圆盘式刀库系统的结构和原理 4. 带刀库的自动换刀系统的故障分析方法
技能要点	1. 故障现场的勘察及相关资料的查阅 2. 带刀库的自动换刀系统掉刀故障的综合诊断 3. 故障部位的维修与排除
教学准备	1. 设备：带刀库的自动换刀系统存在掉刀故障的加工中心若干台 2. 资料：与设备对应的数控系统操作说明书，机床生产厂家提供的机械说明书、电气说明书、维修手册，机床使用单位提供的维修记录等 3. 工具：机床维修工具箱等
建议学时	18 学时

任务引入

在企业生产过程中，两台加工中心发生不同情况掉刀故障：

◆ 加工中心 1 在换刀过程中出现掉刀故障，并伴随有主轴上的刀装不到位的现象；

◆ 加工中心 2 在换刀过程中出现的掉刀故障发生在工件加工完成之后。

试从带刀库的自动换刀系统的故障现象、产生原因等方面进行分析，并排除这一故障。

 任务分析

带刀库的自动换刀系统故障是数控机床的常见故障之一。刀库及换刀机械手结构较复杂，且在工作中运动频繁，所以故障率较高，目前有50%以上的机床故障都与此有关。带刀库的自动换刀系统故障，一般涉及机械、电气、控制系统等几方面的控制回路。因此，当出现刀库换刀时掉刀故障现象时，应根据故障现象，分析出引起故障的控制回路类型，进而检测出控制回路的故障点，以排除故障。

要分析和排除带刀库的自动换刀系统故障，首先要知道带刀库的自动换刀系统的特点、刀库的类型、刀具交换方式及选刀方式，了解其具体的结构、原理及工作过程，然后熟悉常见的故障点，掌握故障诊断思路及流程，最后排除故障。

 相关知识

加工中心采用的换刀装置为带刀库的自动换刀系统，它有效实现了“多种工序集中”的功能：零件装夹后便能一次完成钻、镗、铣、锪、攻螺纹等多种工序加工。

带刀库的自动换刀系统由刀库和刀具交换机构组成。使用时，首先把加工过程中需要使用的全部刀具分别安装在标准刀柄上，在机外进行尺寸预调整后，按一定的方式放入刀库中。换刀时先在刀库中选刀，并由刀具交换装置从刀库和主轴上取出刀具，在交换刀具之后，将新刀具装入主轴，把旧刀具放回刀库。

一、刀库的类型与结构

刀库是存储加工所需各种类型刀具的仓库，它是刀具自动交换系统中的重要组成部分，它既可以安装在主轴箱的侧面或上方，也可作为单独的部件安装到机床以外，接受刀具传送装置送来的刀具并将刀具给予刀具传送装置。刀库的容量、布局和具体结构对整个加工中心的总体布局和性能有很大的影响。

根据容量、外形和取刀方式的不同，刀库可以分为圆盘式刀库、斗笠式刀库和链条式刀库，表8—1—1列出了常见的刀库结构实物图。

表8—1—1　　常见的刀库结构实物图

刀库名称	结构形状
圆盘式刀库	

续表

刀库名称	结构形状
斗笠式刀库	
链条式刀库	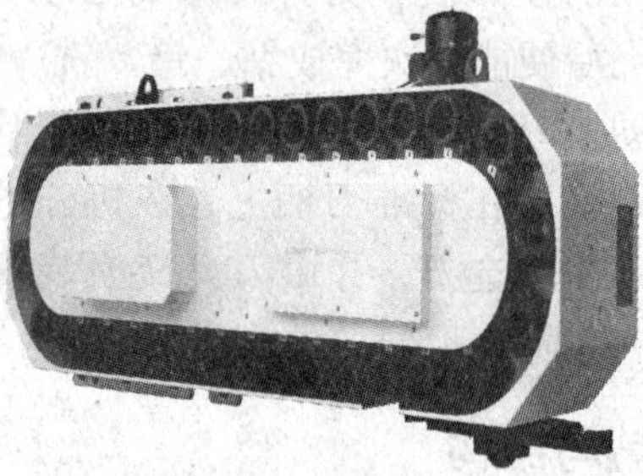
加长链条式刀库	

1. 圆盘式刀库

圆盘式刀库通常应用在小型立式加工中心上，俗称“盘式刀库”。圆盘式刀库的结构简单，刀库的容量通常为 15 ~30 把，需搭配自动换刀机构 ATC（auto tools change）进行刀具交换。为适应机床主轴的布局，刀库的刀具轴线按不同的方向配置。圆盘式刀库因为价格较低、装配调整比较方便，维护简单，因此应用最为广泛。

2. 斗笠式刀库

斗笠式刀库，由于其形状像个大斗笠而得名，刀库的容量通常为 16 ~24 把，具有体积小、安装方便等特点，在立式加工中心中应用较多。

斗笠式刀库在换刀时整个刀库向主轴平行移动。首先，取下主轴上原有的刀具，当主轴上的刀具进入刀库的卡槽时，主轴向上移动脱离刀具；其次，安装新刀具，这时刀库转动，当目标刀具对正主轴正下方时，主轴下移，使刀具进入主轴锥孔内，刀具夹紧后，刀库退回原来的位置，换刀结束。

3．链条式刀库

链条式刀库的结构有较大的灵活性，存放刀具的数量也较多，一般都在 20 把以上。当链条较长时，可以增加支撑链轮的数目，使链条折叠回绕，提高了空间的利用率，可储放 120 把以上的刀具。链条式刀库是通过链条将要换的刀具传到指定位置，由机械手将刀具装到主轴上的。换刀系统采用马达加机械凸轮的结构，结构简单，动作快速、可靠，但价格较高。

二、刀具交换机构的类型与动作原理

刀具交换机构的功能是将机床主轴上的刀具与刀库或刀具传送装置上的刀具进行交换，其动作循环为：拔刀→新旧刀具交换→装刀。目前，加工中心的自动换刀机构有两种常用类型的换刀方式，一是从刀库中直接由主轴交换，二是依靠机械手完成主轴与刀库上刀具的交换。

1．从刀库中直接由主轴交换

在这种换刀方式中，刀库一般安装在工作台上。换刀时，先使工作台与主轴相对运动，将使用过的旧刀具送回刀库，然后再使工作台与主轴相对运动一次，从刀库中取出新刀。

这种换刀方式适用于小型加工中心，刀库较小，刀具较少，换刀动作简单，出现掉刀等故障时容易发现并能及时排除；缺点是换刀时间长，另外刀库设置在工作台上，减少了工作台的有效使用面积。

2．机械手完成主轴与刀库上刀具的交换

在这种换刀方式中，采用机械手刀具交换装置具有换刀时间短、动作灵活可靠等优点，应用最为广泛。

机械手进行一次换刀循环的基本动作为：抓刀（手臂旋转或伸出，同时抓住主轴和刀库里的刀具）→拔刀（主轴松开，机械手同时将主轴和刀库中的刀具拔出）→换刀（手臂转 180°，新、旧刀具交换）→插刀（同时将新刀插入主轴，旧刀插入刀库，然后主轴夹紧刀具）→复位（手臂缩回到原始位置）。图 8—1—1 所示为机械手的换刀过程，图 8—1—2 所示为机械手的结构图。

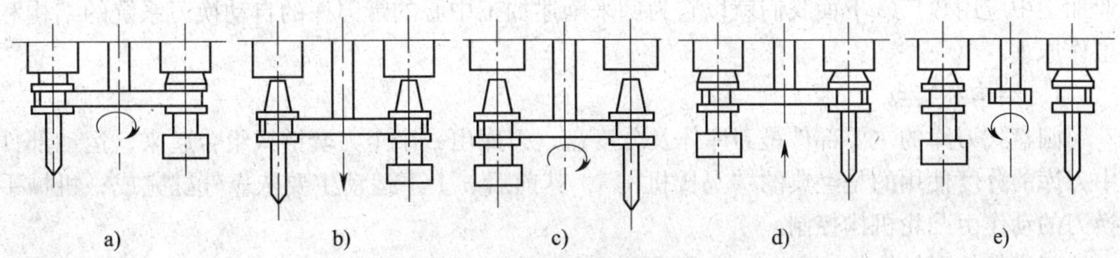

图 8—1—1　机械手的换刀过程

a）抓刀　b）拔刀　c）换位　d）插刀　e）复位

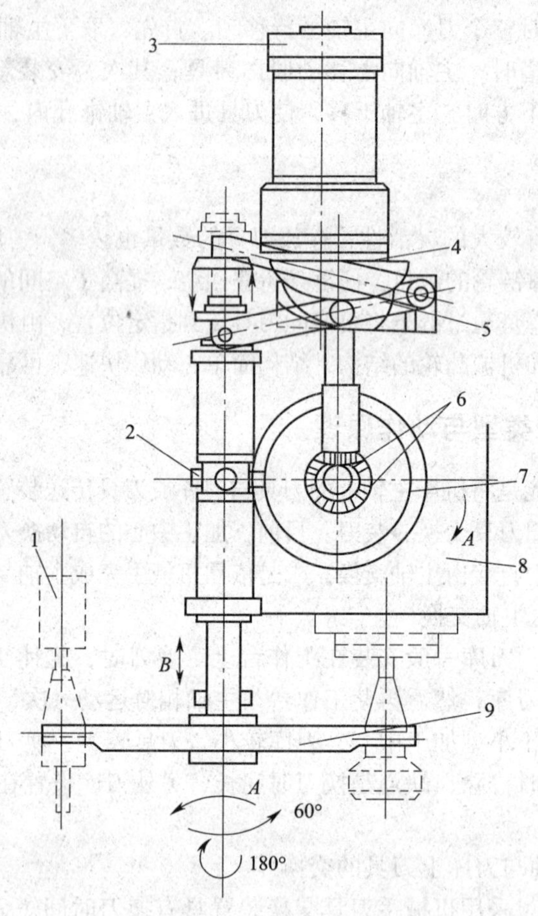

图 8—1—2　机械手的结构

1—刀套　2—十字轴　3—电动机　4—圆柱槽凸轮（手臂上下）　5—杠杆
6—锥齿轮　7—凸轮滚子（手臂旋转）　8—主轴箱　9—换刀手臂

三、采用机械手换刀的圆盘式刀库系统的结构和原理

采用机械手换刀的圆盘式刀库系统因为价格较低、装配调整比较方便，维护简单，在企业加工中应用较广。下面我们就以它为例来阐述加工中心的带刀库的自动换刀系统的结构和工作原理。

1. 结构和特点

圆盘式刀库的主要部件是刀库体及分度盘，刀库由一个个刀套链式组合起来，运动部件中刀库的分度使用的是经典的“马氏机构”，其前后、上下运动主要依靠气缸完成；机械手换刀的动作由凸轮机构控制。

刀库的外形结构如图 8—1—3 所示，刀库的主要结构如图 8—1—4 所示，机械手的主要结构如图 8—1—5 所示。

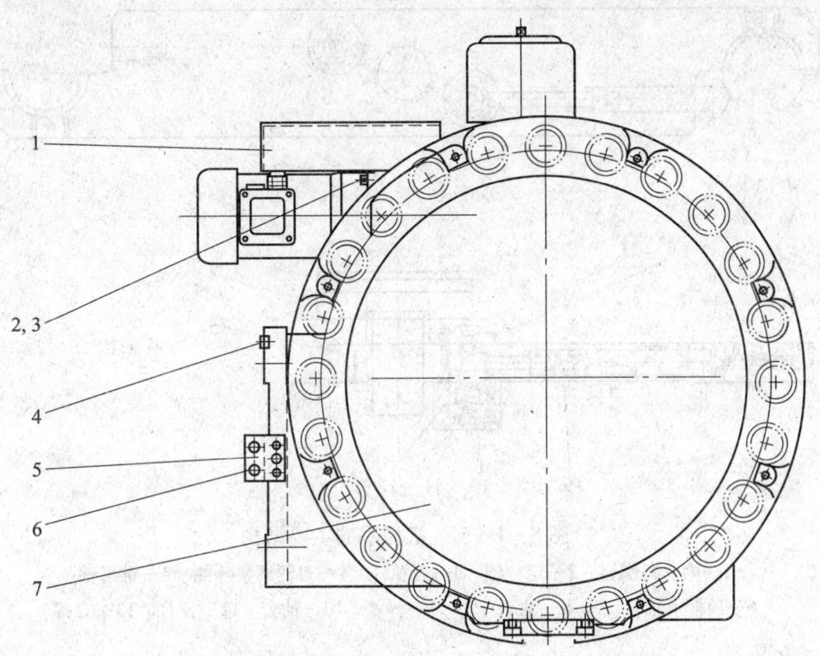

图 8—1—3　刀库的外形结构

1—接线盒　2，6—内六角螺钉　3—弹簧垫圈

4—定位键　5—调整块　7—前罩

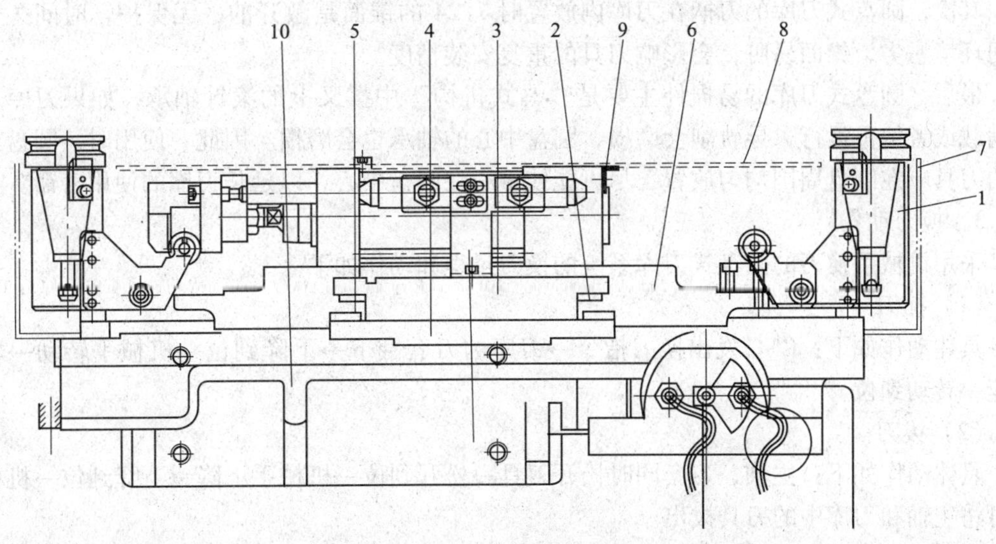

图 8—1—4　刀库的主要结构

1—刀套组　2，5—耐磨片　3—垫盘　4—定位盘　6—刀盘

7—刀库罩　8—前罩　9—前罩固定座　10—刀库本体

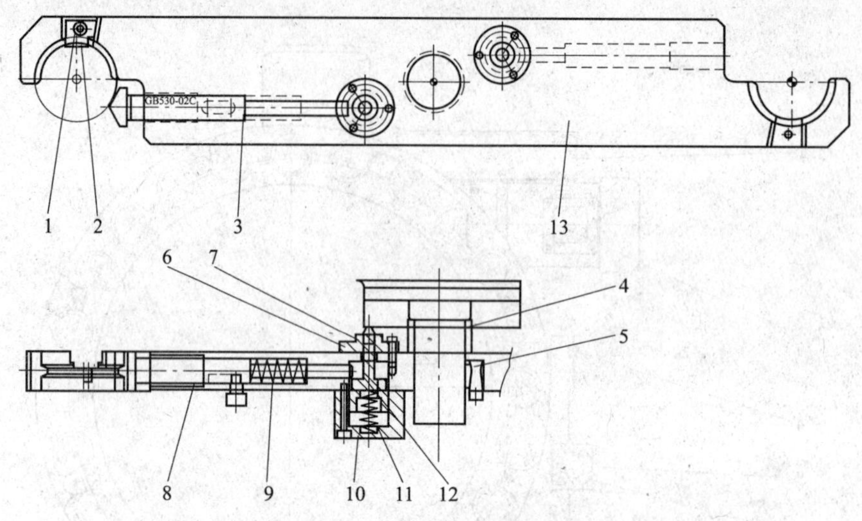

图 8—1—5　机械手的主要结构

1—内六角螺钉　2—定位键　3—刀抓杆　4—刀臂调整隔圈　5—锥形键
6—顶杆上轴套　7，8—轴承　9，11—弹簧　10—轴套　12—顶杆　13—刀臂

2．注意事项

首先，刀号的计数原理为：1 号刀套为基准刀套，一个循环后，前一把刀具就安装到后一把刀具的刀套里。数控系统对刀套号及刀具号的记忆是永久的，关机后再开机刀库不用“回零”即可恢复关机前的状态。

其次，圆盘式刀库的刀柄在刀库内放置时 7∶24 的锥面是敞开的，无保护，时间久了或车间环境恶劣，锥面易脏，会影响刀具的重复安装精度。

最后，圆盘式刀库的易损件主要是“马式机构”中拨叉上的滚针轴承，如果刀库长时间满载或者偏重运行，导轨副会磨损，圆盘中心的轴承也会磨损。因此，使用时，圆盘式刀库的刀具应在圆盘周围均匀放置，尽可能使重心在圆盘中心，以延长刀库的使用寿命。

3．换刀动作

采用机械手换刀的圆盘式刀库系统的换刀过程和动作如下。

（1）抓刀

具体动作如下：CNC 发出换刀指令→刀库的刀套翻下→下降到位→机械手转动→转动减速→转动到位。

（2）拔刀

具体动作如下：主轴、刀套同时松开刀具→松开到位→机械手下降→下降到位→机械手同时将主轴和刀库中的刀具拔出。

（3）换刀

具体动作如下：机械手转动→转动减速→转动到位→新、旧刀具交换。

（4）插刀

具体动作如下：机械手上升→上升到位→机械手将新刀具插入主轴，同时将旧刀具插入刀库→刀套翻上→主轴刀夹紧→夹紧到位。

（5）复位

具体动作如下：机械手旋转→回到原始位置→换刀结束。

4．控制原理

采用机械手换刀的圆盘式刀库系统的控制原理如图 8—1—6 所示。

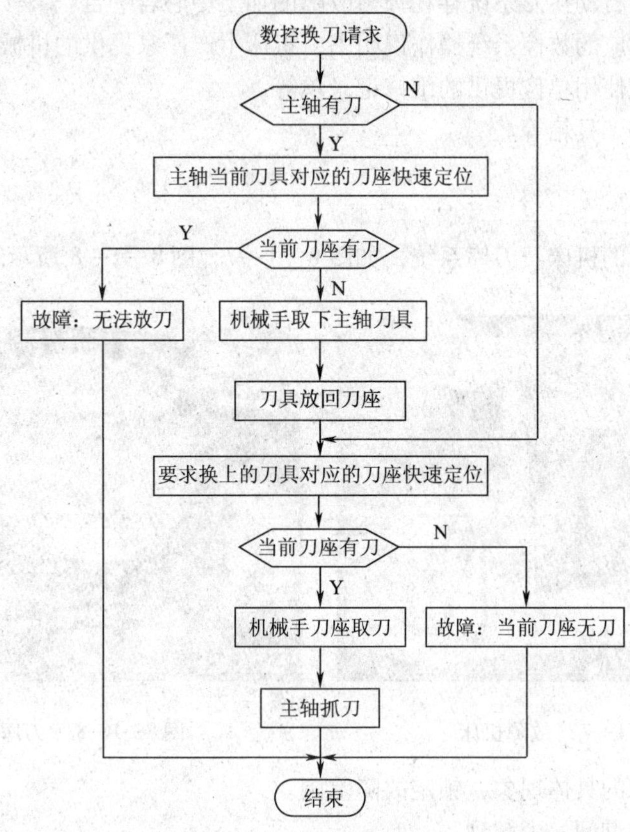

图 8—1—6　机械手换刀的圆盘式刀库系统的控制原理

四、带刀库的自动换刀系统的故障分析方法

1．故障分析点

带刀库的自动换刀系统存在换刀故障时，应检查的项目包括：

（1）检查刀库功能是否正常。

（2）检查换刀机械手功能是否正常。

（3）检查主轴松拉刀机构功能是否正常。

2．故障分析方法

对加工中心的自动换刀故障进行维修时，首先要依据故障现象列出各种可能造成故障的原因，并按主次之分拟定切实可行的排障方案。其次要依据维修部位的工作原理，对这一部位的原理图进行逐步分析，按照先易后难、先简后繁的原则，确定大体故障部位。最后再有步骤地一个故障一个故障地动手维修、排除。

任务实施

一、任务准备

设备：带刀库的自动换刀系统存在掉刀故障的加工中心若干台。

资料：与设备对应的数控系统操作说明书，机床生产厂家提供的机械说明书、电气说明书、维修手册，机床使用单位提供的维修记录单等。

工具：机床维修工具箱等。

二、现场勘察

先查看发生故障的机床及刀库系统，如图8—1—7、图8—1—8所示。

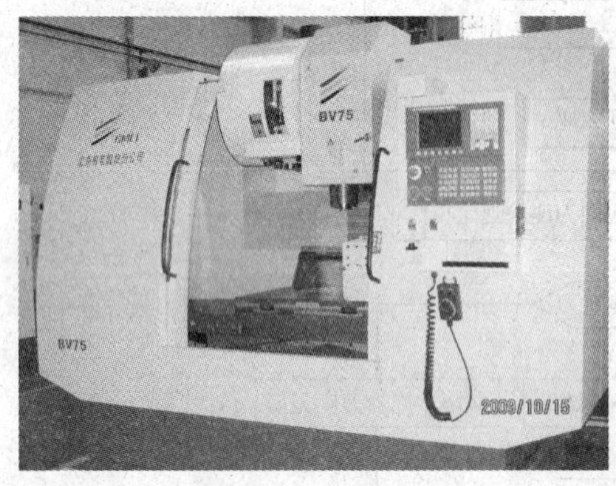

图8—1—7　故障机床

图8—1—8　刀库系统

再观察发生故障的具体现象，锁定故障范围。

经过现场勘察和询问，了解到：

加工中心1在换刀过程中出现掉刀故障，并伴随有主轴上的刀装不到位的现象；

加工中心2在换刀过程中出现的掉刀故障发生在工件加工完成之后。

最后，查阅发生故障机床的机械及电气说明书，了解带刀库的自动换刀系统的机械结构、换刀过程及其控制原理。

三、故障诊断与维修

1．明确该加工中心的换刀过程

CNC换刀指令→刀套下降→下降到位→机械手转动→转动减速→转动到位→主轴刀松开→松开到位→机械手转动→转动减速→转动到位→主轴刀夹紧→夹紧到位→机械手逆转→机械复位，换刀完成

按照换刀顺序的逆过程，逐步分析、排除故障。

2．故障分析与处理

（1）首先，分析掉刀故障是否由机械夹紧装置损坏而引起。

此故障包括两种情况：一是机械手夹持刀具的情况，二是主轴夹持刀具的情况。

◆ 检查机械手夹持刀具的情况。

把机械手停止在垂直极限位置，检查机械手手臂上的两个卡爪及支持卡爪的弹簧、螺母、卡紧锁等附件。若没有发现问题，说明机械手夹持刀具紧固，不会出现掉刀现象。

若卡紧爪弹簧压力过小；卡紧爪弹簧后面的螺母松动；刀具超重；机械手卡紧锁不起作用，都会导致在机械手转动情况下出现掉刀现象，这时需排除相应的故障。

◆ 检查主轴夹持刀具的情况。

拆开主轴，检查主轴内刀具夹紧装置中的碟形弹簧等附件。若没有发现问题，说明主轴夹持刀具紧固，不会出现掉刀现象。

若碟形弹簧等损坏，就会出现刀装不到位，甚至装不上而掉刀的现象。

加工中心 1 的掉刀故障伴随有主轴刀具装不到位的现象，经检查发现有几处碟形弹簧损坏。

（2）其次，分析掉刀故障发生时的加工状态。

观察掉刀现象是出现在工件加工完成之后，还是本工步根本没有加工刀具就落在工作台上。此故障包括两种情况：一是机械手没有把刀装上，二是机械手没有接住松开的刀具。

◆ 机械手没有装上刀的情况。

检查换刀程序，若发现如下情况："主轴刀具夹紧没有到位，甚至在还没有夹紧动作的情况下机械手转动，于是发生掉刀故障"，则依前文换刀动作顺序分析，说明是主轴刀具夹紧到位行程开关及其连接线路存在问题。

◆ 机械手没有接住松开的刀具的情况。

检查换刀程序，若发现如下情况："在机械手没有到位的情况下，主轴上的刀具松开，机械手没有抓住刀，于是发生掉刀故障"，则依前文换刀动作顺序分析，说明是机械手到位磁感应开关及其连接线路存在问题。

本任务的具体诊断维修流程如图 8—1—9 所示。

结论：综上所述，因本案例中加工中心 1 的掉刀故障伴随有主轴刀具装不到位的现象，故诊断为主轴内刀具夹紧装置中的碟形弹簧等附件存在问题。通过检查，发现有几处碟形弹簧损坏，具体的维修步骤为：

1．拆下主轴外面的护罩；

2．拆下主轴上端的气缸；

3．拆下主轴拉刀杆上端的锁紧螺母；

4．取出拉刀杆和碟形弹簧（注意保护好掉落的钢珠）；

5．更换损坏的碟形弹簧；

6．按照上述顺序的逆顺序装配好主轴。

加工中心 2 换刀过程中出现的掉刀故障发生在工件加工完成之后，而并非发生在本工步根本没加工的情况下，同时没有"刀装不到位"的现象伴随发生，因此属于机械手到位磁感应开关及其连接线路的问题。通过更换机械手到位磁感应开关，故障排除。

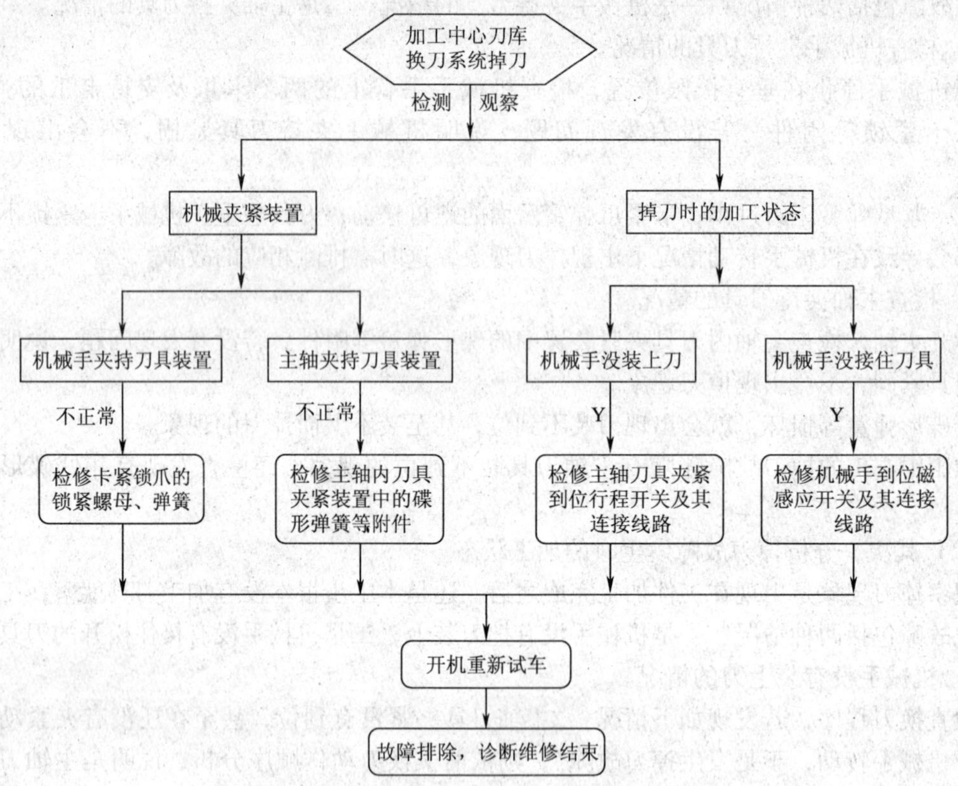

图 8—1—9 加工中心刀库换刀系统掉刀故障诊断维修流程图

四、故障维修记录单填写

故障维修记录单见表 8—1—2。

表 8—1—2 数控机床故障维修记录单

维修时间			维修人员		
设备名称	加工中心		设备型号	BV75	
故障现象					
诊断与维修	诊断系统	是否正常	故障部位	排除方法	维修用零配件
	电气系统				
	机械系统				
	液压系统				
	数控系统				

续表

维修小结	
维修后试车 确认维修结果	

任务评价

任务实施完成后，由教师针对学生的综合表现进行考核、点评，并填写任务评价表（见表8—1—3），形成个人最终成绩。

表8—1—3　　任务评价表

姓名			题目名称	加工中心换刀时掉刀故障诊断与维修		
序号	项目	考核内容及要求	配分	评分标准	扣分内容	评分
1	任务准备	检查工具、资料是否准备齐全	5	工具准备（3分） 资料准备（2分）		
2	故障现象勘察	观察刀库、机械手、主轴状态	5	能明确描述故障现象		
		观察报警信息，查阅相关手册	10	能明确带刀库的自动换刀系统动作的原理		
3	故障诊断	分别从电气、机械回路诊断故障原因	30	正确应用故障的诊断维修流程图（15分） 确定最终方案（15分）		
4	故障处理	对故障部位进行维修	20	工具使用（5分） 思路清晰（10分） 工时控制合理（5分）		
		对维修效果试车进行验证	5	试车（2分） 维修部位恢复（3分）		

续表

序号	项目	考核内容及要求	配分	评分标准	扣分内容	评分
5	安全文明生产	应符合国家安全文明生产的有关规定	5	违反安全文明生产有关规定不得分		
6	实操过程记录	填写清晰、准确	5	填写不准确不得分		
7	问题解答	回答清晰、准确（时间在10 min内满分，其余情况酌情扣分）	15	每位同学回答三题（每题5分）		
实际用时：18学时		规定时间内完成		每超时1 h扣5分，超时4 h此项目考核不得分		
指导教师建议					总得分	

任务拓展

任务拓展一：加工中心刀链运转不到位

故障现象：某加工中心自动换刀时刀链运转不到位。当进行到自动换刀程序时，刀库开始运转，但是所需要换的刀具没有运转到位，刀库就停止运转了，3 min后机床自动报警。

故障诊断：由报警知道发生此故障的原因为换刀时间超出了正常范围，按下列步骤进行检测。

（1）电气系统检查：在MDI方式中，用手动输入刀库顺时针旋转和逆时针旋转动作指令，刀库均不动作。检查电气控制系统，没有发现什么异常；PLC输出指示器上的发光二极管燃亮，表明PLC有输出，刀库顺时针和逆时针传动，电磁阀上逆时针一侧的发光二极管燃亮，表明电磁阀有电，可以排除电气系统故障。

（2）液压系统检查：液压系统的压力正常，各油路均畅通并无堵塞现象；检查各个液压阀的液压器件也没有发现什么问题，估计故障可能出在液压马达上。为此，拆除了防护罩，卸下了液压马达，对能拆卸检查的部位都作了检查，也没有发现什么问题。

（3）机械系统检查：检查刀库的各部位，各个零部件均无明显的损伤痕迹，因此机械损坏故障可排除在外。

（4）最后问题归结为一点，即刀库负载太重，刀具在刀库上的分布情况是，重而长的刀具在刀库上没有均匀分布，而是集中于一段，以至造成刀库的链带局部拉得太紧，变形较大，并且可能有阻滞现象，所以机床的液压马达带不动。

故障维修：把刀库链带的可调部分稍松了一些，一切恢复正常。

任务拓展二：加工中心使用一段时间后经常出现换刀中断

故障现象：某卧式加工中心，开始工作一切良好，但使用一段时间后，经常出现换刀中断故障。该加工中心的刀库设置在床身内，换刀方式属于无机械手换刀，可安装 30 把刀。换刀系统根据加工程序顺序换刀，即先抓 1 号刀，依次顺推到 30 号刀。当机床执行换刀程序取 1 号刀时，主轴只是快速移动到换刀位置，刀库却无法从床身内移动出来，机床的一切动作中止。当把 1 号刀手工装上，跳过 1 号刀的换刀程序后，机床又恢复正常，从 2 号刀至 30 号刀的抓刀动作都能按自动程序进行。不过有时从第 1 号刀开始，整个换刀程序也都能正常执行，没有一定的规律。

故障诊断：根据以上故障现象分析：

（1）由于机床各个方向 X、Y、Z 的进给以及主轴的旋转都正常，可以排除数控系统和速度控制单元的故障。

（2）从刀库由第 2 号刀至 30 号刀换刀动作能正常进行这点来判断，PC 没有损坏。

（3）检查刀号数据表的使用和设定。经检验 PC 的数据设定是正确的。

（4）通过机床故障自诊断发现机床的故障原因是找不到到位刀具，对照该机床就是找不到 1 号刀，以至使机床一切动作停止。在检查时发现 1 号刀已处于换刀位置，从而怀疑是换刀位置上方起检测作用的无触点开关（到位发信号开关）失灵。但检查后发现无触点开关是完好的。

于是又仔细检查了 1 号刀，发现刀柄有点松动，且位置偏低，致使无触点开关无法检测到 1 号刀的存在，机床电气系统可靠的安全功能使机床自锁。通过观察发现，刀柄位置偏低是由于主轴换刀时换刀位置调得太低，主轴对刀架的下压较厉害，使 1 号刀柄的位置和松紧程度发生变化。由于工作状态等多种因素的影响，无触点开关时而能检测到 1 号刀的存在，时而检测不到，导致出现上述故障。

故障维修：对换刀程序中的换刀位置坐标进行了适当的设置，并对 1 号刀柄的位置高度和刀架对其夹紧的松紧程度进行了调整，使 1 号刀柄与检测无触点开关保持适当的位置，排除了上述故障。

 **知识链接**

一、带刀库的自动换刀系统的特点、组成与工作要求

数控机床带有的刀具自动交换装置，能一次集中完成多道工序的加工，实现了中、小批量加工自动化，改善了劳动条件。钻、镗、铣、车等单功能数控机床只能分别完成钻、镗、铣、车等作业，而在机械制造工业中，大部分零件都是需要多种工序加工的。在单功能数控机床的整个加工过程中，真正用于切削的时间只占 30% 左右，其余的大部分时间都花费在安装、调整刀具、搬运、装卸零件和检查加工精度等辅助工作上。为了进一

步提高加工效率，数控机床便向“多种工序集中”方向发展，加工中心的带刀库的自动换刀系统就有效实现了这一功能：零件装夹后能一次完成钻、镗、铣、锪、攻螺纹等多种工序加工。

带刀库的自动换刀系统由刀库和刀具交换机构组成。使用时，首先把加工过程中需要使用的全部刀具分别安装在标准刀柄上，在机外进行尺寸预调整后，按一定的方式放入刀库中。换刀时先在刀库中进行选刀，并由刀具交换机构从刀库和主轴上取出刀具，在交换刀具之后，将新刀具装入主轴，把旧刀具放回刀库。

带刀库的自动换刀系统满足了以下几方面的要求：换刀时间短；刀具重复定位精度高；识刀、选刀可靠，换刀动作简单；刀库容量合理，占地面积小，并能与主机配合，使机床外观完整；刀具装卸、调整、维护方便。

二、刀库的选刀方式

按数控装置的刀具选择指令，从刀库中将所需要的刀具转换到取刀位置，称为自动选刀。在刀库中选择刀具通常采用两种方法：顺序选择刀具和任意选择刀具。

1．顺序选择刀具

顺序选择刀具是将在加工中心上加工某一零件所需的全部刀具按预定工序的先后顺序插入刀库的刀座中，使用时刀库按顺序转到取刀位置。用过的刀具放回原来的刀座内，也可以按加工顺序放入下一个刀座内。

该方法不需要刀具识别装置，刀库结构及其驱动装置都较简单，每次换刀时控制刀库转位一次即可，工作可靠。但刀库中每一把刀具在不同的工序中不能重复使用，为了满足加工需要，只有增加刀具的数量和刀库的容量，这就降低了刀具和刀库的利用率。此外，装刀时必须十分谨慎，如果刀具不按顺序装在刀库中，将会产生严重的后果。

2．任意选择刀具

任意选择刀具，是将加工某一项零件所需的全部刀具（或刀座）都预先编上代码，存放在刀库中，加工时根据程序指令的要求任意选择所需要的刀具。

在这种方法中，刀具在刀库中不必按照工件的加工顺序排列，可以任意存放。每把刀具（或刀座）都编上代码，自动换刀时，刀库旋转，每把刀具（或刀座）都经过“刀具识别装置”接受识别。当某把刀具的代码与数控指令的代码相符时，该把刀具被选中，刀库将刀具送到换刀位置，等待机械手来抓取。每把刀具都可被多次重复使用，因此，刀具数量比顺序选择法的刀具数量可少一些，刀库也相应地小一些。

任意选择法有多种方式，常用的主要有三种编码方式：

◆ 刀具编码方式

这种方式是在每一把刀具的尾部都用编码环对刀具进行编码，由于每把刀具都有自己的代码，因此，可以存放于刀库的任一刀座中。这样刀库中的刀具在不同的工序中也就可重复使用，用过的刀具也不一定放回原刀座中，避免了因刀具存放在刀库中的顺序差错而造成的事故。采用这种编码方式可简化换刀动作和控制线路，缩短换刀时间。这种编码现已获得广泛应用。

◆ 刀座编码方式

这种编码方式是对每个刀座都进行编码，刀具也编号，并将刀具放到与其号码相符的刀座中。换刀时刀库旋转，使各个刀座依次经过识刀器，直至找到规定的刀座，刀库便停止旋转。由于这种编码方式取消了刀柄中的编码环，使刀柄结构大为简化。因此，识刀器的结构不受刀柄尺寸的限制，而且可以放在较适当的位置。与顺序选择刀具的方式相比，刀座编码的突出优点是刀具在加工过程中可重复使用；缺点是刀具必须对号入座，换刀时间长。图8—1—10 所示为刀库模拟图及刀号对照数据表。

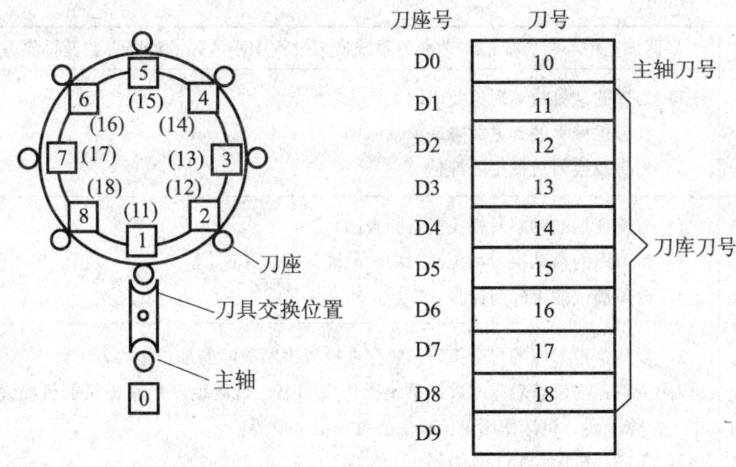

图 8—1—10　刀库模拟图及刀号对照数据表

◆ 编码附件方式

编码附件方式可分为编码钥匙、编码卡片、编码杆和编码盘等多种方式，其中应用最多的是编码钥匙。这种方式是先给各刀具都缚上一把表示该刀具号的编码钥匙（见图 8—1—11），当把各刀具存放到刀库的刀座中时，便同时将编码钥匙插进刀座旁边的钥匙孔中。这样就把钥匙的号码转记到刀座上，给刀座编上了号码。识别装置可以通过识别钥匙上的号码来选取该钥匙旁边刀座中的刀具。这种编码方式的优点是在更换加工零件时只需将钥匙从刀座中取出，刀座上的代码便自行消失，灵活性大，对于刀具管理和编程都十分有利，不易发生人为差错；缺点是刀具必须对号入座。

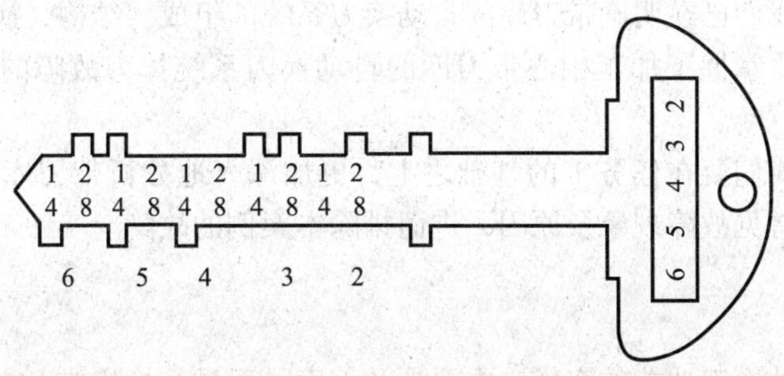

图 8—1—11　编码钥匙

任务2　加工中心换刀过程中断

教学导航

教学目标	掌握加工中心带刀库的自动换刀系统换刀过程中断故障的诊断思路及排除方法
知识要点	1. 刀库的常见故障现象及原因 2. 换刀机械手的常见故障现象及原因 3. 刀库及换刀机械手的维护
技能要点	1. 故障现场的勘察及相关资料的查阅 2. 带刀库的自动换刀系统换刀中断故障的综合诊断 3. 故障部位的维修与排除
教学准备	1. 设备：带刀库的自动换刀系统存在换刀中断故障的加工中心若干台 2. 资料：与设备对应的数控系统操作说明书，机床生产厂家提供的机械说明书、电气说明书、维修手册，机床使用单位提供的维修记录单等 3. 工具：机床维修工具箱等
建议学时	0.4 周（12 学时）

任务引入

在企业生产过程中，某台加工中心在换刀过程中动作中断，报警显示内容：机械手伸出故障。试对带刀库的自动换刀系统换刀过程中断故障现象产生的原因进行分析，并排除这一故障。

任务分析

在任务 1 中，我们已在明确带刀库的自动换刀系统的组成、结构、换刀工作过程、换刀控制原理的基础上，掌握了加工中心带刀库的自动换刀系统掉刀故障的诊断思路及排除方法。

在任务 2 中，我们要在任务 1 的基础之上，更加深入地分析带刀库的自动换刀系统刀库、换刀机械手的常见故障现象及原因，进而排除本案例的故障。

相关知识

加工中心的自动换刀功能的实现，主要涉及刀库、刀具交换机构、主轴松拉刀机构这三部分机构的功能。下面根据企业维修经验，从刀库、换刀机械手两个方面来说明带刀库的自动换刀系统的常见故障（主轴松拉刀机构的常见故障见模块二）。

一、刀库的常见故障现象及原因

1. 刀库的常见故障现象

现象一：刀库不能转动。

现象二：刀库转不到位。

现象三：刀套不能夹紧刀具。

现象四：刀套上下不到位。

2. 故障原因分析

(1) 刀库不能转动的原因可能有：

1) 连接电动机轴与蜗杆轴的联轴器松动。

2) 变频器故障，应检查变频器的输入、输出电压是否正常。

3) PLC 无控制输出，可能是接口板中的继电器失效。

4) 机械连接过紧。

5) 电网电压过低。

(2) 刀库转不到位的原因可能有：

1) 电动机转动故障。

2) 传动机构误差。

(3) 刀套不能夹紧刀具的原因可能有：

1) 刀套上的调整螺钉松动，或弹簧太松，造成卡紧力不足。

2) 刀具超重。

(4) 刀套上下不到位的原因可能有：

1) 装置调整不当或加工误差过大而造成拨叉位置不正确。

2) 限位开关安装不正确或调整不当而造成反馈信号错误。

二、换刀机械手的常见故障现象及原因

1. 换刀机械手的常见故障现象

现象一：刀具夹不紧掉刀。

现象二：刀具夹紧后松不开。

现象三：刀具交换时掉刀。

2. 故障原因分析

(1) 刀具夹不紧掉刀的原因可能有：

1) 卡紧爪弹簧压力过小。

2) 卡紧爪弹簧后面的螺母松动。

3) 刀具超重。

4) 机械手卡紧锁不起作用。

(2) 刀具夹紧后松不开的原因可能有：松锁的弹簧压合过紧，卡爪缩不回。

解决方法：应调松螺母，使最大载荷不超过额定数值。

(3) 刀具交换时掉刀的原因可能有：

1）换刀时主轴箱没有回到换刀点。

2）换刀点漂移。

3）机械手抓刀时没有到位。

解决方法：重新移动主轴箱，使其回到换刀点位置，重新设定换刀点。

三、刀库及换刀机械手的维护

刀库及换刀机械手结构较复杂，且在工作中频繁运动，所以故障率较高，目前机床上有50%以上的故障都与此有关。如刀库运动故障、定位误差过大、机械手夹持刀柄不稳定、机械手动作误差过大等。这些故障最后都会造成换刀动作卡位，整机停止工作。因此，掌握刀库及换刀机械手的维护工作，对于机床维修人员来说是十分重要的。

1. 严禁把超重、超长的刀具装入刀库，防止在机械手换刀时掉刀或刀具与工件、夹具等发生碰撞。

2. 顺序选刀方式必须注意刀具放置在刀库中的顺序要正确，其他选刀方式也要注意所换刀具是否与所需刀具一致，防止换错刀具导致事故发生。

3. 用手动方式往刀库上装刀时，要确保装到位、装牢靠，并检查刀座上的锁紧装置是否可靠。

4. 经常检查刀库的回零位置是否正确，检查机床主轴回换刀点位置是否到位，发现问题要及时调整，否则不能完成换刀动作。

5. 要注意保持刀具刀柄和刀套的清洁。

6. 开机时，应先使刀库和机械手空运行，检查各部分工作是否正常，特别是行程开关和电磁阀能否正常动作。检查机械手液压系统的压力是否正常，刀具在机械手上锁紧是否可靠，发现不正常时应及时处理。

任务实施

一、任务准备

设备：带刀库的自动换刀系统存在换刀中断故障的加工中心若干台。

资料：与设备对应的数控系统操作说明书，机床生产厂家提供的机械说明书、电气说明书、维修手册，机床使用单位提供的维修记录单等。

工具：机床维修工具箱等。

二、故障勘察

先检查发生故障的机床刀库系统，如图8—2—1所示。

再观察发生故障的具体现象，锁定故障范围。

企业的加工中心在换刀过程中动作中断，发出报警，显示内容为：机械手伸出故障。经过现场勘察和询问，了解到该加工中心自动换刀系统的换刀方式为机械手换刀。根据报警内容，机床是因为无法执行“从主轴和刀库中拔出刀具”指令，而使换刀过程中断并报警。

图 8—2—1　故障设备

最后，查阅发生故障机床的机械及电气说明书，了解带刀库的自动换刀系统的机械结构、换刀过程、控制原理，掌握其常见故障及其原因。

三、故障诊断

机械手未能伸出完成从主轴和刀库中拔刀的动作，产生故障的原因可能有：

1.“松刀”感应开关失灵

在换刀过程中，各动作的完成信号均由感应开关发出，只有上一动作完成后才能进行下一动作。上一步为“主轴松刀”，如果感应开关未发信号，则机械手“拔刀”动作就不会完成。检查两感应开关，信号正常。

2.“松刀”电磁阀失灵

主轴的“松刀”是由电磁阀接通液压缸来完成的，如电磁阀失灵，则液压缸未进油，刀具就“松”不了。检查主轴的“松刀”电磁阀动作均正常。

3.“松刀”液压缸因液压系统压力不够或漏油而不动作，或行程不到位

检查刀库松刀液压缸，动作正常，行程到位；打开主轴箱后罩，检查主轴松刀液压缸，发现也已到达松刀位置，油压也正常，液压缸无漏油现象。

4. 机械手系统有问题，建立不起“拔刀”条件

其原因可能是电动机控制电路有问题。检查电动机控制电路，正常。

5. 主轴拉刀系统有问题

刀具是靠碟形弹簧通过拉杆和弹簧卡头而将刀具柄尾端的拉钉拉紧的。松刀时，液压缸的活塞杆顶压顶杆，顶杆通过空心螺钉推动拉杆，一方面使弹簧卡头松开刀具的拉钉；另一方面又顶动拉钉，使刀具移动而在主轴锥孔中变“松”。

主轴系统不松刀的原因估计有以下几点：

（1）刀具尾部拉钉的长度不够，致使液压缸虽已运动到位，而仍未将刀具顶“松”。

（2）拉杆尾部空心螺钉位置发生了变化，使液压缸行程满足不了“松刀”的要求。

（3）顶杆有问题，已变形或磨损。

（4）弹簧卡头故障，不能张开。

（5）主轴装配调整时，刀具移动量调得太小，致使在使用过程中一些综合因素导致不能满足“松刀”条件。

结论：拆下“松刀”液压缸，检查发现此加工中心在制造装配时空心螺钉的“伸出量”调整得太小，故“松刀”液压缸行程到位，而刀具在主轴锥孔中“压出”不够，刀具无法取出，因此在换刀过程中动作中断，并发出报警“机械手伸出故障”。

本案例的具体诊断维修流程如图 8—2—2 所示。

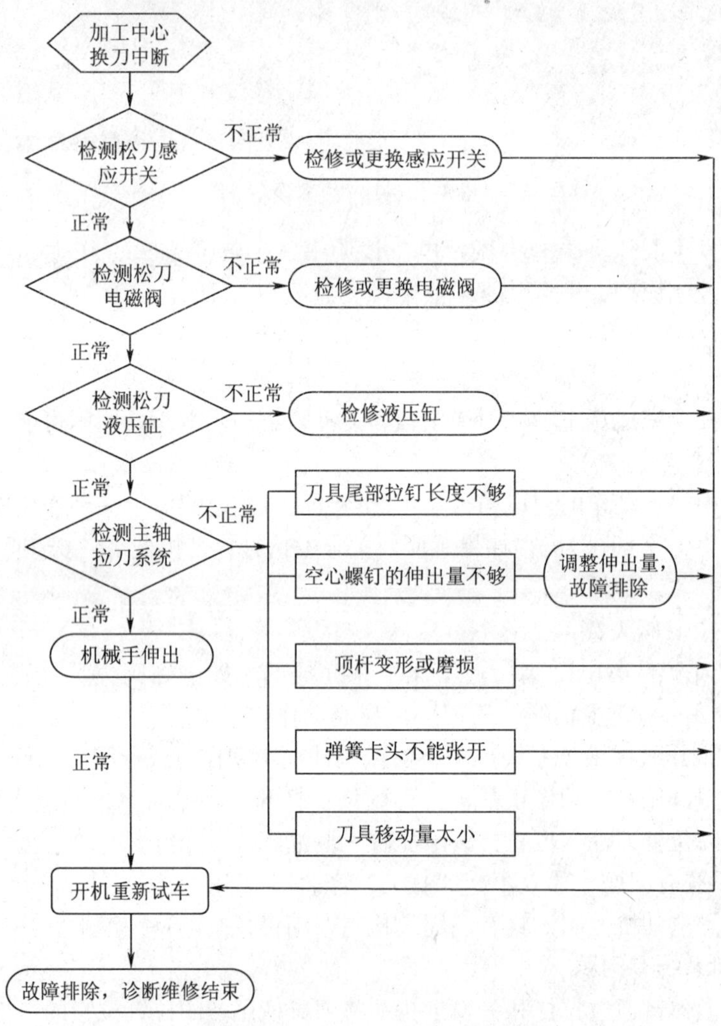

图 8—2—2　加工中心换刀中断故障诊断维修流程图

四、故障维修

通过分析，本案例中加工中心的机械手故障是由于加工中心在制造装配时空心螺钉的“伸出量”调整得太小而引起的，具体的维修步骤为：

第一步，悬挂“维修中，请勿靠近”警示牌。

第二步，拆下主轴外面的护罩。

第三步，拆下主轴上端的液压缸。

第四步，拆下主轴拉刀杆上端的锁紧螺母。

第五步，取出拉刀杆和空心螺钉。

第六步，调整空心螺钉的“伸出量”，保证在主轴“松刀”液压缸行程到位后，刀柄在主轴锥孔中的压出量为0.4～0.5 mm。更换损坏的碟形弹簧。

第七步，按照上述顺序的逆顺序装配好主轴。

通电重新试车，故障消失，问题解决。

五、故障维修记录单填写

故障维修记录单见表8—2—1。

表8—2—1　　数控机床故障维修记录单

维修时间			维修人员		
设备名称	加工中心		设备型号		
故障现象					
诊断与维修	诊断系统	是否正常	故障部位	排除方法	维修用零配件
	电气系统				
	机械系统				
	液压系统				
	数控系统				
维修小结					
维修后试车 确认维修结果					

 任务评价

任务实施完成后，由教师针对学生的综合表现进行考核、点评，并填写任务评价表（见表 8—2—2），形成个人最终成绩。

表 8—2—2 **任务评价表**

姓名			题目名称	加工中心换刀过程中断故障的诊断与维修		
序号	项目	考核内容及要求	配分	评分标准	扣分内容	评分
1	任务准备	检查工具、资料是否准备齐全	5	工具准备（3 分） 资料准备（2 分）		
2	故障现象勘察	观察刀库、机械手、主轴状态	5	能明确描述故障现象		
		观察报警信息，查阅相关手册及资料	10	能明确带刀库的自动换刀系统动作的原理		
3	故障诊断	分别从电气、数控、机械回路诊断故障原因	30	正确应用故障的诊断维修流程图（15 分） 确定最终方案（15 分）		
4	故障处理	对故障部位进行维修	20	工具使用（5 分） 思路清晰（10 分） 工时控制合理（5 分）		
		对维修效果试车进行验证	5	试车（2 分） 维修部位恢复（3 分）		
5	安全文明生产	应符合国家安全文明生产的有关规定	5	违反安全文明生产有关规定不得分		
6	实操过程记录	填写清晰、准确	5	填写不准确不得分		
7	问题解答	回答清晰、准确（时间在 10 min内满分，其余情况酌情扣分）	15	每位同学回答三题（每题 5 分）		
实际用时：12 学时		规定时间内完成	每超时 1 h 扣 5 分，超时 4 h 此项目考核不得分			
指导教师建议					总得分	

任务拓展

任务拓展一：加工中心未按照正常路径走刀

故障现象：某立式加工中心，数控系统为 FANUC 0i，带一刀套编码选刀方式的自动刀库。机床加工执行 G58（设置工件坐标系零点命令）时，出现报警“OVERTRAVL - Y”，即启动循环加工后，未换刀便执行起刀程序，未按照正常路径走刀，*Y* 轴负向已经硬限位。

故障诊断：按以下步骤进行故障诊断。

（1）查看系统参数软限位参数是正确的，说明软限位未改变；有关行程的参数也无异常，因此排除了系统参数故障的可能性。

（2）怀疑机床数据机处理中断或时序控制错误等，按下“急停”按钮，关断机床电源，重新启动机床运行有问题的程序，情况依旧。

（3）有乱走刀、不换刀现象，怀疑位置环有问题。变换工件坐标系零点，执行另一段与故障段基本相同的加工程序，发现机床加工一切正常，因此，位置环损坏、机床参数发生改变或丢失的可能性排除。

（4）进一步比较两个工件坐标系零点坐标值，发现 *X*、*Y*、*A* 坐标值完全相同，唯有 *Z* 坐标值不同。由此怀疑是 G58 命令有问题。决定将该程序段中的 G58 改成 G54（设置工件坐标系零点命令），在 G54 上设定 G58 的坐标值，再执行修改的程序，机床运行正常。

（5）由此判定，可能是 G58 确认的坐标值没有被系统认可（即 NC 给机床“MT”的执行数据不同于设置的数据），而是记忆成为另外的数据。于是，将 G58 的 *X*、*Y*、*Z* 和 *A* 的坐标值重新设置为“0”，按“REST”输入原来的坐标值，机床恢复正常。

故障维修：该故障是由于输入数据不规范，使操作面板给 NC 的数据发生了错误而引起的。采取消除数据、重新输入的方法，故障得以排除。

任务拓展二：加工中心不执行换刀语句

故障现象：某卧式加工中心，数控系统为 FANUC 0i - MA，配有随机选刀方式的链式自动刀库（32 把）和机械手。在自动加工方式下，每当执行换刀语句（M06）时，突然跳到下面的插补语句，未换刀而直接以原来的刀具加工。同时，后面刀库中的刀具仍然在预选过程中，无任何报警信息。

故障诊断：根据以上故障现象，进行如下分析。

（1）首先怀疑 NC 加工语句的正确性，仔细检查没有发现任何问题。

（2）在通常情况下，不能换刀或者不能执行换刀语句的问题是很常见的，此例中，后面的自动刀库中的刀具仍然在预选过程中，而且已经在利用原来的刀具加工。为了确保人身和设备的安全，必须及时停机。为了进一步查找原因，在 MDI 方式下单独执行换刀语句，刀具能够交换，由此确定不是执行机构本身的问题。

（3）怀疑是系统操作不规范、电源电压波动大或其他外界干扰因素导致系统偶然出现紊乱。重新启动运行，故障依旧。

（4）在 MDI 方式下，执行换刀和插补语句，故障现象与自动方式下完全一样。决定进一步查看 PMCPRM 参数画面中的定时器（TIMER）、计数器（COUNTER）、数据表（DATA）、保持继电器（KEEP－RL），厂家没有提供完整的标准参数和具体对照含义，本工段有一完全相同的该型加工中心，将两设备设置到相同的模式下，以正常的参数作为参考标准一一排除，发现故障设备 KEEPRL 中 K03#1 =1，而正常设备 K03#1 =0。该类参数通常用于定义或支持某个功能的实现。系统中设置的各个参数在不规范操作、车间电源电压不稳和加工环境恶劣等的影响下很容易发生改变，甚至丢失。本例中故障原因就是参数发生了改变。

故障维修：在确保及时停机的情况下，修改该参数值为“0”，试运行，机床恢复正常。

 知识链接

转塔主轴头换刀装置

安装于加工中心的自动换刀装置，除了有上述常见的带刀库的自动换刀系统外，还有转塔主轴头换刀装置。

在带有旋转刀具的加工中心，转塔主轴头换刀是一种简单的换刀方式。主轴头通常有卧式和立式两种，而且常用转塔的转位来更换主轴头从而实现自动换刀。在转塔的各个主轴头上，预先安装有各工序所需的旋转刀具。当发出换刀指令时，各主轴头依次转到加工位置，并接通主轴运动，使相应的主轴带动刀具旋转，而其他处于不加工位置上的主轴都与主运动脱开。

1. 转塔主轴头换刀装置的结构和工作原理

转塔主轴头换刀装置的实物图，如图 8—2—3 所示。

图 8—2—3　转塔主轴头换刀装置

图 8—2—4 所示为卧式八轴转塔头结构图。转塔头上径向分布着八根结构完全相同的主轴 7，主轴的回转运动由齿轮 12 输入。当数控装置发出换刀指令时，先通过液压拨叉将移动齿轮 3 与齿轮 12 脱离啮合，同时在中心液压缸 14 的上腔通压力油。由于活塞杆和活塞 15 固定在底座上，因此中心液压缸 14 带着由两个推力球轴承 16、17 支撑的转塔刀架体 18 抬起，离合器 2 和离合器 1 脱离啮合。然后压力油进入转位液压缸，推动活塞齿条，再经过中

间齿轮使大齿轮4与转塔刀架体18一起回转45°，将下一工序的主轴转到工作位置。转位结束后，压力油进入中心液压缸14的下腔，使转塔头下降，离合器2和离合器1重新啮合，实现了精确的定位。在压力油的作用下，转塔头被压紧，转位液压缸退回原位。最后，通过液压拨叉移动齿轮3，使它与新换上的主轴齿轮12相啮合。

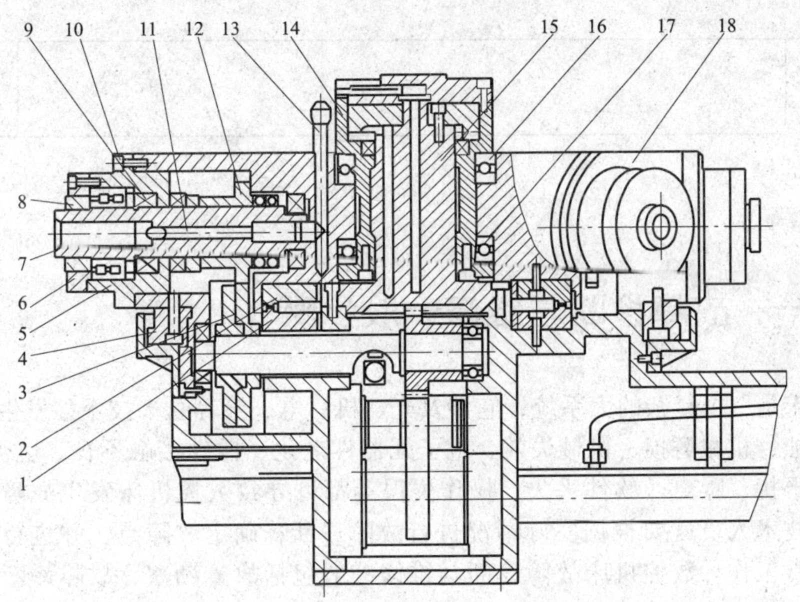

图8—2—4　卧式八轴转塔头结构图

1，2—离合器　3，4，12—齿轮　5—套筒　6—端盖　7—主轴
8—螺母　9，16，17—轴承　10—螺钉　11—推动杆　13—操纵杆
14—中心液压缸　15—活塞　18—转塔刀架体

为了改善主轴结构的装配工艺性，整个主轴部件装在套筒5内，只要卸去螺钉10，就可以将整个部件抽出。主轴前轴承9采用锥孔双列圆柱滚子轴承，调整时，先卸下端盖6，然后拧紧螺母8，使内环作轴向移动，以便消除轴承的径向间隙。

为了便于卸出主轴锥孔内的刀具，每根主轴都有操纵杆13，只要按压操纵杆，就能通过斜面推动杆11，顶出刀具。

2. 转塔主轴头换刀装置的特点

转塔主轴头换刀方式的主要优点在于省去了自动松夹、卸刀、装刀、夹紧以及刀具搬运等一系列复杂的操作，缩短了换刀时间，提高了换刀的可靠性。但由于上述结构上的原因，转塔主轴头的刚度较差且主轴的数目不能太多，通常只是用于工序较少、精度要求不太高的机床。

附 录

附录一：故障诊断与维修一般步骤

数控机床是一个复杂的大系统，它涉及光、机、电、液等众多技术，发生故障是难免的。机械锈蚀、机械磨损、机械失效、电子元器件老化、插件接触不良、电流电压波动、温度变化、干扰、噪声、软件丢失、操作失误等都可导致数控机床发生故障。一旦出现故障，维修技术人员就要根据实际情况进行故障诊断，确定故障点，并进行维修，保证数控机床正常工作。数控机床故障诊断与维修一般包括故障勘察、故障诊断和故障维修三个步骤。

一、故障勘察

当数控机床发生故障时，为了进行故障诊断，找出产生故障的根本原因，维修人员应注意：不要急于动手盲目处理，应遵循先静后动的原则，充分进行故障勘察，这是维修人员取得维修第一手材料的一个重要手段。

故障勘察是指维修人员深入故障现场，通过询问、观察、测试，或查看故障记录单、机床说明书等，了解发生过什么现象，曾采取过什么措施等故障信息，充分掌握维修所需的第一手材料。为此要对现场作细致的勘察，从系统外观到系统内部，从机床主体到各印制电路板等均应细心查看是否有异常之处。在确认系统通电无危险的情况下方可通电，观察系统有何异常，CRT 显示的内容等。

1．现场询问

在现场勘察之前，一定要首先询问操作人员故障发生时的相关问题，了解相关信息，并作好记录。一般需询问的问题包括下列几方面。

（1）机床在什么运行情况下出现的故障：

- 是在什么时间发生的故障？
- 发生故障时周围的环境温度是多少？
- 是在什么操作方式下产生的故障？
- 是否一开机就发生了故障。
- 是否机床在正常运行时突然出现了故障。

◆ 是否电源网络瞬间断电后产生的故障。
◆ 是否因为其他大容量设备启动造成了故障。
◆ 是否由于外部机械碰撞后产生的故障。
◆ 是否第一次发生此类故障，故障频率是多少？

（2）故障产生时有什么外观现象：

◆ 是否有报警信息。
◆ 是否有撞击声音。
◆ 是否有电弧闪光现象。
◆ 是否有特殊气味。
◆ 是否有发热现象。
◆ 是否有振动现象。

（3）故障产生后采取了什么措施：

◆ 是否按过“急停”按钮。
◆ 是否按过“复位”按钮。
◆ 是否移动过运动部件。
◆ 是否断开了机床总电源。
◆ 是否重启试运转过？
◆ 是否已经初步修理过。

2. 现场勘察

（1）机床本体勘察：

◆ 确认故障机床的型号、所采用的系统以及使用年限等。
◆ 若有报警信息，确认报警号、报警提示和指示灯状态。
◆ 若没有报警信息，确认系统工作状态、工作方式和诊断结果。
◆ 若在加工过程中，确认故障发生的程序段、执行的指令和正在进行的操作。
◆ 若在运行过程中，确认故障发生时的速度、轴的位置和实际值与指令值的误差量。
◆ 确认系统的运行参数是否与说明书一致。
◆ 确认机床有无被撞击的痕迹。
◆ 确认机床有无味道或发热。
◆ 确认操作面板上的按钮及开关状态是否正常。
◆ 确认液压油液位是否满足工作要求。
◆ 确认冷却装置是否正常工作。
◆ 确认润滑系统是否情况良好。
◆ 确认故障前后的异常变化等。

（2）机床外围勘察：

◆ 机床加工的工件是否合格。
◆ 机床供电电网电压是否稳定。
◆ 机床周围有无干扰。
◆ 机床现场环境温度是否适宜。

◆ 机床是否有维修记录等。

二、故障诊断

故障诊断是指维修人员在故障勘察的基础上，借助机床说明书，从故障现象出发，根据故障机理，罗列出多种可能产生该故障的原因，然后通过交换、隔离等方法对这些原因逐点进行分析，排除不正确的原因，逐步分离出故障的部件或模块，最后确定故障点。在进行故障诊断时，维修人员应注意：

（1）认真分析故障的原因。数控系统虽有各种报警指示灯或自诊断程序，但不可能诊断出发生故障的确切部位。而且同一故障、同一报警可以有多种起因，在分析故障的起因时，一定要开阔思路，尽可能考虑各种因素。

（2）分析故障时，维修人员也不应局限于 CNC 部分，而是要对机床电气、机械、液压、气动等方面都作详细的检查，并进行综合判断，达到确诊和最终排除故障的目的。

一般情况下，数控机床故障部位判别框图如附录图 1 所示。

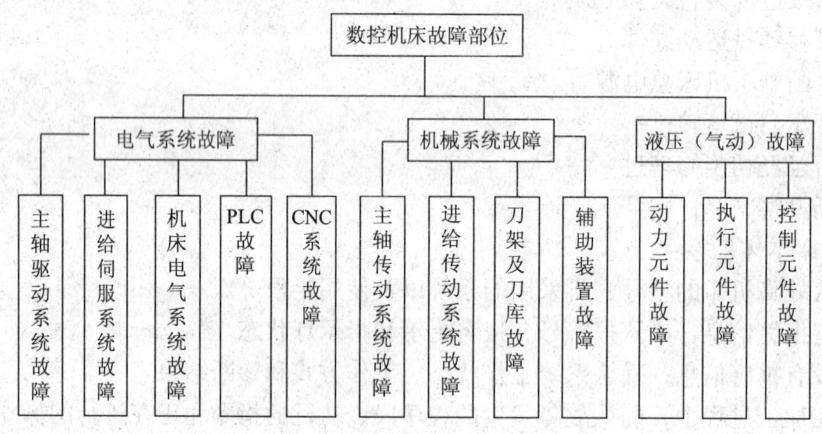

附录图 1　数控机床故障部位判别框图

1．罗列故障因素

故障发生后，通过故障勘察，将故障的表现特点、数控系统提示的报警信息、硬件模块的指示灯状态及报警代码等各方面提供的信息，以及从各种说明书、参考资料和有关软件查阅到的信息汇总起来，进行综合分析，罗列出各种可能引起故障的诸多因素。大家知道，数控机床产生同一故障现象的原因可能是多种多样的，例如：

（1）有 CNC 系统的原因；

（2）有机械系统的原因；

（3）有液压系统的原因；

（4）有电气系统的原因；

（5）有伺服系统方面的原因等。

做到这一步就已经基本掌握了故障的全面信息，接下来的整体方向是要确定是电气、机械故障，还是液压方面的故障，在大的方面的原因确定下来以后，还要进一步缩小故障范围，最后确定故障点，并将这些故障点按照引起故障概率的大小顺序依次排列。

2. 设计诊断流程图

数控机床的故障诊断过程需要抓住一个主线，通过主干、支干、分支逐级分析来寻找故障产生的原因，提出解决问题的办法。将故障诊断过程用流程的形式画出来就是流程图，数控机床常见故障综合诊断维修流程图如附录图 2 所示。

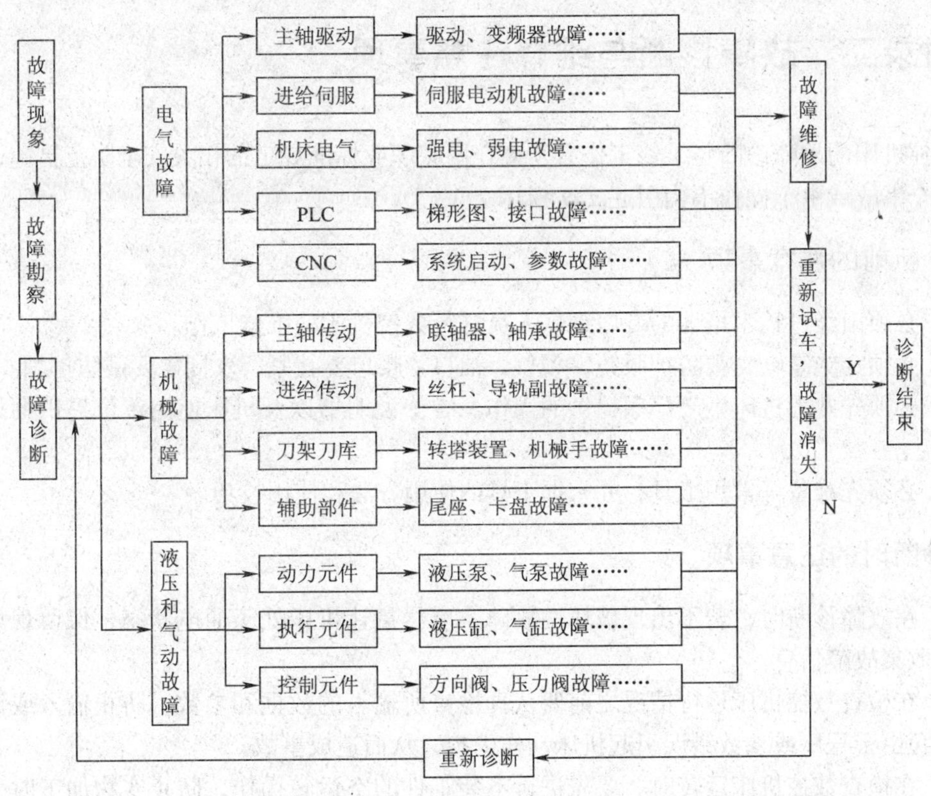

附录图 2　数控机床常见故障综合诊断维修流程图

三、故障维修

故障维修就是按照故障诊断流程图，将故障定位到产生故障的模块或元器件，及时排除故障或更换元件，直至故障消失。这里注意，如果故障部位已找到，但手头却无可更换的备件，可用移值借用的办法解决。例如，某一组件坏了（如与非门或触发器等），但损坏的往往只是组件中的某一路，其他部分还是好的，而在印制电路板的设计中，又往往只是用到了组件中的一部分，没有全部用到，此时，可移值借用没有使用的富余部分以应急。

设备维修完毕，维修人员应向操作者详细说明故障产生的原因及其危害，并就产生的故障向操作者讲述在数控机床使用过程中应注意的事项，使操作者能正确地处理简单的故障，并在重大故障发生时妥善保护好现场，正确及时地向维修人员提供与故障有关的信息，协助维修人员进行故障诊断。

总之，作为一名数控机床专业维修人员，要做好故障的诊断与维修，需要抓住以下几个要点：一是要善于观察，详细调查，对比当前机床的状态与正常时的差异所在；二是要理清机床的控制原理，正确设计诊断维修流程图；三是要不断积累现场维修经验。

附录二：故障诊断与维修注意事项

数控机床的故障诊断与维修工作必须遵守国家职业标准规定的相关安全防范措施，避免发生安全事故或由于操作不当引起二次损坏。

一、诊断前的注意事项

1. 必须由经过技术培训的专门维修人员进行数控机床的维修工作。

2. 必须穿绝缘鞋，戴防护眼镜，领口、袖口、腰口要扎紧，女同志要戴防护帽。

3. 必须先熟悉机床生产厂家提供的操作、维修说明书以及机床使用单位提供的故障维修记录。

4. 必须先准备好常用工具，并掌握工具的使用方法和使用技巧。

二、诊断时的注意事项

1. 在故障诊断时，若不出现破坏性故障，应尽量让机床处于通电状态，保留现场以便更好地收集故障信息。

2. 在检查数控机床运行情况之前要认真检查所输入的数据和参数，防止输入或设定错误，避免由于程序或参数错误引起机床动作失控，从而造成事故。

3. 在检查数控机床运转时，要先进行不装工件的空运转操作，防止实物加工时引起工件掉落或刀尖破损飞出，伤及人身。

4. 在检查自动方式加工时，要首先采用单程序段运行，进给速度倍率要调小，或采用机床锁定功能，并且应在不装刀具和工件的情况下运行自动循环过程，以确认机床动作正确，避免由于机床动作不正常引起工件和机床本身的损害。

5. 给定的进给速度应该适合于预定的操作，一般来说，每一台数控机床都有一个允许的最大进给速度，不同的操作所适用的进给速度不同，应参照机床说明书确定最优的进给速度，否则会加速机床磨损，甚至造成事故。

6. 在拆开外罩的情况下开动数控机床时，应站在离机床远一点的地方进行检查操作，以确保衣物不会被卷到主轴或其他部件中。

7. 打开电气柜门检查维修时需注意，电气柜中有高电压部分，切勿触碰高电压部分。

三、维修时的注意事项

1. 实施维修时，应断电操作。特别要注意，有些模块或元器件断电后还有余电，切不可立即用手摸。数控机床的电缆两端都有接头，插拔这些带接头的电缆线必须在断电状态下进行，带电插拔容易导致模块接口电路烧毁。

2. 至少要在关闭电源 20 min 后，才可以更换放大器。在关闭电源后，伺服放大器和主轴放大器的电压会保留一段时间，至少 20 min 后残余电压才会消失，因此关闭放大器电源后立即维修也有被电击的危险。

3. 当进行刀具补偿时，必须检查补偿方向和补偿量。如果输入的数据不正确，可能会动作异常，加剧对工件、机床本身的损害，甚至伤及人员。

4. 更换电子器件必须在关闭 CNC 的电源和强电主电源的情况下进行。如果只关闭 CNC 的电源，主电源可能仍会继续向所维修部件如伺服单元供电，在这种情况下更换新装置可能会使其损坏，同时操作人员有触电的危险。

5. 在更换电气单元时，要确保新单元的参数及其设置与原来单元的相同。否则错误的参数可能使机床运动失控，从而损坏工件或机床，造成事故。

6. 为避免由于输入错误的参数造成机床失控，在修改参数后第一次试车时，要关闭机床护罩，通过利用单程序段功能、进给速度倍率功能、机床锁定功能或采用不装刀具模拟加工工件等方式，验证机床的运行是否正常，然后才可正式使用自动加工循环等功能。

7. CNC 和 PLC 的参数在出厂时被设定为最佳值，所以通常不需要修改其参数。由于某些原因必须修改其参数时，在修改之前应先作好记录，确保新修改参数的正确性，如果错误地设定了参数值，机床可能会出现意外的运动，造成事故。

8. 在对机床实施解体之前，应在线缆两端做好标记，注意拆下的电线、元器件、零件应摆放好，小零件应放在一个盒子里，以防丢失。动手过程中更要作好记录，尤其是对于电气元器件的安装位置、导线号和机床参数、调整值等都必须做好明显的标记，以便恢复。维修完成后，应做好“收尾”工作，例如将机床、系统的罩壳、紧固件安装到位，将电线、电缆整理整齐等。

9. 在系统维修时应特别注意：数控系统中的某些模块是需要电池供电维持其中的内容的，更换用来维持存储器中的零件程序和参数不丢失的电池必须在通电状态下进行；对于这些电路板模块切忌随意插拔；更不可以在不了解元器件作用的情况下随意掉换数控系统、伺服驱动等部件中的元器件和设定端子，任意调整电位器位置，任意改变设定值，以避免产生更严重的后果。

四、日常维护注意事项

1. 应定期更换备用电池

数控系统和绝对脉冲编码器均装有备用电池，很多机床数据、加工程序都存在系统随机存储器 RAM 中，绝对位置保存在绝对脉冲编码器中，备用电池在断电时给存储器和绝对脉冲编码器供电，保证这些数据在断电时不丢失。当电池电压不足时在机床操作面板和 LCD 屏幕上会显示出电池电压不足报警，当显示出电池电压不足报警时，应在一周内更换电池。一般情况下，即使没有报警一年也应更换一次电池，更换电池时一定要在系统供电的状态下进行，这样才不至于使数据丢失。系统数据、程序等应提前备份，这样，一旦丢失可重新输入。

2. 应尽量少开电气柜的柜门

在数控加工现场，空气中含有大量的油雾、灰尘甚至金属粉末，一旦它们散落在电路板或者电子器件上，容易引起元器件绝缘电阻下降，甚至导致元器件及电路板损坏。因此，除非进行必要的调整和维修，否则不允许随意开启电气柜柜门，更不允许在使用时敞开柜门。

3. 应确保供电电源电压稳定

供数控机床使用的电源电压应在规定范围之内，并且波动（-15%～10%）不要太大，如果超出此范围，轻则系统不能正常工作，重则会造成电子部件损坏。因此要对电网电压实时监控，经常注意电压是否波动，经常检查电源三相是否平衡，接地是否良好，以确保电源的可靠性。

4. 应定期检查控制系统的冷却通风装置

为了减少数控系统因过热而引起损坏，应经常检查冷却或者通风装置的效果，经常清洁过滤装置和换风扇，保证冷却效果良好，这样可减慢控制系统元器件的老化速度，延长系统的使用寿命。

5. 应定期检查和更换直流电动机的电刷

对于使用直流进给伺服驱动和直流主轴伺服驱动的数控机床，直流电动机电刷的过度磨损将会影响电动机的性能，甚至造成电动机损伤。为此，应对电动机电刷进行定期检查，测量其长度，如磨损到原来长度的一半左右，或者发现电刷的弧形接触面有裂纹、电刷弹簧上有打火痕迹，必须更换同型号的电刷，同时用不含金属粉末、水分的压缩空气吹电刷孔，以清除沾在孔壁上的电刷粉粒。

6. 应加强机械部件润滑管理

为了保证数控机床机械部件正常运行，减少机械磨损和避免出现因为机械部件磨损严重引起的机床故障，应经常检查润滑装置、润滑油油量、润滑油油质及润滑效果，如发现异常，及时排除。

7. 应尽量提高设备使用率

这里所说的使用率就是指要让数控机床满负荷工作，不要让机床闲置。如果机床闲置，最好经常通电，因为数控系统在长期停用后重新启动时经常会出现故障。长期不用的机床，每周至少通电两次以上。在夏天雨季时，空气湿度较大，数控机床应尽量不要关机，以靠自身的发热及风扇作用，使水分不附着在电路板上，防止开机通电时烧毁数控系统的电气元器件。

附录三：数控机床的日常维护与检修

由于数控机床集机、电、液、气等技术于一体，所以对它的维护要有科学的管理，有目的地制定出相应的规章制度。开展点检是数控机床维护的有效办法，对维护过程中发现的故障隐患应及时清除，避免停机待修，从而延长设备平均无故障时间，增加机床的利用率。

一、数控机床的日常维护

数控机床经过长期使用后，一些元器件会老化或者损坏。如果及时开展有效的维护工作，可以延长元器件的工作寿命，延长机械部件的磨损周期，防止各种故障，特别是恶性故障的发生。日常维修保养应注意以下两个方面：

1. 建立机床操作规程和维修档案

数控机床的编程、操作、维修人员必须经过专门的培训，熟悉所用数控机床的使用环境和条件，能按说明书中的要求正确、合理地使用，应尽量避免因操作不当而引起故障。有调查显示，新投入使用的数控机床或者由新操作人员操作的数控机床很容易出现故障，一般在使用的第1年，有50%的机床故障是由于操作不当引起的。因此应根据操作规程的要求，针对数控机床各个部件的特点，编制保养条例，并且严格执行，同时建立维修档案，详细记录每次维修的情况，以便于下次维修时参考。

2. 实行点检管理制度

以点检为基础的数控机床维修是日本在引进美国的预防维修制的基础上发展起来的一种点检管理制度。点检就是按有关维护文件的规定，对机床进行定点、定时的检查和维护。其优点是可以把故障隐患随时消灭在萌芽状态，防止过修或欠修，缺点是定期点检工作量大。数控机床的点检管理，是开展状态监测和故障诊断工作的基础，主要包括下列内容：

（1）定点

科学地分析这台机床，找准可能发生故障的点，只要把这些维护点“看住”，有了故障就会及时发现。

（2）定标

对每个维护点要逐个制定标准，例如间隙、温度、压力、流量、松紧度等，都要有明确的数量标准，只要不超过规定标准就不算故障。

（3）定期

多长时间检查一次，要定出检查周期。有的点可能每班要检查几次，有的点可能一个或几个月检查一次，要根据具体情况确定。

（4）定项

每个维护点检查哪些项目也要有明确规定。每个点可能检查一项，也可能检查几项。

（5）定人

由谁进行检查，是操作者、维修人员还是技术人员，应根据检查部位和技术精度要求，落实到人。

（6）定法

怎样检查也要有规定，是人工观察还是用仪器测量，是采用普通仪器还是精密仪器等应有明确规定。

（7）检查

检查的环境、步骤要有规定，是在生产运行中检查还是停机检查，是解体检查还是不解体检查应有明确规定。

（8）记录

检查要有详细记录，并按照规定格式填写清楚。要填写检查数据及其与规定标准的差值、判定印象、处理意见，检查者要签名并注明检查时间。

（9）处理

检查中间能处理和调整的要及时处理和调整，并将处理结果记入处理记录。没有能力或没有条件处理的，要及时报告有关人员安排处理。但任何人、任何时间处理都要填写处理记录。

（10）分析

要针对检查记录和处理记录定期进行系统分析，找出薄弱“维护点”，即故障率高的点或损失大的环节，提出意见，交设计人员进行改进设计。

数控机床的点检管理可分为日常点检、专职点检和生产点检三个层次，点检作为一项工作制度，必须认真执行并持之以恒，这样才能保证机床的正常运行。数控机床点检维修过程如附录图3所示。

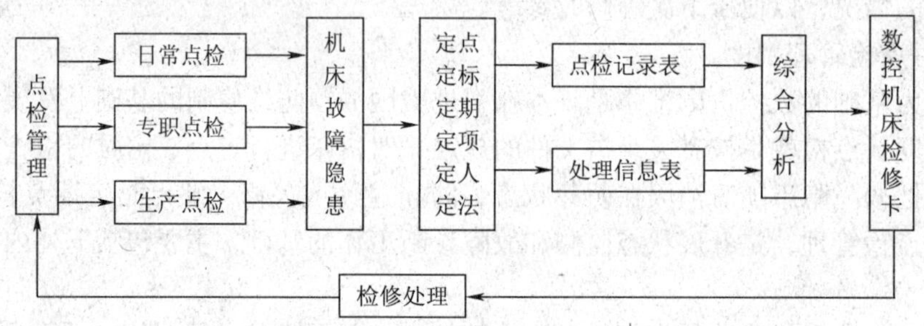

附录图3　数控机床点检维修过程示意图

二、数控机床的修理制度

“预防为主、养修结合”是数控机床检修工作的正确方针。由于不同的企业对预防为主方针的认识不同，维修人员对磨损规律的了解不同，在实践中产生的数控机床修理制度也不同，主要有以下几种：

1．坏了再修

坏了再修也叫事后修。事实上是等出了事故后再安排修理，此时常常已经造成了较大的损坏，有时已到了无法修复的程度，即使可以修复也将耗费更长的时间，造成更大的损失，因此应当避免坏了再修的现象。

2．提前预修

这是一种有计划的、预防性修理制度，其特点是根据磨损规律，对数控机床进行有计划的维护、检查与修理，预防急剧磨损的出现，是一种正确的修理制度。根据执行的严格程度不同，又可分为强制预修、定期预修和检查后修理三种。

3．区别维修

区别维修的特点是将数控机床分为A、B、C三大类。A为特级数控机床，B为重点数控机床，C为一般数控机床，对A、B两类采取提前预修，而对C类采取坏了再修的办法。

数控机床的修理周期为3～8年，个别为9～12年，选取何种修理制度，应根据生产特点、数控机床的重要程度、经济得失权衡，综合分析后确定。但应坚持预防为主的原则，减少坏了再修的现象，也要防止过分修理带来的损失。在实际工作中，有很多企业由于考虑到修理期间除了会发生各种维修费用以外，还会引起一定的停工损失，尤其是在生产繁忙的情况下，往往由于吝惜有限的停工损失而宁愿让数控机床带“病”工作，不到万不得已时绝不进行修理，这是极其有害的做法。

附录四：典型故障诊断与维修的学习方法

数控机床故障诊断与维修是一门专业性、实践性很强的课程，不便于学也不便于教。本教材所选案例密切联系企业生产实际，具有典型性、普遍性、示范性和可维修性，并且全部采用任务驱动型编写体例，使学生在对典型案例故障的探讨、求证的学习过程中，逐步掌握数控机床的控制原理，逐步学会独立思考、协同工作、相互激励、创新发展的工作模式，掌握从观察故障现象到分析引发故障的各种原因的方法，从由简到繁、由易到难逐步排查各种疑点到最终找到故障位置并进行维修的工作过程，重在引导学生掌握分析问题、解决问题的方法和思路，这就是贯穿于本书始终的宗旨。

为达到教学目的，培养学生综合职业能力，在教学过程中推荐采用五步教学法，在学习过程中推荐采用8人小组协作学习法，在组织过程中可以采用小组轮换法和诊断维修比赛法。

一、五步教学法

在深入了解数控机床故障诊断与维修工作过程的基础上，运用基于工作过程的“现场与资讯、分析与计划、诊断与决策、实施与检查、总结与评价”五步教学法。五步教学法的关系图如附录图4所示。

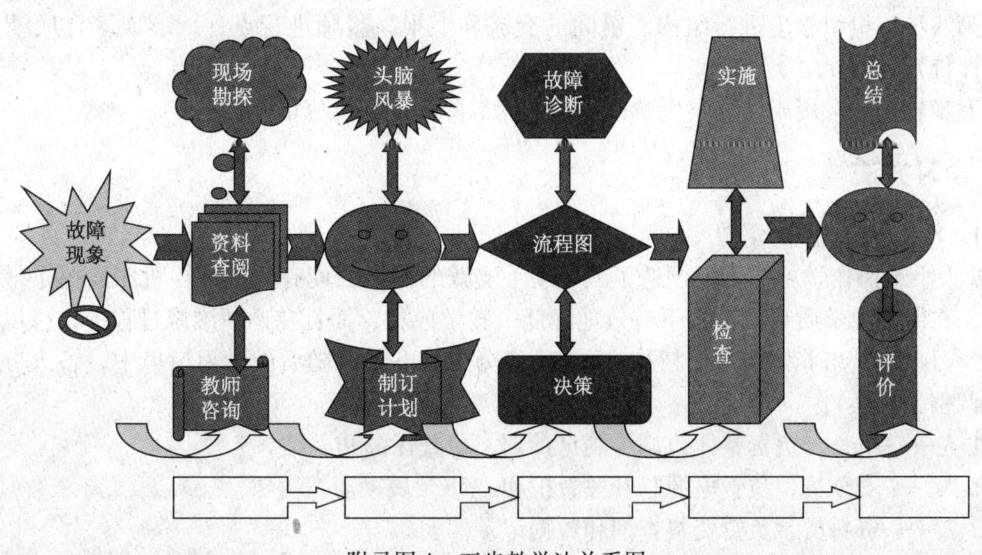

附录图4　五步教学法关系图

现场与资讯阶段：教师提供数控机床结构图、电气原理图、数控系统维修手册等资料，讲授相关故障诊断与维修的知识，引导学生从查阅相关技术资料入手，充分了解相应故障现象，并到故障现场进行实地勘察，全面获得故障的相关信息。

分析与计划阶段：学生根据获得的故障信息，利用头脑风暴法从数控机床的机械系统、数控系统、电气系统等方面进行全面深入分析，并制订该故障诊断与维修的学习计划。

诊断与决策阶段：根据分析的原因，排定主次，制订故障诊断维修流程方案，反复讨论可行性，在老师指导下，最终形成合理的故障诊断维修流程图。

实施与检查阶段：学生根据制定好的诊断维修流程图，按照分工，实施操作，边诊断、边维修、边调试，直至数控机床恢复正常。

总结与评价阶段：评价分为组内评价、组间评价和教师评价三部分。组内评价是在组长的组织下，组内成员进行个人总结，并推选出本组发言代表，组长给每个组员打分；组间评价是每个小组代表在组间进行成果展示和讲解，其他小组对本组进行评价和打分；教师评价是以各组故障诊断与维修的完成质量及效率，并结合各组的团队协作、安全操作规范、维修记录等，评定各组学习成绩。最后，课代表汇总组内评价、组间评价和教师评价，形成个人最终成绩。

教师采用五步教学法的具体教学过程如下：

第一步，进行安全规范教育，贯彻 5S 管理。

第二步，下达教学任务，小组抽签，组内分工，准备工具。

第三步，组织学生对故障现场进行勘察，查阅相关资料，提供相关咨询（现场与资讯）。

第四步，组织学生对故障原因进行全面分析， 制订学习计划（分析与计划）。

第五步，组织学生制定合理的故障诊断与维修流程图（诊断与决策）。

第六步，组织学生按照制定的故障诊断维修流程图，排查故障（实施与检查）。

第七步，组织学有余力的学生针对拓展故障进行诊断与维修。

第八步，组织学生进行组内、组间的交流和汇报，教师进行点评，形成综合成绩（总结与评价）。

五步教学法可用于培养学生掌握数控机床故障诊断与维修能力。

二、学习方法

1．8 人小组协作学习法

8 人小组协作学习法不仅创造了人人动手实践的机会，使有限的数控机床发挥了最大的效率，在保证教学质量的前提下有效地降低了教学成本，而且在诊断维修过程中，可以激发学生学习兴趣，培养团结协作精神。8 人小组分工如下（在随后的学习情境中，各人分工须不断调整、交换）：

1 人——组长，负责整体协调、制订计划、检查任务和总结。

1 人——安全员，负责电源总开关看护和“5S”贯彻。

2 人——资料员，负责资料查询和数据记录。

2 人——电气系统排查员，负责电气系统故障的诊断与维修。

2 人——机械、液压系统排查员，负责机械、液压系统故障的诊断与维修。

8 人小组协作学习法的学习过程如下：

第一步，以小组为单位，采用抽号的方式领取不同的故障任务。

第二步，组长统筹，分工负责，共同努力，要体现出团队合作精神。

第三步，利用基于工作过程的“现场与资讯、分析与计划、诊断与决策、实施与检查、总结与评价”五步学习法，完成故障诊断并维修。

第四步，小组完成《维修记录单》的填写，做好组内交流与总结工作。

第五步，小组选派代表，进行任务的成果展示和讲解。

第六步，课代表填写《任务评价汇总表》，形成个人最终成绩。

2．小组轮换法

根据中国特色大班制特点以及数控维修机床相对稀缺的现状，从精细化教学组织入手，可以运用学习小组轮换教学组织法。每个班以 40 个人为例，以 8 人为一小组，这样可以分为 5 个小组，每个小组设置不同的故障，通过轮换就可使每个学习小组获得 5 次实际操作机会。

3．故障诊断维修比赛法

为了提高学生的学习效果和学习兴趣，在教学过程中，还可以实行故障诊断维修比赛法。可以利用不同的机床设置相同的故障，组织两个或多个学习协作小组进行比赛，看哪个小组既迅速又准确地排除了故障。这种方式可以激发学生学习的积极性和主动性，在掌握故障诊断维修技能的同时，有效地培养了学生的团队协作精神和竞争意识。

参 考 文 献

[1] 韩鸿鸾，吴海燕. 数控机床机械维修. 北京：中国电力出版社，2008

[2] 韩鸿鸾，张秀玲. 数控机床维修技师手册. 北京：机械工业出版社，2006

[3] 韩鸿鸾. 数控机床电气控制系统及其故障诊断与维修. 北京：中国劳动社会保障出版社，2008

[4] 胡旭兰. 数控机床机械系统及其故障诊断与维修. 北京：中国劳动社会保障出版社，2008

[5] 冯荣军. 数控机床故障诊断与维修. 北京：中国劳动社会保障出版社，2007

[6] 杨旭丽. 数控系统故障诊断与排除. 北京：中国劳动社会保障出版社，2009

[7] 王海勇. 数控机床结构与维修. 北京：化学工业出版社，2009

[8] 李跃军. 数控机床与维修. 北京：化学工业出版社，2008

[9] 牛志斌. 数控机床现场维修 555 例. 北京：机械工业出版社，2009

[10] 刘永久. 数控机床故障诊断与维修技术. 北京：机械工业出版社，2006

[11] 潘海丽. 数控机床故障分析与维修. 西安：西安电子科技大学出版社，2008

[12] 李河水. 数控机床故障诊断与维护. 北京：北京邮电大学出版社，2008

[13] 王新宇. 数控机床故障诊断技能实训. 北京：电子工业出版社，2008